实用岩土工程施工新技术

雷 斌 著

中国建筑工业出版社

图书在版编目（CIP）数据

实用岩土工程施工新技术/雷斌著. —北京：中国建
筑工业出版社，2018.6
ISBN 978-7-112-22042-7

Ⅰ．①实… Ⅱ．①雷… Ⅲ．①岩土工程-工程施
工 Ⅳ．①TU4

中国版本图书馆 CIP 数据核字（2018）第 063303 号

　　本书以实际工程为基础，介绍了大量岩土工程施工实用新技术，从工艺、机械原理、创新性、工艺流程、操作要点、设备配套等方面予以了全面阐述，很多方法特别适用于周边环境、地质条件及地下状况等施工条件十分复杂、对绿色施工要求高的工程。全书共分为 8 章，分别为灌注桩二次清孔新技术、深基坑支护新技术、内支撑深基坑土方开挖施工新技术、地下连续墙深基坑支护新技术、基坑岩石开挖新技术、预应力管桩引孔新技术、大直径潜孔锤应用新技术、灌注桩综合施工新技术。

　　本书适合从事岩土工程设计、施工、机械开发等相关专业技术人员和科研人员学习参考。

责任编辑：杨　允
责任设计：李志立
责任校对：芦欣甜

实用岩土工程施工新技术

雷　斌　著

*

中国建筑工业出版社出版、发行（北京海淀三里河路 9 号）
各地新华书店、建筑书店经销
霸州市顺浩图文科技发展有限公司制版
北京富生印刷厂印刷

*

开本：787×1092 毫米　1/16　印张：24　字数：596 千字
2018 年 6 月第一版　　2018 年 12 月第二次印刷
定价：**69.00** 元
ISBN 978-7-112-22042-7
（31920）

前　言

　　深圳市工勘岩土集团有限公司是国内岩土工程行业资质齐全、技术领先的国家级高新技术企业，成立近三十年来，注重技术创新和科研开发，依靠先进的机械设备和高水平的专业技术人才，完成了一大批国家、省、市级重点岩土工程项目，年产值突破20亿元；公司拥有一批教授级高工，及具有博士、硕士学位所组成的高级专业人才，积累了丰富的技术和管理经验；40余项施工课题研究通过科技成果鉴定，在桩基、深基坑支护与土石方开挖、地基处理等领域，针对施工过程中的关键施工技术和质量通病，通过改换、组合、植入、革新等技术工艺创新手段，形成了处理各种复杂施工条件下的岩土工程施工新技术，总结出了一批实用、可靠、安全、经济、高效的四新技术，均拥有独立自主知识产权的发明专利或实用新型专利，并形成相应的国家或省或市级工法，其中的灌注桩清孔、地下连续墙成槽、预应力管桩引孔、大直径潜孔锤应用等技术达到国内领先水平，大部分为国内独创的引领新技术，并转化为实际项目施工应用，创造出了显著的经济效益和社会效益。为更好地总结近年来在岩土工程施工技术方面取得的创新成果，本书结合岩土工程施工实例，对每一项技术成果系统进行归纳、总结，作为公司专业技术人员业务培训教程，亦可提供广大同行借鉴和参考，希望能籍此推动国内岩土工程施工技术的些许进步，共同探索新规律、新方法、新技术，促使岩土施工技术不断发展和完善。

　　本书共包括8章，每章的每一节均为一项新技术，对每一项新技术从背景现状、施工工艺特点、使用范围、工艺原理、创新点、工艺流程、工序操作要点、设备配套、安全管理、质量控制等方面予以了全面综合阐述。第1章介绍了灌注桩二次清孔新技术，对各种正循环、泵吸反循环、气举反循环、无泥浆循环等清孔技术进行了阐述，并进行了综合分析和对比优选；第2章介绍了深基坑支护新技术，包括松散易塌地层预应力锚索双套管施工、预应力锚索漏水高压堵漏、三轴搅拌桩止水帷幕内植旋挖排桩围护、全护筒咬合桩钢筋笼定位、深厚淤泥填石层支护桩综合施工、支撑立柱桩托换等施工技术；第3章介绍了内支撑深基坑土方开挖施工新技术，包括多层内支撑深基坑抓斗垂直出土、多道环形支撑深基坑土方外运等施工技术，并对多道内支撑支护深基坑土方开挖的各种方案进行了优化对比选择；第4章介绍了地下连续墙深基坑支护新技术，包括地铁保护范围内地下连续墙成槽、地下连续墙硬岩大直径潜孔锤成槽、地下连续墙成槽大容量泥浆循环利用、地下连续墙超深硬岩成槽综合施工技术等；第5章介绍了基坑岩石开挖新技术，包括岩石静爆孔钻凿降尘施工、岩石水平斜孔无尘钻凿静爆、硬岩"绳锯切割＋液态二氧化碳制裂"开挖、基坑硬岩"绳锯切割＋气袋顶推"开挖、地下管廊硬质基岩"潜孔锤＋绳锯切割"综合开挖等施工技术，以及对各种基坑岩石开挖及优化选择方法；第6章介绍了预应力管桩引孔新技术，包括大直径潜孔锤预应力管桩引孔、预应力管桩螺旋挤土引孔、深厚填石层大直径超深预应力管桩施工等新技术；第7章介绍了大直径潜孔锤应用新技术，包括大直径潜孔锤全护筒跟管钻孔灌注桩施工、灌注桩潜孔锤全护筒跟管管靴结构、灌注桩潜孔锤钻头耐磨器跟管钻进结构、硬岩灌注桩大直径潜孔锤成桩综合施工等；第8章介绍了灌注桩综合施工新技术，包括灌注桩水磨钻缺陷桩处理、海上平台嵌岩灌注斜桩成桩、大直径旋挖灌注桩硬岩分级扩孔、灌注桩钢筋笼箍筋自动弯箍、旋挖灌注桩内外双护筒定位、海上平台斜桩潜孔锤锚固、静压植钢板桩等施工技术。

　　本书汇集了编写者及其公司科研团队近年来所完成的研究成果，特此向参加各项目研发的同事们表示感谢。由于编写者水平和能力的限制，书中难免存在许多不当之处，将以感激的心情诚恳接受旨在改进本书的所有读者的任何批评和建议。

雷　斌

2018 年 3 月于广东深圳工勘大厦

目　录

第1章　灌注桩二次清孔新技术

1.1　常用灌注桩二次清孔工艺

灌注桩成孔深度达到设计要求并符合终孔条件后，应进行清孔；清孔的主要目的是通过清孔使桩孔的孔底沉渣厚度（或虚土厚度）、泥浆中含钻渣量和孔壁泥皮厚度等符合桩孔质量要求或桩孔设计要求。清孔是利用泥浆在流动时所具有的动能冲击桩孔底部的沉渣，使沉渣中的岩粒、砂粒等处于悬浮状态，再利用泥浆胶体的粘结力，使悬浮着的沉渣随着泥浆的循环流动被带出桩孔，如此长时间的循环往复，最终使桩孔底的沉渣厚度满足要求。

清孔按工序流程分为一次清孔和二次清孔，一次清孔是在终孔后把钻杆提离孔底一定位置，利用钻具的搅动将钻渣通过泥浆循环排出；二次清孔则是在把钻杆和钻具提出桩孔，安放钢筋笼、下入灌注导管后，利用灌注导管通过泥浆循环将孔底沉渣排出。

二次清孔是灌注桩成桩过程中的一道重要工序，如果孔底沉渣过厚，容易引孔灌注事故，直接影响桩基的承载力，危及结构安全。因此，必须高度重视灌注前的二次清孔操作。

灌注桩二次清孔根据替换孔内泥浆循环方式不同，二次清孔主要有分为正循环清孔、泵吸反循环清孔、气举反循环清孔，具体应根据桩孔规格、设计要求、地质条件及成孔工艺等因素综合优化选择。

1.1.1　正循环二次清孔

采用正循环二次清孔时，泥浆泵泵送的泥浆经过连接胶管，与孔口的灌注导管连接，把泥浆池内的循环泥浆送到孔底；送到孔底的泥浆悬浮并携带孔底沉渣上浮，经过灌注导管与孔壁之间的环状空间返回地面泥浆循环槽，流入沉淀池沉淀，然后进入泥浆池循环使用。

正循环二次清孔工艺见图 1.1-1。

正循环二次清孔是普遍使用的清孔工艺，其清孔机械配置简单，现场操作便利。一般情况下，对于桩径 800~1200mm、孔深 30~50m 的桩孔，其清孔时间相对较短、清孔效果较好。但在实际应用中，受现场使用的泥浆泵型号、孔内泥浆性能指标、泥浆循环系统设置标准程度等因素的影响，都会大大弱化清孔效果，造成泥浆循环系统中始终含有较多的粗颗粒，孔内的岩渣难以清除干净，直接影响二次清孔效果。为保证孔底沉渣满足设计和规范要求，往往需配备大排量泥浆泵，同时对泥浆循环沟、沉淀池、泥浆池的捞渣清理。

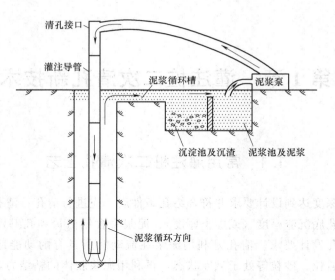

图 1.1-1　正循环二次清孔工艺示意图

1.1.2　泵吸反循环二次清孔

为保证清孔满足要求，对于桩径大于 1200mm、孔深超过 50m 的大直径超深灌注桩，通常采用泥浆泵吸反循环二次清孔工艺，其清孔时上返泥浆流速快，清孔效果好。

泵吸反循环二次清孔是利用砂石泵的抽吸作用，在灌注导管内腔造成负压状态，在大气压力作用下，处在灌注导管与孔壁之间环状空间中的泥浆流向孔底，被吸入灌注导管内腔，随即上升至地面泥浆循环系统，经泥浆沉淀池沉淀处理后，再由泥浆池、泥浆循环沟流入孔内。

其二次清孔工艺原理见图 1.1-2。

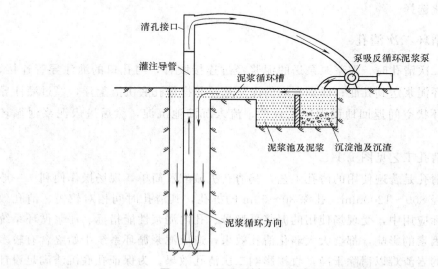

图 1.1-2　泵吸反循环二次清孔工艺示意图

采用泵吸反循环清孔，实际操作中现场需增加大型的 6BS 反循环泥浆泵，而且形成反循环的真空操作有一定的技术难度。

1.1.3 气举反循环清孔

气举反循环二次清孔是在灌注导管内安插一根长约 2/3 孔深的镀锌送风管，将高压空气送入导管内 2/3 孔深处，与导管内泥浆混合，其重度小于孔内泥浆的重度，产生出水管内外泥浆重度差，在导管内产生低压区，连续充气导管内外压差不断增大，当达到一定的压力差后，管内的气液混合体沿出水管上升流动，形成孔内泥浆经出水管底口进入出水管，并顺管流出桩孔，将钻渣排出；同时，不断向孔内补给优质泥浆，形成孔内冲洗液的流动，从而达到清孔的目的。

气举反循环二次清孔工艺原理见图 1.1-3。

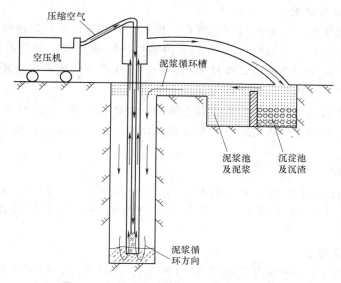

图 1.1-3 气举反循环二次清孔原理示意图

采用气举反循环清孔，需根据桩孔直径、孔深配置适量的大功率空压机，并调节送风管的安置深度，反循环清孔整体循环系统管路密封性要求高，反循环现场操作专业性强，具有一定技术难度。

1.2 灌注桩旋流器正循环二次清孔技术

1.2.1 引言

为提高灌注桩正循环二次清孔效果，有效减少循环泥浆中粗颗粒的含量，提高泥浆性能指标，缩短二次清孔的时间，经现场反复试验、总结，我们在常用的正循环二次清孔的泥浆循环系统内，植入泥浆旋流器辅助清孔设备，形成了二次清孔新技术，其配置简单、操作方便、清孔效果好。

旋流器主要应用于电厂湿法脱硫、石灰制浆、原油除渣、自来水除砂、污水处理等作业中，可有效去除浆液中的粗砂、金属等颗粒杂物。通过在桩孔二次清孔中引入旋流器装置，有效发挥其渣物去除效率高、浆液损失少等优点，通过循环系统的改进取得了明显的清孔效果。

1.2.2　工程实例

1. 工程概况

星河时代花园高层住宅B1、B2区（1～6栋）桩基工程项目由深圳市星河房地产开发有限公司投资开发，位于深圳市龙岗区龙城街道爱联社区，由香港华艺设计顾问（深圳）有限公司设计，其高层住宅区B1、B2区（1～6栋）桩基工程共有6栋主楼及地下室，桩基础设计采用冲孔灌注桩，合同工期120天。

2. 场地地层分布情况

根据超前钻探情况，场地内揭露地层有：填石层和其下伏下石炭统测水段大理岩。

填石层主要由碎石、块石混20%～30%的黏性土堆填而成，碎块石主要由中～微风化大理岩、砂岩、花岗岩等组成，块径大小不一；石炭系下统测水段大理岩为灰色、灰白色，变晶结构，中厚层构造，岩质硬脆。

本场地为隐伏岩溶发育区，岩面发育有溶沟、溶槽和石笋，基岩中发育有溶洞和溶蚀裂隙，深的溶沟、溶槽主要表现形式为相邻钻孔间的岩面高差较大；部分桩深大，清孔难度大。

3. 桩基础设计

本灌注桩设计为冲孔灌注桩，桩径由1.0～2.0m不等，共436根，桩长15.1～55.8m，桩身混凝土强度等级C35，要求桩端全断面进入持力层微风化大理岩不少于500mm。

4. 冲孔桩施工情况

本工程冲孔灌注桩基础施工实际于2010年2月19日开工，共开动冲孔桩机26台套，工程于2010年5月10日完工，合同计算工期94天，比合同工期缩短26天完成。

本工程冲孔桩成孔直径大，桩孔深，孔底沉渣控制严。施工时，采用十字冲击锤破碎地层成孔，每台桩机设置独立的泥浆池、沉淀池和循环沟，配备3PN泥浆泵送浆；清孔采用二次清孔，一次清孔在终孔后进行，二次清孔在钢筋笼、灌注导管安放后实施；二次清孔时，每台桩机均配备和使用泥浆旋流器，加强沉渣的排放，提高泥浆性能指标，二次清孔时间每孔时间由原来的5～8h缩短为2～3h，二次清孔时间缩短，大大提高施工效率。桩基经抽芯检验，孔底沉渣、桩身混凝土质量均满足设计与规范要求，桩基验收合格率100%。

1.2.3　旋流器正循环辅助二次清孔系统

灌注桩旋流器辅助二次清孔工法，是在二次清孔循环泥浆地面管路上，连接泥浆旋流器装置，在泥浆正循环清孔被泵入孔底前，或泥浆反循环清孔被抽排至沉淀池前，将泥浆中的粗颗粒排出，进行浆渣有效分离处理并在地面排出，减少岩渣的重复循环，起到有效提高泥浆的携渣能力，进一步缩短清孔时间，以提高清孔工效。

泥浆旋流器辅助二次清孔系统见图1.2-1。

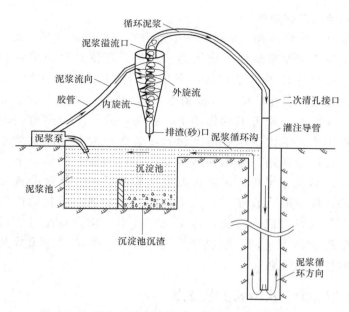

图 1.2-1 泥浆正循环清孔旋流器辅助二次清孔系统图

1.2.4 旋流器正循环二次清孔工艺原理

1. 泥浆旋流器构造

旋流器是一个带有圆柱部分的锥形容器，锥体上部内圆锥部分为液腔，圆锥体外侧有一进浆管，圆锥体上部为溢流口，在圆锥形底部设有排渣口，以排出粗粒沉砂，一个空心的圆管沿旋流器轴线从顶部延伸到液腔里，这个圆管称为溢流管。其内部形成上溢流通道，以便泥浆上溢排出。

泥浆旋流器构造见图 1.2-2。

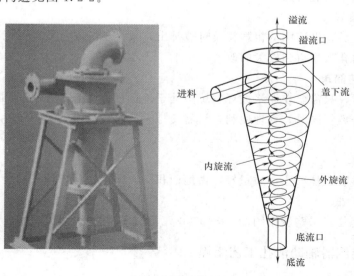

图 1.2-2 旋流器构造图

2. 旋流器排渣清孔工作原理

泥浆旋流器是由上部筒体和下部锥体两大部分组成的非运动型分离设备,其分离原理是离心沉降。当泥浆由泥浆泵以一定压力和流速经进浆管沿切线方向进入旋流器液腔后,泥浆便以很快的速度沿筒壁旋转,产生强烈的三维椭圆强旋转剪切湍流运动,由于粗颗粒与细颗粒之间存在粒度差(或密度差),其受到的离心力、向心浮力、液体曳力等大小不同,在离心力和重力的作用下,粗颗粒克服水力阻力向器壁运动,并在自身重力的共同作用下,沿器壁螺旋向下运动,细而小的颗粒及大部分浆则因所受的离心力小,未及靠近器壁即随泥浆做回转运动。在后续泥浆的推动下,颗粒粒径由中心向器壁越来越大,形成分层排列。随着泥浆从旋流器的柱体部分流向锥体部分,流动断面越来越小,在外层泥浆收缩压迫之下,含有大量细小颗粒的内层泥浆不得不改变方向,转而向上运动,形成内旋流,自溢流管排出,成为溢流进入桩孔底;而粗大颗粒则继续沿器壁螺旋向下运动,形成外旋流,最终由底流口排出成为沉砂,从而达到泥浆浆渣分离的目的和效果。

1.2.5　旋流器辅助二次清孔工艺特点

1. 适用于泥浆正循环、反循环清孔

旋流器装置布设在泥浆循环系统的地面管路上,其适用于泥浆正循环、反循环清孔,在泥浆正循环清孔被泵入孔底前,或泥浆反循环清孔被抽排至沉淀池前,将泥浆中的粗颗粒排出,达到提高泥浆性能的效果。

2. 二次清孔时间短

灌注桩成桩过程中,在下入钢筋笼、灌注导管后,由于孔内泥浆静置时间长,孔内沉渣厚度大。采用通常方法正循环清孔,清孔时间长,如:直径 $\phi1200mm$、孔深 30m 左右的桩孔,一般清孔时间约需至少 4~8h;采用泥浆旋流器后,清孔时间可大大缩短为 2~3h,可大大提高单机施工效率。

3. 清孔效果好

使用旋流器后,泥浆中的粗颗粒及时被排出,减少了沉渣重复进入泥浆循环,泥浆性能得到提升,清孔效果得到较大的改善。

4. 处理工艺简单

二次清孔时,只需要在泥浆循环系统中处于地面的泥浆胶管中接入泥浆旋流器装置,即可实现浆渣分离;同时,管理便利,只需安排人员巡查运行状况,及时清理旋流器排渣口处的浆渣。

5. 装置简单

泥浆旋流器装置体积小,质量轻,占地面积小,人工搬移方便,安装简单。

6. 附加费用低

旋流器成套装置采购费用约 2000~3000 元,使用时间长,性价比高。

1.2.6　旋流器辅助清孔工艺流程

泥浆旋流器辅助二次清孔施工工艺流程见图 1.2-3。

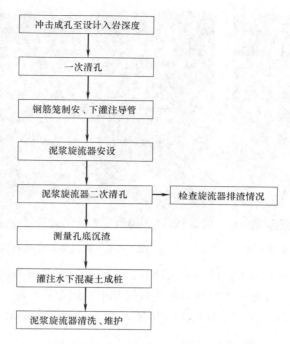

图 1.2-3 灌注桩泥浆旋流器辅助二次清孔工艺流程图

1.2.7 旋流器辅助清孔操作要点

1. 泥浆旋流器安设

（1）钢筋笼、灌注导管下入后，安装二次清孔系统，包括：3PN 泥浆泵（正循环）、6BS 砂石泵（泵吸反循环）、空压机（气举反循环）、孔口导管接口、泥浆旋流器、胶管等。

（2）胶管接口与孔口灌注导管连接，要求密封紧密。

（3）泥浆旋流器安装前，检查出渣阀门、接口等位置的完好状况，确保旋流器正常工作。

（4）泥浆旋流器的溢流口与导管接口胶管相连，进浆口用胶管与 3PN 泥浆泵连接，形成旋流器泥浆循环系统，接口用钢丝绑扎牢靠。

（5）旋流器安装完成后，进行系统检查，如：检查各管口连接位置的牢固程度，用钢丝扎牢绑紧，防止脱落；检查整体胶管的密封性，防止清孔时泥浆发生渗漏。

（6）旋流器安装要求操作迅速，以减少孔底沉渣积聚。

（7）旋流器出渣口下挖设储渣池，防止排出岩渣四溢外流。

旋流器安设见图 1.2-4～图 1.2-6。

2. 旋流器二次清孔

（1）清孔前对泥浆池、沉淀池、循环沟进行清渣，并调整泥浆性能。

（2）清孔过程中，不断置换孔内泥浆，直至灌注水下混凝土。

（3）清孔时，对旋流器底流口排出的沉渣及时进行清理。

（4）派专人观察旋流器工作状态，及时排除故障，特别注意底流排渣口是否堵塞，保

图 1.2-4　施工现场泥浆旋流器

图 1.2-5　旋流器二次清孔泥浆循环系统

证正常工作。如出现旋流器进口部分吸入块石、牡蛎壳、水泥块等较大异物时，会使出浆速度降低，应立即予以清除；旋流器如果进口泥浆中的固相粗颗粒含量过高或底流口阀门调节过小，会使旋流器过载，导致底流口堵塞，可通过调节底部阀门，以保持底部排渣通畅。

（5）二次清孔时，定期测试孔内泥浆指标和孔底沉渣厚度；浇筑混凝土前，孔底500mm 以内的泥浆相对密度应小于 1.20，含砂率不大于 6%，黏度不大于 28s，孔底沉渣满足设计和规范要求。

旋流器现场排渣见图 1.2-7～图 1.2-9。

图 1.2-6　旋流器清渣系统布设

图 1.2-7　旋流器出渣口排渣情况

3. 旋流器的清理及维护

（1）灌筑混凝土完成后，旋流器系统拆除后转入下一根桩的施工。

（2）旋流器使用完成后，派专人进行清理，清除内腔中的沉积物，保持良好使用状态。

（3）旋流器内腔受粗颗粒长时间的高速撞击，容易受损局部变薄，如不能满足使用及时予以调换。

图 1.2-8　旋流器出渣循环系统

图 1.2-9　旋流器出渣口阀门控制

1.2.8　旋流器清孔主要设备机具

1. 旋流器

根据沉渣颗粒大小，合理选择旋流器类型和尺寸。一般铁制旋流器其内腔受粗颗粒的大力冲击，使用寿命短。最常用的为威海彤格聚氨酯有限公司生产的 FX200J、250J 系列，其铁壳内衬高性能聚氨酯材料，使用寿命长，排渣效果好。

2. 旋流器清孔设备机具配套

旋流器二次清孔施工设备机具配套见表 1.2-1。

旋流器二次清孔施工设备机具配套表　　　　　　　　　　　表 1.2-1

设备名称	机械设备型号	备　　注
旋流器	FX200J、FX250J	泥浆循环、排渣
泥浆泵	3PN 泵	泥浆循环
灌注导管	φ250	与孔口胶管连接进行二次正循环清孔
胶管	φ130	与旋流器连接，形成清孔循环体系

3. 泥浆旋流器主要技术性能指标

泥浆旋流器主要技术性能指标见表 1.2-2。

泥浆旋流器主要技术性能表　　　　　　　　　　　表 1.2-2

技术指标		型号规格	
		FX250	FX200
筒体内径(mm)		250	200
溢流管直径(mm)		60~100	40~65
底流口直径(mm)		16~50	16~32
处理能力(m³/h)		40~60	25~40
外形尺寸(mm)	长×宽×高	490×415×1215	400×365×1030
单机重量(kg)		79	54

1.2.9　结语

灌注桩施工过程中，在普通的正循环二次清孔系统中，通过植入旋流器装置，使得传统的正循环二次清孔效率大大提升，有效地提高了施工工效，取得了显著使用效果；其不仅可用于正循环清孔系统，也可在反循环二次清孔系统中使用。

1.3　"潜水电泵＋泥浆净化器"反循环二次清孔技术

1.3.1　引言

随着高层、超高层建筑物的日益增多，大直径灌注桩基础使用越来越广泛，其具有成孔直径大、单桩单柱、单桩承载能力大、桩身质量要求高等特点。受场地工程地质条件的影响，部分桩孔超深，如：在深圳龙岗中心城区，其基岩部分为灰岩，为隐伏岩溶发育区，基岩中发育有溶洞和溶蚀裂隙，深的溶沟、溶槽或溶蚀漏斗主要表现形式为相邻钻孔间的岩面高差较大，部分完整岩面高差超过 50m；同时，串珠状的溶洞广泛分布，而桩孔必须穿过溶洞进入完整岩石中，也导致部分桩基础深度较大。在龙岗中心城区，目前已完成的冲孔灌注桩直径达 $\phi 2000$、孔深超过 70m。

大直径岩溶发育区的灌注桩通常采用冲击成孔、泥浆正循环工艺，由于桩径大、桩孔超深，采用正循环工艺，所需清孔时间长，且清孔效果差，难以保持孔底沉渣满足规范要求。

为保证清孔满足设计和规范要求，对大直径、超深桩通常的做法是采用泥浆反循环工艺。采用反循环清孔，须增加 6BS 反循环泥浆泵或大功率空压机，整体循环系统管路布设较复杂，反循环现场操作专业性强，具有一定的难度。同时，由于单桩施工时间长，有的桩施工时间约 10～20d，桩孔内沉渣厚度大，加上桩孔直径大、桩孔深，清孔时会抽排出超大量的废浆、废渣，给现场文明施工管理带来困难，并大大增加泥浆外运费用。

为解决大直径、超深桩的二次清孔效果差，以及泥浆循环复杂，泥浆排放量大等难题，经过多年实践，创新建立了"潜水电泵＋泥浆净化器"二次清孔系统，即采用潜水电泵与灌注导管连接，当潜水电泵开动时，直接抽吸孔底沉渣，形成泥浆反循环；潜水电泵用胶管与泥浆净化装置相连，抽吸上来的泥浆进入泥浆净化系统，实现浆渣分离，渣直接排出装车外运，泥浆重新通过泥浆净化器出口流入孔口，以保持孔内泥浆液面高度，维护孔壁稳定，并循环使用，以达到清孔的目的。通过多个灌注桩项目二次清孔应用，取得了显著的效果。

泵吸反循环 6BS 砂石泵与改进型潜水电泵反循环施工现场见图 1.3-1。

1.3.2　工程实例

1. 工程概况

深圳龙岗万科广场 2 号楼冲孔灌注桩工程，场地位于深圳龙岗中心区龙翔大道一侧，为龙岗区城市旧改项目，桩基础由中建国际（深圳）设计顾问有限公司设计，采用冲孔灌

图 1.3-1 泵吸反循环 6BS 砂石泵（左）与改进型潜水电泵反循环（右）

注桩，桩基合同工期 150 天。

2. 桩基础设计要求

冲孔灌注桩总桩数 70 根，其中：直径 ϕ1800mm 桩 19 根，直径 ϕ2000mm 桩 51 根。桩基设计为端承摩擦桩，桩端持力层为入完整微风化石灰岩 1600mm，桩孔清孔后沉渣厚度不得大于 50mm，桩身混凝土强度等级为 C40。

3. 场地工程地质条件

据前期详细勘察资料，场地内地层主要自上而为：①人工填土层；②含有机质黏土；③黏土；④粉砂、粉细砂；⑤砾砂、粗砂；⑥残积粉质黏土层、全风化砂岩层；⑦强风化粗砂层；⑧中风化粗砂岩；⑨中风化石灰岩；⑩微风化石灰岩。

该场地石灰岩持力层岩溶十分发育，超前钻探孔见洞率为 94.7%，溶洞埋深变化较大，场地岩溶不良地质作用十分发育，石灰岩中分布有大小、形状不等的溶洞，在垂向上常呈串珠状分布，部分钻孔 10～30cm 大小的小溶洞（溶蚀裂隙）极发育。

根据完成的钻孔资料分析，在部分桩位中因溶洞原因造成同一桩位中各钻孔间完整岩面高差极大，一般在 10～20m；局部地段相邻桩位岩面高差较大，特别是 ZK72、ZK88 号桩，完整岩面高差达 50m。

4. 冲孔灌注桩施工情况

桩基工程于 2011 年 9 月 10 日开工，实际施工过程中，采用 10t 冲孔桩机进场施工，开动冲孔桩机 8 台；从施工情况显示，桩孔最小深度 35m，最大深度 90m，平均深度 71.7m；桩孔成孔最短施工时间 8 天，最长施工时间 25 天，平均单孔成孔时间约 15 天。

施工初期，采用正循环清孔，由于成孔时间长，孔内沉渣大，清孔时间长，平均约 48h，造成施工被动；针对本桩基工程桩径大、桩孔深、二次清孔难的特点，经过多次选型和现场试验，试用"潜水电泵＋泥浆净化器"系统进行二次清孔，潜水电泵选用 QW145-10-11 型，泥浆净化器选用 ZX-200 型，取得了显著效果，清孔时间由原来的 48 小时以上，缩短至 6h 以内，且含砂率指标更低，现场文明施工显著提升，显示出其适用性、经济性、优越性。

工程施工于 2012 年 1 月 15 日完工，历时 126 天，比合同工期提前 24 天。桩基工程在基坑开挖后进行，基坑开挖深度约 10m。

5. 桩基验收

工程施工完成后，采取抽芯、超声波检测，桩基检测结果显示，桩身混凝土强度全部满足设计 C40 的要求，孔底沉渣均小于 5mm，满足设计和规范要求；桩身完整性、桩长、桩径等均满足设计和规范要求。

1.3.3 工艺原理

"潜水电泵＋泥浆净化器"二次清孔系统包括潜水电泵和泥浆净化器两部分。

1. 潜水电泵工作原理

潜水电泵与灌注导管相连，其放置于孔口液面附近，灌注导管底部离孔底 30～50cm。潜水电泵为污水污物潜水电泵，潜水电泵与电机同轴一体，工作时通过电机轴带动水泵叶轮旋转，将能量传递给浆体介质，使之产生一定的流速，实现浆体的输送，把孔底泥浆、沉渣经过灌注导管直接抽排出孔口，并形成泥浆反循环；抽排出的泥浆经过潜水电泵管口、通过胶管与泥浆净化装置泥浆总进浆管相连，在泥浆净化处理装置内进行分离处理。

潜水电泵是电机与水泵同轴一体潜入介质中工作的水利机械，该系列产品选材精良、结构先进、过流通道宽、排污能力强，通常适合用于输送含有砂石、煤渣、尾矿、纤维等杂物的液体，主要用于冶金、矿山、火力发电厂等企业和建筑工地、污水处理厂、污水处理池的污水清除及输送。本新工法将该泵用于灌注桩孔内二次清孔，充分发挥出了该系列泵的特点，完全满足使用需求。

2. 泥浆净化器工作原理

潜水电泵以反循环方式将由孔底抽吸出来的泥浆，通过泥浆净化装置将泥浆直接进行浆、渣分离，渣土集中堆放、外排；泥浆经处理后，重新流入孔内，再次进行泥浆循环；同时，流入孔内的泥浆，保持与排出的泥浆量基本一致，以保持孔内水头高度，确保桩孔孔壁稳定。二次清孔形成泥浆反循环工艺，泥浆重复抽吸、浆渣分离、循环入孔，直至孔底沉渣满足设计与规范要求后，立即灌注混凝土成桩。

"潜水电泵＋泥浆净化器"二次清孔系统工作原理见图 1.3-2，泥浆净化器清孔系统工作原理示意见图 1.3-3，二次清孔系统现场工作状况见图 1.3-4。

1.3.4 工艺特点

1. 机具设备简单，使用方便

二次清孔采用单体潜水电泵代替了泵吸反循环中的大型泥浆泵或气举反循环中的空压机及复杂的循环管道系统，潜水电泵重量轻、装配简单、占用场地小且无场地条件要求。

2. 清孔效果好，孔底沉渣少

"潜水电泵＋泥浆净化器"二次清孔系统实际形成泥浆反循环，直接抽吸孔底沉渣，孔底沉渣经过泥浆净化器处理，重新排入孔的泥浆含渣量小，减少重复排渣量，泥浆技术指标好，清孔效果佳，孔底沉渣厚度完全满足设计和规范要求。

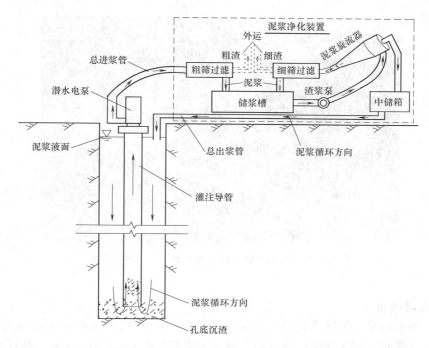

图 1.3-2 "潜水电泵+泥浆净化器"二次清孔系统工作原理图

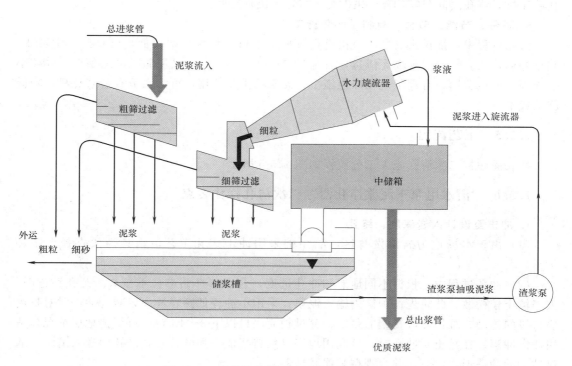

图 1.3-3 泥浆净化器清孔系统工作原理示意图

3. 工艺简单,操作简便

启动孔口潜水电泵,即可产生泥浆抽吸上排,形成泥浆反循环,清孔工艺简单,现场

图 1.3-4　"潜水电泵＋泥浆净化器"二次清孔系统

操作简便。

4. 清孔时间短

采用"潜水电泵＋泥浆净化器"二次清孔系统，由于泥浆净化器的浆渣分离作用，使清孔时间大大缩短，如龙岗中心区万科广场 2 号楼桩基工地，桩径 $\phi2000$、孔深 70m 的冲孔灌注桩，清孔时间只需约 4～6h，大大缩短桩成桩时间。

5. 环保、节能、节材，有利于绿色施工

清孔过程中，抽排出的浆渣直接进行分离，排出渣料含水率较低，可直接集中堆放、装车外运，大大减少了现场泥渣量，有利于减少环境污染，为文明施工创造条件，并减小了处理、外运费用，有利于现场绿色施工；泥浆的重复使用，可大大节省造浆材料，降低施工成本。

1.3.5　工艺流程

冲孔灌注桩二次清孔施工工艺流程如图 1.3-5 所示。

1.3.6　"潜水电泵＋泥浆净化器"二次清孔操作要点

1. 冲击至设计入岩深度、终孔

（1）由于本场地为岩溶发育区，灌注桩采用冲击成孔工艺，钻具为大直径十字冲击锤。

（2）冲孔过程中，根据不同地层和冲孔进度，合理选择钻进技术参数。开孔钻进时，人工填土较松散，此时先在护筒内输入泥浆，采用小冲程低锤轻冲，以减少冲击时对护筒底口段的扰动，维护此段孔壁的稳定；穿过护筒底口以下 3～4m，即可根据地层情况，适当加大冲程。在黏土层冲孔时，可利用地层自然造浆能力强的特点，向孔内送入清水，通过钻头的冲捣形成泥浆，并合理调整泥浆性能。

（3）在岩溶段冲击时，容易出现溶洞充填物坍塌垮孔，冲锤顺大裂隙方向跑斜，岩面和溶洞底板起伏不平，桩孔漏失严重，穿越深洞易发生孔斜等，此时要保持冲锤操作平稳，尽可能少碰撞孔壁，小冲程冲击；遇裂隙漏失，投入黏土，冲击数次后再边投黏土边

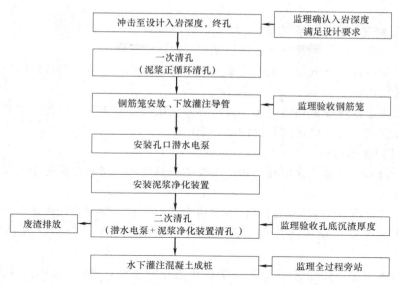

图 1.3-5　大直径、超深灌注桩二次清孔施工工艺流程框图

冲击，直到穿过裂隙；钻遇溶洞，减小冲程，慢慢穿过，必要时可边冲边向孔内投放小片石或碎石，以冲挤到溶洞充填物中作骨架，稳定充填物。遇无充填物的小溶洞，如施工需要，可投入黏土加石块，形成人造孔壁。

（4）钻遇起伏不平的岩面和溶油底板，可投入黏土石块，将孔底填平，小冲程反复冲捣，慢慢穿过；待穿过该层后，逐步增大冲程冲次，形成一定深度的桩孔后，再逐步恢复正常的冲击参数。

（5）冲进达到设计持力层后，按设计入岩深度继续冲击，并按规定进尺留取岩样；满足入岩深度后，测量孔底深度、孔径、垂直度后，报监理工程师终孔验收。

冲击成孔施工现场见图 1.3-6 和图 1.3-7。

图 1.3-6　大直径冲孔桩机十字钻头冲击成孔

图 1.3-7　大直径桩终孔前测量孔深

2. 一次清孔

一次清孔采用泥浆置换方法进行，即在终孔完成后，提起钻头至距孔底约 100～300mm，维持泥浆正常循环逐步把孔内浮悬的钻渣换出桩孔；在清孔排渣时，可间断轻放、提升锤头，使孔底沉渣充分搅动；清孔时，保持孔内水头高度，防止孔内水头损失引

起坍孔。

3. 钢筋笼制安、灌注导管安放

（1）一次清孔完成后，及时下放钢筋笼和安放灌注导管。

（2）钢筋笼按设计图纸加工制作，安放采用吊车，需接长时采用孔口固定焊接，安放到位后孔口进行固定。

（3）混凝土灌注导管采用钢导管，各节导管应扭紧，防止漏气堵管；安放时，合理搭配各节的导管长度，导管底部离孔底约 30～50cm。

4. 安装孔口潜水电泵

（1）孔口潜水电泵是二次清孔过程中重要的机具设备，潜水电泵分别与灌注导管和泥浆净化装置相连。

（2）为了确保潜水电泵的密封性，一般将潜水电泵沉入到泥浆液面下，防止漏气。

（3）潜水电泵底口插入灌注导管内，采用密封垫片密封，保持导管接口的良好密封性。

（4）潜水电泵排水出口采用胶管与泥浆净化装置连接，用扎丝固定、扎牢，严禁漏气，以确保二次清孔效果。

（5）潜水电泵支架顶设置吊环，由冲孔桩机副卷扬用钢丝绳起吊于孔口位置。

潜水电泵现场安装及运行见图 1.3-8 和图 1.3-9。

图 1.3-8　潜水电泵安装前检查　　　　图 1.3-9　孔口设置污水污物潜水电泵

5. 安装泥浆净化装置

（1）泥浆净化装置安放于孔口附近，安放平稳。

（2）泥浆净化装置的进口与潜水电泵采用胶管连接，要求固定、牢靠。

（3）泥浆净化装置的出口设置胶管，将经过净化分离处理的泥浆引入孔内。

（4）泥浆经净化装置分离后，会排出大量浆渣，设置一定的空间位置堆放渣土并保持通道畅通，以便废渣及时外排。

现场泥浆净化装置渣土分离见图 1.3-10 和图 1.3-11。

6. 二次清孔

（1）清孔系统安装完成后，进行专项检查，包括：灌注导管离孔底高度、各接口的密封性、泥浆净化装置的稳定性、各类电器的安全性等，检查符合要求后即可进行二次

图 1.3-10　孔口潜水电泵、泥浆净化
　　　　　装置返浆管安放

图 1.3-11　泥浆净化装置渣土分离

清孔。

（2）启动孔口潜水电泵，开动泥浆净化装置，开始二次清孔。

（3）清孔过程中，现场对分离后的废渣进行清理，并集中堆放、及时外运。

（4）清孔过程中，密切监测孔口泥浆液面的高度，保持潜水电泵抽排泥浆量与回流的泥浆量基本一致，以确保孔内泥浆的水头高度，以保持孔壁稳定。

（5）二次清孔过程中，保持泥浆性能，及时监测泥浆指标，及时调整泥浆性能、黏度，确保泥浆良好携渣能力，保持清孔效果。

（6）由于桩孔底面积大，为充分发挥潜水电泵的抽吸作用，在清孔过程中应在孔口不断变换孔底灌注导管的位置，提高孔底抽吸效果。

（7）清孔过程中，派专人检查孔底沉渣厚度、泥浆指标；在商品混凝土到达现场之前，孔底沉渣厚度≤5cm，孔底500mm以内的泥浆相对密度＜1.25，含砂率≤4%，黏度≤25s。

（8）二次清孔达到要求，经监理工程师验收同意后，即刻卸去孔口潜水电泵，接上事先准备好的灌注料斗，灌注水下混凝土成桩。

"潜水电泵＋泥浆净化装置"反循环二次清孔操作见图 1.3-12 和图 1.3-13。

图 1.3-12　"潜水电泵＋泥浆净化装置"
　　　　　反循环二次清孔

图 1.3-13　二次清孔过程中测量孔底沉渣厚度

1.3.7 "潜水电泵＋泥浆净化器"二次清孔设备机具

1. 主要设备机具配套

"潜水电泵＋泥浆净化器"二次清孔系统主要机具包括潜水电泵、泥浆净化装置、灌注导管等，其设备机具配套见表1.3-1。

"潜水电泵＋泥浆净化器"二次清孔系统主要机具配套表 表 1.3-1

机械设备名称	说 明
污水污物潜水电泵	抽吸孔底泥浆，形成泥浆反循环工艺
泥浆净化装置	循环泥浆的浆、渣分离
灌注导管	与潜水电泵相连，形成泥浆循环通道；灌注水下混凝土

2. 主要设备机具选择及技术指标

（1）潜水电泵

1）潜水电泵选择"WQ 系列污水污物潜水电泵"（以下简称：WQ 系列潜水电泵）。

2）潜水电泵技术指标性能见表1.3-2。

潜水电泵技术指标性能表 表 1.3-2

型 号	QW70-15-7.5	QW100-10-7.5	QW100-15-11	QW145-10-11
流量（m³/h）	70	100	100	145
扬程（m）	15	10	15	10
功率（kW）	7.5	7.5	11	11
转速（r/min）	3000	3000	1480	1480
额定电压（V）	380	380	380	380
备注	QW70-15-7.5 表示：流量 70m³/h，扬程 15m，功率 7.5kW			

3）潜水电泵规格选择方法：选择潜水电泵时，综合考虑潜水电泵的功率、流量、管路直径、管路损失、水泵扬程等。在实际施工过程中，经过现场试验和使用效果检验，当桩孔深度在 50m 范围内时，选择功率 7.5kW 的潜水电泵；当桩孔深度大于 50m 时，选择功率 11kW 的潜水电泵。

（2）泥浆净化装置

1）泥浆净化装置选择 ZX 系列泥浆净化装置。

2）ZX 系列泥浆净化装置具体型号主要有：ZX-50、ZX-100B、ZX-200 等，ZX 系列常用泥浆净化装置主要性能指标见表1.3-3。

常用 ZX 系列泥浆净化装置主要性能指标表 表 1.3-3

型号 参数	ZX-50	ZX-100B	ZX-200
处理能力（m³/h）	50	100	200
除砂率（%）	≥95	≥95	≥90
脱水率（%）	≥80	≥80	≥80
总功率（kW）	17.2	24.2	48
外形尺寸（mm）	2300×1250×2460	3000×1900×2300	3300×2200×2700
重量（kg）	2100	2700	4000

3）泥浆净化装置型号的选择将根据潜水电泵型号、处理能力等综合考虑，当潜水电泵流量不大于 100m³/h 时，可选择 ZX-100 型；当潜水电泵流量大于或等于 100m³/h 时，可选择 ZX-200 型，以达到流量和处理能力之间的平衡，满足泥浆净化能力的需求。

1.4　旋挖灌注桩无泥浆循环二次清孔技术

1.4.1　引言

旋挖钻机具有机电一体化、钻孔速度快、绿色环保、综合成本低等显著特点，近年来随着旋挖钻机整体性能的提升，以及旋挖钻具的不断改进，旋挖钻机已广泛应用于桩基础工程施工中，深圳特区内一大批大型、重点项目的桩基工程均由旋挖钻机完成，如：国信金融大厦、中国人寿大厦、腾讯滨海大厦、百度大厦、阿里云大厦、阿里巴巴大厦等，旋挖机的使用加快了桩基施工进度，减少了泥浆使用量，节省了工程造价，提升了现场文明施工水平。但在旋挖钻机广泛应用过程中，目前面临孔底沉渣控制难题，孔底沉渣厚度超标，直接影响施工进度和桩基质量。为了寻求大直径旋挖桩二次清孔的新工艺新方法，加快施工进度，保证桩基施工质量，提出了"大直径旋挖灌注桩无泥浆循环二次清孔工法"。

近年来对于大直径桩二次清孔难题，结合施工工程实例，在充分总结过往施工经验及现场试成孔过程分析，在成孔过程中配制优质钠基膨润土泥浆护壁，通过提高泥浆黏度，增大泥浆悬浮钻渣的能力，终孔后改良孔内底部泥浆性能，使得在吊放钢筋笼、安装灌注导管后，孔底成渣厚度满足规范要求，以达到无须进行二次清孔的目的。

1.4.2　无泥浆循环二次清孔工艺原理

无泥浆循环二次清孔关键技术主要是使用高性能钠基膨润土泥浆，通过提高泥浆的黏度，达到使孔底沉渣悬浮的效果，使得始终保持孔底沉渣厚度满足要求，无须进行二次清孔，提高施工工效。

1. 泥浆配制材料

市场供应造浆材料有钠基、钙基、锂基膨润土造浆原材，通过对比分析钠基膨润土造浆效果更好。施工时，选择细度模数在 220 目以上钠基膨润土，具有含砂率低、胶体率高、不分层、不沉淀的特点，掺合料选用 CMC、烧碱，配制成的泥浆可增大泥浆的保水性、流变性和泥浆的胶凝强度，提高泥浆的黏度、分散性和浆液稳定性，增强泥浆悬浮沉渣能力，具有胶体率高、不分层、护壁效果好等特点。

2. 泥浆配制及管理

在大直径桩孔旋挖钻进过程中，采取土层钻进、硬岩钻进、终孔清渣三阶段来调制泥浆。土层钻进速度快，适当提高钠基膨润土的掺量比例；采用优质泥浆的同时，控制好护筒内泥浆面高度，适当提高泥浆比重，以形成稳定孔壁的泥皮；硬岩钻进时间相对长，此时保持泥浆性能，做到孔内液面稳定，并提升携渣、清渣效果；终孔后清渣阶段在捞渣完成后，采用加入适量氢氧化钠调黏，提高泥浆黏度值，增加泥浆的悬浮钻渣的能力，以保持孔底无钻渣沉淀。

1.4.3　工艺特点

1. 施工进度快

本工法终孔后配合旋挖捞渣斗捞渣清孔，满足设计要求后即进行孔内泥浆调配处理，使下放钢筋笼、浇筑混凝土前量测沉渣保持孔底干净，可避免二次清孔的时间消耗及存在的塌孔风险，省时增效。

2. 成桩质量保证

由于本工法旋挖钻进速度快，成孔时间相对较短，采用高性能泥浆护壁，以及无泥浆循环二次清孔，避免了孔壁塌方风险，保证桩身质量。

3. 施工成本低

本工法终孔后不需要二次清孔，减少了清孔机械设备配置，提高了成桩工效，综合成本大大压缩。

4. 现场管理简化

旋挖成孔施工不使用泥浆循环二次清孔，泥浆使用量大大减小，现场施工环境得到极大的改善，不存在每天泥浆外运，现场设置一个泥浆池，对返浆进行处理回收利用，大大减少了废泥浆储存、外运等日常的管理工作，管理环节得到极大的简化。

1.4.4　操作要点

1. 泥浆配制

（1）泥浆类型、成分。现场使用的是由复合钠基膨润土配制而成的化学泥浆，按一定比例配制，形成不同地层钻进过程中适宜的泥浆，以满足钻进需要，其主要成分包括：水、钠基膨润土、CMC、NaOH。一般选用中黏度复合钠基膨润土，细度模数选择 220 目细度较高膨润土，泥浆掺合料比例烧碱（NaOH）、CMC 的比例按配制膨润土重量的 $0.2\% \sim 0.4\%$ 控制。

（2）泥浆池。泥浆配制在专设的泥浆池内进行，泥浆池用砖砌筑，水泥抹面，其容积为一般桩孔的 2 倍左右。泥浆池设专门的下料台，以及输水管路，以便于调节用量，维持泥浆指标。泥浆池内设立二个泥浆泵，其中一个泵用于往钻孔内输送泥浆，保持孔内泥浆使用量；另一个泥浆泵用于泥浆池内自循环，使池内泥浆充分搅动循环，保持泥浆性能。

2. 不同地层分阶段泥浆调配

在大直径旋挖桩钻进过程中，采取土层钻进、硬岩钻进、终孔清渣三阶段来调制泥浆。

（1）土层钻进泥浆。上部填土、粉质黏土、残积土及强风化岩层，采用旋挖取土钻斗成孔。由于旋挖成孔以静态泥浆无循环钻进，且成孔速度快，护壁泥皮薄，在此阶段泥浆配制调大膨润土加量比例至 6%，泥浆控制在相对密度 $1.08 \sim 1.20$、黏度 $18 \sim 20s$、含砂率 $4\% \sim 6\%$、pH 值 $8 \sim 10$。

（2）硬岩钻进泥浆。对于中风化、微风化岩层，旋挖硬岩钻进成孔时间相对于土层钻进时间较长，此阶段保持钻孔护壁稳定是关键，此时泥浆性能调制成：相对密度 $1.10 \sim 1.15$. 黏度 $20 \sim 22s$。

（3）终孔清渣。在终孔后，采用清孔旋挖钻斗进行反复捞渣，尽可能清除孔内沉渣；

在起钻下入钢筋笼、灌注导管之前，采用钻具将一定数量的氢氧化钠下入孔底，并在孔内旋转，此时氢氧化钠与泥浆中的钠基膨润土反应，将泥浆调稠以提高黏度，使孔底范围内形成小相对密度（相对密度 1.05～1.10）、大黏度（黏度 22～26s）泥浆，使孔底段泥浆状态处于白絮状，使泥浆中的粗颗粒处于悬浮状态，确保在钢筋笼、灌注导管安放后，孔底沉渣满足设计要求。

3. 泥浆使用及管理

（1）旋挖桩机设置专门的泥浆班组，派专人负责泥浆的调制和施工过程中的管理。在钻孔作业过程中，安排质检员 24h 轮班跟踪测定泥浆比重、黏度数据，每隔 1h 测定孔口泥浆相对密度、黏度及流入孔内的泥浆相对密度、黏度指标，并做详细记录，动态调整相关泥浆参数。

（2）膨润土必须充分水化搅拌，保证浆体均匀一致，要求现场造浆后静置 24h 之后方可使用，以保证膨润土的充分水化，泥浆各项指标符合要求。

（3）为了保证安全连续正常施工，确保成孔速度、成孔质量及灌注成桩质量，开孔前泥浆总量应达到设计方量的 2 倍以上方可开钻，施工过程中要随时观察泥浆性能的变化，及时检测泥浆的性能，针对地层状况配制符合要求的泥浆。

（4）钻进过程中，当钻机钻进提拔钻杆时，及时进行孔内补浆，确保孔内浆液面的水头高度满足护壁要求。

（5）在雨天施工时，注意泥浆性能的变化，及时根据实际情况调整泥浆原料的配比。

（6）泥浆池内的沉渣及时掏除，对于回浆中固相含量过高，相对密度、黏度超过规定值，不宜稀释处理的废浆应及时排运出场外处理。

1.5 旋挖钻孔灌注桩二次清孔工艺优化选择

1.5.1 引言

旋挖钻机具有机电一体化、钻孔速度快、入岩能力强、综合成本低、机动灵活、绿色环保等显著特点，随着旋挖钻机整体性能的提升，以及旋挖入岩钻具的不断改进，旋挖钻孔桩已广泛应用于桩基础工程施工。但受不同钻机类型的机械性能、人员操作水平、现场技术管理能力等存在的差异，特别是受场地地层条件的影响，加之行业尚未编制相关旋挖钻孔桩施工技术规范，没有形成系统的工法研究，施工过程中大量的旋挖成桩的质量问题也随之产生，桩底沉渣过厚即是较普遍的质量通病之一。

因此，如何在旋挖钻孔桩施工过程中预防桩孔沉渣的产生，合理选择桩孔的二次清孔工艺，保证孔底沉渣满足设计和规范要求，成为困扰业界对旋挖钻机的客观评价和使用前景。

本节结合作者多年来在深圳地区旋挖钻孔灌注桩的施工实践，系统分析了旋挖桩孔底沉渣产生的原因，全面论述了常用的二次清孔工艺和清孔新工法的特点，提出了综合优化选择的方法。

1.5.2　旋挖桩桩底沉渣原因分析及控制措施

旋挖钻孔灌注桩桩底沉渣可能产生于旋挖钻机施工的钻进成孔、安放钢筋笼、灌注混凝土等多个环节中，分析认为沉渣产生的原因大致分为以下几类：

1. 桩孔孔壁塌落

（1）原因分析

桩孔孔口填土层不稳定塌落孔内；泥浆相对密度过小，悬浮能力差；提升钻具太快，形成孔内向上的抽吸作用；提钻时孔内泥浆液面下降，未及时补充孔内泥浆；钻具提放刮碰孔壁；下放钢筋笼刮碰孔壁；终孔后未及时灌注混凝土，孔壁浸泡时间过长。

（2）控制措施

孔口安放钢护筒保护孔口，护筒长度根据地层条件，适当加长；加大泥浆比重，提高泥浆的黏度，减少孔底沉淀；控制旋挖每回次进尺，严禁钻筒打满提钻，避免抽吸现象；钻具提离孔口前，及时补充孔内泥浆，保持泥浆液面高度；钻具提放时保持对中，慢提、慢放，防止刮碰；下放钢筋笼保持对中、垂直；终孔后及时灌注桩身混凝土，减少辅助作业时间。

2. 泥浆沉淀

（1）原因分析

泥浆性能参数不合格，护壁效果不佳；灌注前等待时间过长，泥浆发生沉淀；泥浆含砂率高。

（2）控制措施

配制合适参数的泥浆，并及时检测、调整泥浆性能；缩短灌注等待时间，避免泥浆沉淀；设置泥浆沉淀池或者泥浆分离器将泥浆中泥砂沉淀分离，并调整泥浆性能。

3. 钻孔残留

（1）原因分析

钻具钻底变形或者磨损过大，渣土泄漏生成沉渣；钻具钻底结构本身限制，如钻齿布置高度、间距等原因造成渣土残留过多生成沉渣。

（2）控制措施

选用合适钻具，经常检查钻底结构；减小旋转底和固定底间隙；及时补焊保径条，更换磨损严重的边齿；合理调整钻齿布置角度、间距；增加清渣次数，减少桩底残留。

4. 清孔工艺

（1）原因分析

清孔时的抽吸作用造成垮孔；清孔时泥浆性能不达标，沉渣无法携带出孔底；清孔工艺选择不合理，沉渣无法清除干净。

（2）控制措施

清孔时控制抽吸力，减少对孔壁的冲击；清孔时换浆，调整好泥浆性能指标；根据钻孔情况，选择适合的二次清孔工艺。

1.5.3　旋挖灌注桩二次清孔技术特点

目前，业内旋挖桩桩孔二次清孔技术按泥浆循环方式可分为以下三类：泥浆正循环清孔、反循环清孔和无泥浆循环清孔。

1. 泥浆正循环清孔

泥浆正循环清孔工艺是普遍采用的一种清孔方式，清孔操作注意事项：

（1）选择合适的泥浆泵，泥浆流量过大，对孔壁冲刷大，容易塌孔；泥浆流量小，沉渣上升速度慢，清渣效果差，耗费时间长。实际施工中，流量、扬程作为选择泥浆泵的依据，可根据桩孔直径大小配制功率在 $12\sim30\mathrm{kW}$ 之间的 3PN 泥浆泵。

（2）减少循环管道接口，避免管道直径剧烈变化、运行方向剧烈变化，减小泥浆循环系统中的沿程阻力和局部阻力消耗。

（3）泥浆循环过程中，泥浆循环系统中含有较多的粗颗粒或岩渣，会反复循环带入孔内，影响清孔效果。应定期对沉淀池、泥浆池废渣进行清理，可加大、加长泥浆循环沟，并派专人沟内捞渣。

（4）清孔过程中，根据清渣效果适时上下提放、左右移动导管，加快扰动孔底沉渣，以达到快速清渣的效果。

2. 泥浆旋流器辅助二次清孔

泥浆旋流器正循环二次清孔凭借旋流装置对泥浆进行有效分离，其操作简便、分离效果好，是普通泥浆正循环清孔系统的升级工艺，具有实用性、有效性，为二次清孔提供了新的可靠选择。

泥浆旋流器正循环二次清孔时应注意：

（1）派专人负责旋流器操作，观察排渣口是否堵塞；如出现旋流器进口部分吸入块石、牡蛎壳、水泥块等较大异物时，会使进浆速度降低，应及时清除。

（2）如果旋流器进口泥浆中的固相粗颗粒含量过高，或底流口阀门调节过小，会使旋流器过载，会导致底流口堵塞，可通过调节底部阀门，以保持底部排渣通畅。

（3）旋流器出渣口设置专门的排渣池，并及时进行清理排渣。

（4）旋流器的选择应与泥浆泵量相匹配。

3. 泵吸反循环二次清孔

泵吸反循环二次清孔具有抽吸能力强、清孔时间短、孔底干净的特点，清孔时需注意：

（1）清孔时需增加 6BS 反循环砂石泵，整体循环系统管路布设较复杂，反循环现场操作专业性较强，真空度的形成具有一定的难度。

（2）由于泵吸反循环砂石泵流量可达 $180\mathrm{m}^3/\mathrm{h}$，抽吸能力超强，形成的负压对孔壁稳定有一定的影响，对深厚淤泥、砂层厚的桩孔，应控制反循环流量。

（3）清孔时，应注意保持护筒内泥浆面的水头高度，保持回流入孔内的泥浆量与抽吸量平衡一致；泵吸反循环泥浆使用量较大，需控制好泥浆的性能和参数，做好废浆废渣的处理。

4. 气举反循环二次清孔

气举反循环二次清孔工艺压力差大，流速快，携渣能力强。清渣时，除减少阻力、移动导管、分离泥浆中泥砂等，还须注意：

（1）气举反循环设备配置较为复杂，在进行实际工作之前必须进行一定的调试和优化，尤其是空压机选型，设置合适的进气管长度直接影响循环清渣效率。

（2）气举反循环会引起桩孔底部产生抽吸负压，在不稳定地层使用须防止塌孔。

（3）反循环作业过程中，须始终保持护筒内泥浆液面的水头高度，保持回流入孔内的泥浆量与抽吸量平衡一致，防止产生塌孔。

5. "潜水电泵＋泥浆净化器"反循环二次清孔

"潜水电泵＋泥浆净化器"二次清孔时应注意：

（1）泥浆净化装置型号的选择将根据潜水电泵型号、处理能力等综合考虑，当潜水电泵流量不大于100m³/h时，可选择ZX-100型；当潜水电泵流量大于或等于100m³/h时，可选择ZX-200型，以达到流量和处理能力之间的平衡，满足泥浆净化能力的需求。

（2）孔口潜水电泵是二次清孔过程中重要的机具设备，潜水电泵分别与灌注导管和泥浆净化装置相连，形成泥浆反循环二次清孔工艺；为了确保潜水电泵的密封性，一般将潜水电泵沉入到泥浆液面下，防止漏气。

（3）清孔系统安装完成后，进行专项检查，包括：灌注导管离孔底高度、各接口的密封性、泥浆净化装置的稳定性、各类电器的安全性等。

（4）清孔过程中，监测孔口泥浆液面的高度，保持潜水电泵抽排泥浆量与回流的泥浆量基本一致，以确保孔内泥浆的水头高度，以保持孔壁稳定。

6. 旋挖钻斗无泥浆循环二次清孔

旋挖钻斗清孔即利用专用的捞渣钻斗清除孔内的沉渣，在钻进成孔过程和灌注混凝土前，不需要使用泥浆正循环或反循环进行孔内清孔的一种清孔方式。这种清孔方式，主要由旋挖钻斗捞取钻孔底沉渣，同时依靠泥浆起到保护孔壁稳定和悬浮沉渣的作用，使孔内泥浆中的粗颗或钻渣在较长时间内处于悬浮状态，在钢筋笼、灌注导管安装后，孔底保持少沉渣或无沉渣。

采用旋挖钻斗无泥浆循环清孔注意事项：

（1）做好孔口、孔壁的保护。采用旋挖捞渣钻斗清渣，应充分做好孔口护筒埋设，切实维持好护筒内泥浆液面的水头高度，防止钻进过程中孔口垮塌和孔壁坍孔。每次旋挖钻斗提离孔口前，护筒内泥浆面都会下降，此时需进行及时补浆，维持护筒内液面高度。

（2）捞渣钻斗结构合理。钻进至桩孔设计持力层深度后，使用截齿捞砂斗在不加压的情况下空转数圈，使得桩底尽量平坦，便于清渣；岩层钻进清渣导板尽量短小或平底，以便于孔底渣土进入筒体；清渣导板高度越小，清渣效果越理想。清渣钻斗钻底结构必须依据截齿斗底形状进行对应修改，尽量减小导板和中心锥高度。

（3）泥浆管理是关键。旋挖钻机应设置专门的泥浆班组，派专人负责泥浆的调制和管理。

（4）控制泥浆性能是旋挖钻斗清渣过程中的关键，要想实现无泥浆循环清孔，必须科学、合理掌握泥浆的调配，并动态使用好泥浆。如：上部土层钻进时间短，此时应适当加大泥浆相对密度，保持孔壁稳定；岩层钻进回转阻力大，时间相对较长，泥浆相对密度可适当降低；终孔后旋挖钻斗捞渣处理后，由于需要安放钢筋笼、灌注导管，此时将泥浆调制成低相对密度、高黏度，使底部段泥浆形成絮状和稠度，提升泥浆的悬浮能力，避免泥浆内固相颗粒沉入孔底。

（5）钻具清渣后，缩短辅助作业时间，及时灌注桩身混凝土，最大限度减少孔底沉渣量。

1.5.4　旋挖钻孔桩孔底沉渣二次清孔技术对比分析

从适用范围、设备配置、清渣效率、泥浆使用量、造价共五个方面进行对比分析所述清渣方法特点：

1. 适用范围

（1）正循环清渣：包括旋流器正循环清渣，其适用于直径和深度较小的桩孔，便于泥浆携带沉渣上返，一般桩径 1.5m 及以下，深度 50m 以内；否则，需要配置超大功率泥浆循环泵才能实施。

（2）反循环清渣：包括泵吸反循环、潜水电泵＋泥浆净化器反循环清孔、气举反循环清渣，其适用于桩径 1.5m 以上的大直径桩，泵吸反循环桩深可达 80m 左右，气举反循环孔深可超过 100m。

（3）钻具无泥浆循环清渣采用捞渣钻具配合泥浆清孔，其适用于所有旋挖钻进工艺，尤其适合长护筒、全护筒钻进及泥浆循环容易引起塌孔的情况。

2. 设备配置

（1）正循环清渣：所需设备为泥浆泵、导管等。

（2）旋流器正循环清渣：所需设备为泥浆旋流器、泥浆泵、导管等。

（3）泵吸反循环清渣：所需设备为砂石泵、导管。

（4）气举反循环清渣所需设备：空压机、泥浆泵、导管、进气管、接头等。

（5）潜水电泵＋泥浆净化器反循环清孔：潜孔电泵、泥浆净化器、导管等。

（6）钻具清渣：配置与桩径适应的清渣钻头。

在以上六种清渣工法中，反循环系统所需设备最多，系统结构也较复杂，操作有一定的技术难度，如反循环真空度的掌握等。另外，钻具清渣无须太多外配设备，但由于旋挖清渣钻斗价格与普通旋挖钻具接近，大直径清渣钻具价格较为昂贵，并且孔径不同时需要不同直径的清渣钻斗，初期投资较多是它与泥浆循环清渣相比存在的缺点。

3. 清渣效率

在以上正循环、反循环、钻具无泥浆循环清渣工法中，以钻具清渣效率最高，通常经过 3～5 次提放清渣即可满足灌注要求；气举或泵吸反循环次之，而正循环清渣效率相对最低。然而，实际清渣时间与设备配置、工程地质特征、泥浆质量等因素密切相关，难以一概而论。

4. 泥浆使用量

以上六种清孔工艺中，反循环泥浆使用量最大，正循环次之，钻具清渣最小。

5. 造价

综合本节所提及的清孔工艺，采用反循环系统所需设备最多，操作复杂，产生的泥渣量大，费用相对较高；正循环清孔工艺相对简单，操作便利，相对费用较低；无泥浆循环钻具清孔最为简便，费用相对最低。

1.5.5　旋挖钻灌注桩二次清孔工艺优化选择

旋挖钻孔灌注桩的广泛运用已是大势所趋，对其施工过程中的质量通病应予以高度重视，并应就旋挖钻具、泥浆性能、二次清孔工艺等开展专项研究，正在编制中的《深圳市桩基施工技术规范》就专门对旋挖钻孔桩施工进行了专门规定和要求。旋挖钻孔过程中的二次清孔工序，是关系到成桩质量的关键，必须认真对待和合理选择工艺。

对于旋挖钻孔桩清渣及二次清孔工艺的优化选择是确保桩孔质量的关键，主要应把握以下几点：

1. 没有最好，只有适用

本节所介绍的清渣、清孔工艺各有其特点和使用范围，优劣互补，旋挖钻孔桩清渣方法较多，我们提倡的是没有最好、只有适用，每一种工艺方法都必须与设备、人员、地层、环境相适宜，能简单处理，就不复杂操作，以达到清孔效果为目的。在选择和使用时应遵循"去繁就简"、"因地（层）制宜"、"因环境制宜"等准则，使得所选用的清渣工法满足质量、经济、安全的要求。

2. 小直径浅桩正循环有优势

小直径桩、浅桩，由于桩孔断面小、清孔深度小，采用泥浆正循环二次清孔能较好满足要求。

3. 大直径深桩反循环功效高

对于大直径桩、超深桩，采用泥浆正循环清孔速度慢、效果差，此时应优选采用泥浆反循环清孔工艺；反循环清孔工艺中，根据孔径、孔深，合理选择泵吸或气举循环工艺。

4. 辅助清孔装置提升清孔效率

在二次清孔过程中，泥浆净化装置（如旋流器、黑旋风系列）的使用，能快速分离泥浆中的固相粗颗粒，减小泥浆含砂率，提高泥浆的性能，可加快浆渣分离，提高清孔速度、保证清孔质量、减少泥浆量排放，可以起到事半功倍的效果。而对于在海上平台上进行灌注桩施工时，由于作业平台对承重的要求，此种条件下采用泥浆净化装置、旋流器、潜孔电泵二次清孔，可以充分体现其有效性和优势。

5. 无泥浆循环二次清孔为突破技术

钻具无泥浆循环清渣，是旋挖钻孔桩施工中值得提倡的一种清孔新工法，其最大的特点是在钻孔安放钢筋笼、灌注导管后，可以保持孔底少沉渣或无沉渣，无须再进行二次清孔，具有清渣效果好、辅助设备少，大大提升了成桩效率，最大限度地发挥出了旋挖机高效的特性。这项二次清孔技术突破了规范中对灌注桩二次清孔的相关规定，其已在深圳一大批旋挖桩基工地上运用，取得了令人满意的效果，提倡大力推广。

6. 运用综合清孔技术

深圳地区旋挖桩施工队伍众多，且以个体拥有数量大，旋挖钻机性能、管理水平、桩机工操作能力差别大，其往往缺乏系统培训，对旋挖桩施工技术、操作技能掌握不足，尤其对钻进泥浆性能的掌握大多数一知半解，往往难以达到预期的效果。因此，在二次清孔具体操作时，应根据实际情况，调整清孔工艺。特别是如采用钻具无泥浆循环清渣工艺，其实际运用技术含量高，在安放钢筋笼、灌注导管后，在灌注混凝土前如测量孔底沉渣不能满足设计要求，则必须采用泥浆正循环或反循环进行二次清孔。

第2章 深基坑支护新技术

2.1 松散易塌地层预应力锚索双套管施工技术

2.1.1 引言

在深基坑支护形式的选择中，预应力锚索因其施工简单、快速、经济等特点，被广泛应用。一般预应力锚索施工多采用潜孔锤钻孔、常规 XY-100 型勘察钻机不跟管钻孔，以及履带式套管护壁带水跟管钻进法。在钻进过程中，如遇到填土、淤泥质土、粉土、砂性土、砾砂层等松散易塌地层时，孔口返渣带出的大量泥砂，会导致锚索范围内的上部地层沉降量过大，进而造成基坑周边地面、管线、建筑物等沉降过大，严重时危及周边环境安全。

1. 潜孔锤预应力锚索钻进

预应力锚索钻机与空压机连接，钻头选用孔径满足设计要求的潜孔锤钻头。钻进时，孔内土体被潜孔锤冲击成渣，高压风通过钻杆送入孔底，携带土渣从孔口排出，不断增加钻杆直至达到设计孔深（见图 2.1-1）。钻孔完成后，继续向孔内吹入高压风，以保证孔内土渣被全部吹出。

此方法通过高压风带出土渣，吹出的土渣难以控制，水土流失严重，同时导致作业环境差。

图 2.1-1 潜孔冲击式预应力锚索钻进成孔

2. 预应力锚索带水作业不跟管钻进成孔

常用的成孔钻机有地质钻机和专用的预应力锚索钻机，此方法无法在钻进过程中提供护壁作用，故易发生坍孔现象，导致水土流失。

（1）地质钻机带水预应力锚索钻进成孔

采用 XY-100 型地质钻机成孔，钻进时水通过钻杆注入孔底，携带钻削产生的土渣从钻杆与孔壁间间隙返回，从孔口排出（见图 2.1-2）。钻进完成后继续向孔内注入清水，直至钻进产生的土渣被完全置换出来。

（2）预应力锚索专用钻机带水不跟管预应力锚索钻进成孔

采用专用的预应力锚索钻进，采用带水作业不跟管钻进成孔，钻进时水通过钻杆注入孔底，携带钻削产生的土渣从钻杆与孔壁间空隙返回，从孔口排出。钻进完成后继续向孔内注入清水，直至钻进产生的土渣被完全置换出来。具体见图 2.1-3。

图 2.1-2　地质钻机预应力锚索　　　　图 2.1-3　预应力锚索钻机回转
回转不跟管钻进成孔　　　　　　　不跟管钻进成孔

3. 预应力锚索钻机全套管跟管护壁钻进

此方法采用外径与设计孔径相同的套管进行钻进，前端连接钻头。钻进时，将压力水注入孔底，携带钻削产生的土渣从套管与孔壁间空隙排出，随着钻进深度的加深，不断加长套管直至设计孔深。这种施工方法，套管虽然在钻进的同时进行有效的护壁，但其排出的水顺着孔壁与套管间空隙排出，同样容易造成水土流失。具体见图 2.1-4。

图 2.1-4　套管跟管护壁带水钻进

近年来，我们承接了大量的深基坑支护工程，针对松散易塌孔地层预应力锚索成孔所出现的水土流失量严重、坍孔、基坑周边沉降量过大等问题，开展了"基坑支护松散易塌地层预应力锚索双套管施工技术研究"，提出了"基坑支护松散易塌地层预应力锚索双套管施工工法"，较好地解决了上述预应力锚索施工过程中存在的质量通病，形成了施工新技术，取得了满意成效。

2.1.2　工程实例

1. 工程概况

华侨城大厦基坑支护及土方开挖工程，位于深圳市南山区华侨城片区雕塑公园内，场地南临深南大道，东接汉唐大厦和华侨城集团总部大楼，北靠沃尔玛商业广场。总用地面积约 14119.07m² 。塔楼为办公楼，裙房为两层商业用房，地上 65 层、地下 5 层，基坑支护深度为 22.86～27.16m。

设计采用"排桩＋预应力锚索＋内支撑"支护形式，基坑排桩东侧、北侧、西侧为直径 ϕ1400mm 钢筋混凝土桩与直径 ϕ900mm 素混凝土桩咬合布置，南侧为直径 ϕ1200mm 灌注桩与直径 ϕ1000mm 三管旋喷桩相间布置；内支撑西侧设置 5 道，东北角设置 4 道；预应力锚索北侧设置 8 道、东侧设置 6 道、南侧设置 7 道。基坑北侧为沃尔玛商业广场，其基础形式为天然基础，设有一层地下室，最近距离仅 22.5m（见图 2.1-5）。

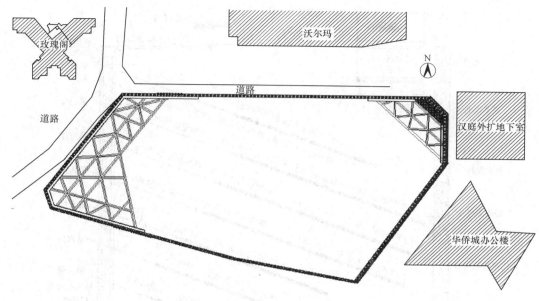

图 2.1-5　基坑支护平面图

2. 基坑支护预应力锚索设计

本工程基坑东侧设置 6 道、南侧设置 7 道、北侧设置 8 道预应力锚索，设计采用跟管钻进工艺。其中北侧预应力锚索涉及土层情况如下：

素填土：褐红、褐黄色。以粉质黏土为主，混少量填石，松散；

含砾黏性土：灰白、褐黄色，不均匀混约 10% 石英砾砂；

砾砂：灰白、黄褐色，以石英为主要矿物成分，混约 15% 黏性土，级配较差；

砾质黏性土：褐黄、褐红色，由燕山期粗粒花岗岩风化残积形成；

砾质黏性土：灰褐色，由震旦系花岗片麻岩风化残积形成；

全风化粗粒花岗岩：褐黄、褐红色；

强风化粗粒花岗岩：褐红、褐黄色；

中风化粗粒花岗岩：褐红、褐黄色，岩芯表面裂隙发育，裂面有铁质侵染。

基坑北侧第 5、第 6 排高岭土范围内均采用 $5 \times 7\phi5$ 预应力锚索，锚索长均为 25m，自由段均为 8m，锚固段均为 17m。其中第 5 排预应力锚索轴向拉力标准值为 450kN，锁定值为 360kN；第 6 排预应力锚索轴向拉力标准值为 500kN，锁定值为 400kN（见图 2.1-6）。

3. 预应力锚索施工情况

第一排至第四排预应力锚索施工采用 MDL-120D1 型履带式锚索钻机，套管跟管护壁带水钻进施工方法。采用外径与设计孔径相同的套管进行钻进（预应力锚索设计孔径 $\phi150$mm），同时通过套管向孔底注入高压水，利用高压水带出钻进过程中产生的钻渣，经套管与孔壁间间隙从孔口排出，不断加长套管直至达到设计孔深。

在进行至第五排预应力锚索时，发现存在大面积的高岭土，采用单套管护壁带水钻进孔口返渣量过大，导致基坑北侧管线及建筑物等沉降量超标。项目部立即停止施工，商讨应对办法。随即引入本工艺技术，有效解决了施工技术难题，保证了成孔质量，形成了完

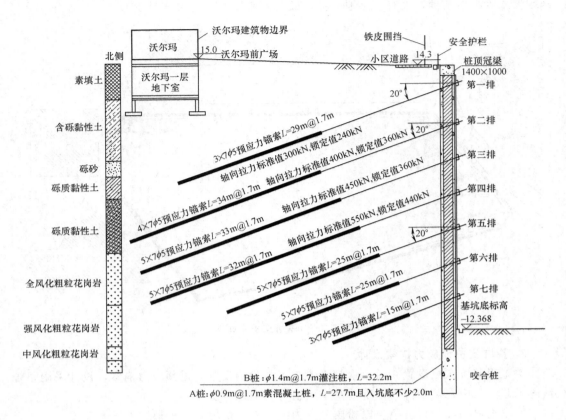

图 2.1-6　基坑北侧预应力锚索施工图

备、可靠、成熟的施工工艺方法。

2.1.3　预应力锚索双套管钻进工艺原理

预应力锚索双套管施工的关键技术主要分两部分，即：外护壁、内钻进双层钻杆封闭钻进成孔技术与内外嵌套式排渣技术。

1. 外护壁、内钻进双层钻杆封闭钻进成孔

采用内外直径不同的钻头同步进行钻进，外钻头为护壁钻头，内钻头为钻进钻头。外套管外径 150mm，内径 138mm，壁厚 12mm，套管间用丝扣相互连接；在外套管端接外钻头，外钻头为自制简易钻头，钻头为敞开式。外钻头其实就是外套管的一部分，主要承担前端先导钻进作用，其与外套管共同承担钻进过程中的护壁作用。内钻杆外径 80mm，内径 72mm，壁厚 8mm，内钻杆接直径 ϕ91mm 三叶尖角钻头，其主要起钻除渣土的作用。内钻杆、外套管与动力头端装设的排渣头相连。钻进前，先将第一节内钻杆、外套管通过与动力头连接的排渣头前端丝扣连接于机械上，此时保持内钻杆钻头与外套管上的钻头的间距约 10～20cm。

开动钻机，内外钻头同时工作，外套管钻头环向钻进，引导外套管进入，不直接切割地层；内钻头随着外钻头同步钻进，并全断面切削地层；随着钻孔加深，松开排渣头处第一节外套管与第一节内钻杆，不断加长内钻杆与外套管的长度，循环钻进直至钻至设计锚索深度。钻进过程中，由于外套管上的钻头比内钻头稍长，在两个钻头之间存在 10～20cm 的未钻凿的土体，该段土体成为土塞，给内钻头的钻进创造了一个相对封闭的环境；钻进时注入的高压水由内钻杆进入，通过内钻头排至孔底，由于前端土的阻隔，水流只能携带土渣由内钻杆与外套管间空腔返回，由排渣孔排出。

预应力锚索双套管钻机见图 2.1-7，带水钻进返渣示意图见图 2.1-8。外套管及钻头见图 2.1-9，内钻头见图 2.1-10。

图 2.1-7 预应力锚索双套管钻机

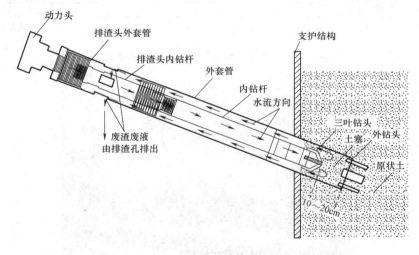

图 2.1-8 预应力锚索双套管钻进返渣示意图

2. 内外嵌套式排渣

通过外套管和内钻杆加工制作，采用嵌套式连接方式组装成排渣头，其中外套管长 93cm，外径 150mm，内径 138mm，壁厚 12mm，周身局部开有小口作为排渣出口；内钻杆长 100cm，外径 80mm，内径 72mm，壁厚 8mm。连接头为专门设计加工，内、外均设丝扣，一端连接动力头，一端连接排渣头内钻杆、外套管。外套管与内钻杆两端均设有丝扣，一端与连接头连接，一端与相对应钻杆连接，组装成排渣头。水由内钻杆进入，携带钻渣由内钻杆与外套管间间隙返回，从排渣孔排出，实现成孔过程中排水排渣的目的。

图 2.1-9 外套管外接敞开式钻头

图 2.1-10 三叶尖角内钻头

排渣头连接示意图见图 2.1-11、图 2-1-12。

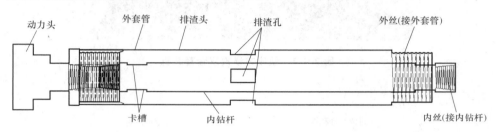

图 2.1-11 排渣头内钻杆、外套管连接示意图

图 2.1-12 排渣头内钻杆、外套管实物

3. 改变钻进水循环方式

与传统预应力锚索施工水流由套管进入，携带钻渣由套管与孔壁间间隙返出的水循环方式不同，预应力锚索双套管施工在钻进过程中，由于外套管上的钻头比内钻头稍长，在两个钻头之间存在 10～20cm 的未钻凿的土体，该段土体成为土塞，给内钻头的钻进创造了一个相对封闭的环境。钻进时注入的高压水由内钻杆进入，通过内钻头排至孔底，由于前端土的阻隔，水流只能携带土渣由内钻杆与外套管间空腔返回，由排渣孔排出（见图 2.1-13）。

图 2.1-13 预应力锚索双套管带水钻进返渣情况

2.1.4 工艺特点

预应力锚索双套管钻进施工工艺具有以下特点:

1. 减少水土流失量

新工艺采用内外双层套管结合同步钻进,内钻头缩于外钻头内 10~20cm,给内钻头的钻进形成相对封闭的钻进环境,高压水只在内钻杆与内外套管间空腔流动,避免直接接触孔壁,使得孔壁上的土体能最大限度地保持原状,减少了水土流失量,从而大大降低了周边地面、管线、建筑物等的沉降量。

2. 综合施工成本低

新工艺施工过程中所需配套设备除钻具外均能沿用传统预应力锚索的施工设备,外套管、外钻头、内钻杆、三叶内钻头等施工用具均能通过加工制作,施工过程中的正常维修和保养也较简便、快捷。

3. 工艺操作简单、安全

新工艺施工只需在传统施工成孔过程中增加内钻杆的安装、拆卸,操作简单、便利、可控。

2.1.5 施工工艺流程

预应力锚索双套管施工工艺流程见图 2.1-14。

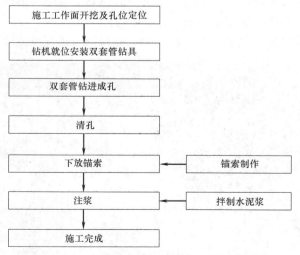

图 2.1-14 预应力锚索双套管施工工艺流程图

2.1.6　工序操作要点

1. 施工工作面开挖及孔位定位

（1）预应力锚索施工前利用挖机对场地进行开挖、整平，根据施工需要，施工工作面需低于锚索孔位 0.5～0.6m，利用水准仪控制工作面标高。

（2）修整工作面的同时需在空余地方挖出一个集水池并沿桩面挖出一段沟槽，便于锚索施工时的水循环使用。

（3）测量员定出锚索孔施工孔位，并用红漆在桩上标出。

预应力锚索施工工作面开挖及孔位定位见图 2.1-15。

图 2.1-15　施工工作面开挖及孔位定位

2. 钻机就位安装双套管钻具

（1）采用 MDL-120D1 型履带式全套管跟管锚索钻机。

（2）钻机到达指定位置后，将专门设计的排渣头与外套管、内钻杆通过连接头连接于钻机动力头位置。

（3）将第一节内钻杆、外套管一端分别接上各自钻头，另一端均连接至排渣头，此时保持内钻杆钻头与外套管上的钻头的间距约 10～20cm，在施工过程中并始终保持有效间距。

（4）调整钻机机架臂的水平位置、高度、方位和倾角，使钻杆和套管夹具对准孔位，调整方位和倾角符合设计要求。

3. 双套管钻进成孔

（1）开动钻机，同时注入清水钻进，内外钻头同时工作；外套管钻头环向钻进，引导外套管进入，不直接切割地层；内钻头随着外钻头同步钻进，并全断面切削地层成孔。高压清水由内钻杆进入排至孔底，携带钻渣由内钻杆与外套管间空腔返回，由排渣头排出。

（2）随着钻进孔深加长，松开排渣头处第一节外套管与第一节内钻杆，不断加长内钻杆与外套管的长度，循环钻进直至钻至设计锚索深度。

内钻杆、外套管加长操作见图 2.1-16，钻进孔口返渣情况见图 2.1-17、图 2-1-18。

图 2.1-16　外套管

图 2.1-17　添加外套管与内钻杆

4. 清孔

当钻进达到设计锚索深度时，高压水泵继续泵水，将外套管与排渣头松开。然后，前后抽动钻杆用水清渣，水清后停止泵水并将内钻杆全部取出。现场清孔操作见图2.1-19。

图 2.1-18　钻进过程返渣情况　　　　图 2.1-19　预应力锚索清孔

5. 下放锚索

（1）清孔完成后立即将按设计要求制作好的锚索下放入孔内，安放时防止杆体扭转、弯曲，并下放至设计孔深，孔口预留1.5m张拉长度。

（2）钢绞线上若粘有泥块，用清水冲洗干净后再放入孔内。

（3）下放锚索时通知监理工程师及业主旁站。

现场下放预应力锚索见图2.1-20。

图 2.1-20　安放预应力锚索

6. 注浆

（1）一次常压注浆：锚索下放完成后，开动注浆泵，通过一次注浆管向孔内注入拌制好的水泥浆，水泥采用P.O42.5R型普通硅酸盐水泥，水灰比控制在0.45～0.50，注浆压力约0.8MPa，待返出浆液的浓度与拌制浆液的浓度相同时停止一次注浆完成后拔除外套管，待外套管全部拔出后，通过一次注浆管对孔内进行补浆，直至孔口返浆。

（2）二次高压劈裂注浆：在一次注浆体初凝后、终凝前，常温下约在 2.5～3h，对孔内进行二次高压劈裂注浆，以便能冲开一次常压灌浆所形成的具有一定强度的锚固体，使浆液在高压下被压入孔内壁的土体中，使锚索能牢固地锚在地层中。注浆压力不低于 2.0MPa，待孔口返浆停止注浆。

套管内注浆具体见图 2.1-21，拔除套管后二次高压注浆见图 2.1-22。

图 2.1-21　套管内注浆

图 2.1-22　拔除套管后二次高压注浆

2.1.7　主要施工机械设备

预应力锚索双套管施工主要机械设备配置见表 2.1-1。

主要机械、设备配置表　　　　　　　　　表 2.1-1

机械、设备名称	型号及规格	备注
锚索钻机	MDL-120D1	成孔
外套管	长 2m，外径 ϕ150mm	护壁
内钻杆	长 2m，外径 ϕ80mm	钻进
外钻头	长条形钢板简易钻头	引导成孔
内钻头	ϕ91 三叶钻头	钻进成孔
潜水泵	50WQ25-32-5.5	输送水、抽排水
搅浆机	GD50-30	拌制水泥浆
注浆泵	BW-150	注浆
砂轮切割机	GJZ-400	切割钢绞线

2.1.8　质量控制措施

1. 原材料质量控制

（1）对施工所用的材料（如钢绞线、水泥等），进场时检查其出厂合格证明。

（2）材料进场后进行有见证送检，检测合格后方可投入使用。

2. 杆体制作、存储、安放质量控制

（1）钢绞线应清除油污、锈斑，严格按设计尺寸下料，每根钢绞线的下料长度误差不应大于 50mm。

（2）钢绞线应平直排列，沿杆体轴线方向每隔 1.0～1.5m 设置一个隔离架，注浆管应与杆体绑扎牢固，绑扎材料不宜采用镀锌材料。

（3）杆体制作完成后应尽早使用，不宜长期存放。

（4）制作完成的杆体不得露天存放，宜存放在干燥、清洁的场地。应避免机械损伤杆体或油渍溅落在杆体上。

（5）对存放时间较长的杆体，在使用前必须严格检查。

（6）在杆体放入钻孔前，应检查杆体的加工质量，确保满足设计要求。

（7）安放杆体时，应防止扭曲和弯曲，注浆管宜随杆体一同放入钻孔，杆体放入孔内应与钻孔倾角保持一致。

3. 成孔质量控制

（1）钻孔采用双套管钻进，不得扰动周围地层。

（2）钻孔前，根据设计要求和地层条件，定出孔位、做出标记。

（3）钻孔水平、垂直方向的孔距误差不应大于 100mm，钻头直径不应小于设计钻孔直径 3mm。

（4）钻孔轴线的偏斜率不应大于锚杆长度的 2%。

（5）钻孔深度不应小于设计长度，也不宜大于设计长度 500mm。

（6）向孔内安放锚索前，应将孔内土屑清洗干净。

4. 注浆质量控制

（1）注浆材料应根据设计要求确定，不得对杆体产生不良影响。

（2）注浆浆液应搅拌均匀，随搅随用并在初凝前用完，严防石块、杂物混入浆液。

（3）注浆设备应有足够的浆液生产能力和所需的额定压力，采用的注浆管应能在 1h 内完成单根锚索的连续注浆。

（4）当孔口溢出浆液浓度与注入浆液浓度一致时，可停止注浆。

（5）注浆后不得随意敲击杆体，也不得在杆体上悬挂重物。

2.1.9 安全控制措施

1. 作业人员、进入现场人员必须进行安全技术交底及三级安全教育，按规定佩戴和正确使用劳动防护用品。

2. 进场的锚索钻机、挖掘机必须进行严格的安全检查，机械出厂合格证及年检报告齐全，保证机械设备完好。

3. 锚索钻机使用前，应进行试转，检查各部件是否完好；作业中，保持钻机液压系统处于良好的润滑；施工现场所有设备、设施、安全装置、工具配件以及个人劳动保护用品必须经常检查，保持良好使用状态，确保完好和使用安全。

4. 因工作需要临时开挖的集水池四周应设置防护措施或围挡并悬挂警示牌。

5. 锚索钻机撑脚处需垫设钢板，保证钻进时钻机稳定安全。

6. 电气设备的电源，应按《施工现场临时用电安全技术规范》JGJ 46—2005 的规定架设安装；电气设备均须有良好的接零保护，并装有可靠的触电保护装置。

7. 配电箱以及其他供电设备不得置于水中或者泥浆中，电线接头要牢固且绝缘，设备首端必须设有漏电保护器。

8. 在施工全过程中，严格执行有关机械的安全操作规程，由专人操作，并加强机械维修保养。

9. 锚索钻机应设安全可靠的反力装置，在有地下承压水地层中钻进，孔口必须安设可靠的防喷装置，一旦发生漏水、漏砂时能及时堵住孔口。

10. 高压液体管道的耐久性应符合要求，管道连接应牢固、可靠，防止软管破裂、接头断开，导致浆液飞溅和软管甩出的伤人事故。

11. 操作人员要遵守安全操作规程，严禁违章作业。

2.2　基坑支护预应力锚索高压堵漏技术

2.2.1　引言

随着城市建设的快速发展，深基坑支护工程越来越多，桩锚支护结构形式由于其经济优越性以及施工效率高等优点，使得其在基坑支护工程中使用的越来越多。但桩锚支护形式中存在的预应力锚索在张拉锁定后，出现个别预应力锚索张拉锁定后锚头、锚垫板处渗漏的质量通病，持续漏水势必会造成基坑周边地下水位下降，进而导致基坑影响范围内的道路、管线以及建（构）筑物沉降加大，甚至超标，给基坑带来一定的安全隐患。

针对上述项目基坑支护预应力锚索渗漏问题，结合施工现场条件、设计要求，近年来开展了基坑支护预应力锚索高压化学灌浆堵漏施工技术研究，形成了基坑支护预应力锚索高压化学灌浆堵漏施工新技术，取得了显著成效。

2.2.2　预应力锚索高压化学灌浆堵漏工艺原理

本施工新技术主要是凭借高压堵漏灌注机的高压动力，将化学灌浆材料通过钻孔后埋设的具有单向流通性的止水针头快速压入漏水的锚索腰梁的锚固段 PVC 孔道内，并渗透至外部缝隙以及深层的漏水缝隙中；当灌入的浆液遇到腰梁孔道内的渗水时，会迅速分散、乳化、膨胀、固结；同时，化学灌浆材料遇水会产生 CO_2 气体，由气体产生的动力推动浆液向裂缝深处扩散，最终形成的固结弹性体填充至腰梁混凝土及预应力锚索锚固体中所有的漏水孔道和缝隙，以达到止水堵漏的目的。

预应力锚索漏水锚头情况及锚头堵漏情况见图 2.2-1、图 2.2-2。

1. 高压动力源

堵漏产生的高压动力来自于高压堵漏灌注机，该机轻便耐用体积小，操作方便，施工速度快；机重 8kg，流量 0.74L/min，可在几秒内达到工作压力，且最高压力可达 50MPa。高压堵漏灌注机见图 2.2-3。

2. 化学灌浆材料

灌浆堵漏采用的化学灌浆材料为油性灌浆液，选用单液型 SM-518 油溶性灌浆液，外观淡黄色或棕色半透明黏稠液体，膨胀率高达 30～60 倍，渗透半径大，可在几十秒至数

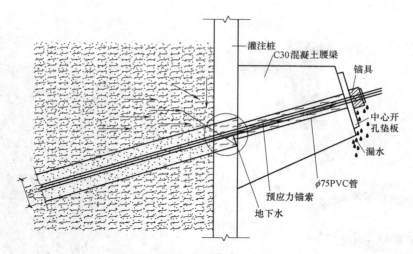

图 2.2-1 预应力锚索漏水情况示意图

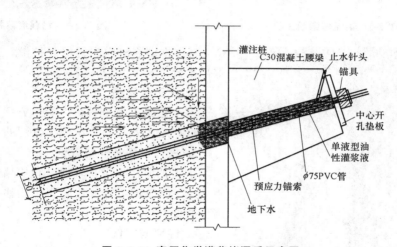

图 2.2-2 高压化学灌浆堵漏后示意图

分钟内快速凝固。该材料遇水反应生成 CO_2 气体,产生的推动力推动浆液向裂缝深处扩散,形成坚韧的固结体。

化学灌浆材料见图 2.2-4。

3. 止水针头

灌浆通道由止水针头完成,止水针头采用 A-10 六角止水针头,针头长 10cm,直径 13mm。使用直径 14mm 的电钻钻孔,钻孔角度 30°,钻至锚索腰梁预留孔道(约 13cm)。具体见图 2.2-5。

2.2.3 工艺特点

1. 堵漏速度快、效果好

本工艺使用的堵漏材料选用单液型油性灌浆液,不仅膨胀率高达 30～60 倍,渗透半径大,凝固速度快,该材料与混凝土及其他建材均具有优异的粘结性能,遇水反应释放出

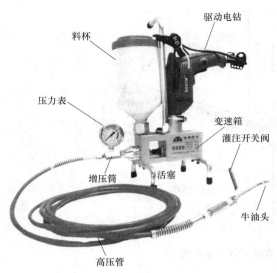

图 2.2-3　高压堵漏灌注机

图 2.2-4　堵漏灌浆材料

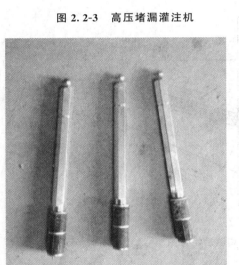

图 2.2-5　止水针头

CO_2 气体推动浆液向裂缝深处扩散，其防水堵漏效果十分好。

2. 施工效率高

本工艺施工简单易行，操作方便，工人劳动强度低，施工效率是传统施工方法的 5～10 倍。

3. 操作空间条件要求低

本工艺所使用设备轻便，高压堵漏灌注机机重 8kg，便携轻巧，占地面积小，移动性好，登高作业便利。

4. 综合成本低

本工艺所用材料和设备价格比较低廉，操作时仅需 2～3 名普通工人即可满足要求，施工效率高，综合成本低。

5. 绿色环保无污染

本工艺采用的堵漏材料化学稳定性好，耐腐蚀，且固化后无毒、无害，实现环保无污染，满足绿色施工要求。

2.2.4　适用范围

本新技术适用于预应力锚索漏水堵漏，适用于基坑地下连续墙、咬合桩支护节头漏水堵漏。

2.2.5　施工工艺流程

预应力锚索高压化学灌浆堵漏施工工艺流程见图 2.2-6。

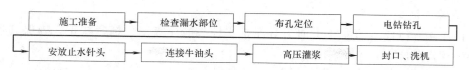

图 2.2-6　预应力锚索高压化学灌浆堵漏施工工艺流程图

2.2.6　施工操作要点

1. 施工准备

（1）对操作工人、电工等人员进行现场安全技术交底，介绍操作流程和注意事项。

（2）将设备、材料等放置在安全稳妥的位置。

（3）需要搭设作业平台的，由专业人员负责完成，并进行使用前的检查和验收。

（4）接通电源，检查机械设备，并进行试运转。

2. 检查漏水部位

（1）仔细检查漏水部位，确定漏水点位置和流水方向。

（2）合理布设止水针头钻孔点。

3. 布孔定位

（1）在沿着锚垫板或锚索漏水量大的部位布孔，钻孔点应布设在锚垫板上部中间位置。

（2）如果锚垫板上部无渗水情况，则可选择在锚垫板两侧中间位置布孔。

（3）钻孔布设以尽量少钻孔为原则，一般设 1～2 个钻孔为宜。

4. 电钻钻孔

（1）根据确定的钻孔点，使用手电钻进行钻孔。

（2）因止水针头直径为 13mm，故选用直径为 14mm 的钻头。

（3）钻孔方向以尽量缩短钻孔距离为原则，同时应避开锚索腰梁钢筋，角度一般控制在 30°左右，钻至锚索腰梁预留 PVC 管道（约 13cm）。

具体操作见图 2.2-7。

5. 安放止水针头

（1）在钻好的钻孔内安放止水针头，用六角扳手拧紧，使止水针头尽量埋入钻孔内。

（2）必要时，可用土工布对止水针头与钻孔的缝隙进行封堵，以减小浆液渗漏。

具体操作见图 2.2-8。

图 2.2-7　灌浆针眼钻孔

图 2.2-8　现场安放止水针头、准备压浆

6. 连接牛油头

将高压堵漏灌注机的灌注牛油头对准止水针头灌注嘴用力插紧扶正，确保其连接紧密。具体操作见图2.2-9。

7. 高压灌浆

（1）向高压堵漏灌浆机料杯内倒入适量的化学灌浆液，先开灌注开关，再启动电源开关，利用高压堵漏灌注机将浆液持续增压注入钻孔内。

（2）当有浆液顺着锚垫板或者锚索溢出时，再继续注入少量的浆液，随后关闭电源开关，再关闭灌注开关，暂停注浆并间歇1～2分钟，浆液遇水会迅速反应、膨胀，观察如果仍有水流流出，继续往孔内注入一定量的化学灌浆液，并保持压力1～2分钟，使浆液向裂缝及深处扩散，随后即可停止灌浆。

具体操作见图2.2-10。

图 2.2-9　高压化学灌浆堵漏现场　　　　　图 2.2-10　锚索高压化学二次压浆

8. 封口、洗机

（1）灌浆完成后，确认不漏水即可取出牛油头和止水针头的连接，敲掉止水针头外露灌浆嘴，对溢出的化学灌浆液的固结体进行清理干净，再用快干水泥对灌浆口进行封口处理。

（2）每次灌注完毕后，必须马上用松香水或其他专用的清洗剂（丙酮等）清洗灌浆设备。清洗时，将清洗剂倒入料杯内，将管内剩余浆液挤出到清洗剂喷出为止，灌注开关插入料杯内来回循环清洗，开关阀连续开关数次，使管内壁产生压力，清洗干净，最后将机器内的清洗剂喷入垃圾桶内。

具体操作现场见图2.2-11。

图 2.2-11　锚索高压化学灌浆后现场

2.2.7　材料与设备

1. 材料

使用材料分为工艺材料和工程材料。

（1）工艺材料：主要是制作钻孔和注浆所需的材料，包括：钻头、止水针头等。

（2）工程材料：主要是单液型 SM-518 油性灌浆液等。

2. 主要机具选择

（1）高压堵漏灌注机：本工艺选用深迈牌 SM9999 高压堵漏灌注机。

（2）电钻：电钻选用与钻孔直径、钻孔深度、施钻对象相关，本工艺主要是在锚索腰梁的 C30 混凝土上钻孔，钻孔深度约 13cm，钻孔直径根据止水针头选择 14mm 钻杆。

3. 主要机械设备配套

预应力锚索高压灌浆堵漏施工主要机械设备配置及其规格参数见表 2.2-1。

预应力锚索高压灌浆堵漏主要机械设备配置 表 2.2-1

机械、设备名称	型号尺寸	规格	数量	备注
高压堵漏灌注机	SM9999		1 台	高压灌浆堵漏
电钻	Z1C-FF03-26	620W	1 台	埋设止水针头

2.2.8 质量控制

1. 堵漏施工前做好作业人员的质量技术交底工作，明确工艺流程、操作要点和注意事项。

2. 项目部指派技术人员负责堵漏钻孔的布设，钻孔注意避开锚索腰梁钢筋。

3. 根据漏水部位估测流水方向，钻孔以尽量少开孔为原则。

4. 安放止水针头后要注意检查针头与钻孔的严密性，必要时对钻孔缝隙用土工布等材料进行封堵，以避免或减少漏浆情况。

5. 灌注牛油嘴和止水针头灌注嘴连接时应用力插紧扶正，压浆前应先开灌注开关再启动电源。

6. 压浆灌注应至少分两次灌注，首次压浆以浆液从渗漏部位溢出为准，暂停 1～2 分钟使化学灌浆液与水初步反应堵住预应力锚索表面缝隙，然后再次压浆使浆液向孔道和缝隙深处扩散渗透，最终彻底填充所有空隙。

2.2.9 安全措施

1. 机械设备操作人员必须经过岗前培训，熟练机械操作性能和安全注意事项，经考核合格后方可上岗操作。

2. 机械设备使用前必须进行试运行，确保机械设备运行正常后方可使用。

3. 用手电钻钻孔时必须从上部或侧面倾斜钻孔，严禁从下往上钻孔，以免发生漏电或触电事故。

4. 电钻时严禁用全身重量压在电钻上进行钻进，以免出现钻杆折断人员受伤事故；钻进过程中应用力适当，并不停上下抽动钻头，当遇到钢筋时应适当调整钻孔位置和角度，切记不可蛮钻。

5. 现场用电由专业电工操作，电工持证上岗；严禁使用老化、破损或有接头漏电的电线，开关箱内接地和漏电保护装置安全有效。

6. 作业人员必须正确佩戴和使用安全帽及其他劳保防护用品，避免皮肤直接接触化学灌浆液，如有沾染应以大量清水及时冲洗。

7. 因为灌浆清洗剂属于易燃品，现场作业过程中严禁烟火。

8. 切勿将已倒出的浆料和其他溶剂又倒回桶内。

9. 贮存搬运过程中防止挤压化学灌浆液，并且应存放在干燥阴凉处。

10. 如果高处作业必须有牢固安全的操作平台，作业人员按要求佩戴使用安全带等防护用品。

2.2.10　应用实例

1. 华侨城大厦基坑支护预应力锚索堵漏（图 2.2-12～图 2.2-15）

漏水情况

图 2.2-12　锚索锚垫板下漏水情况

图 2.2-13　锚索注浆后现场情况

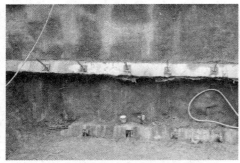

图 2.2-14　锚索注浆后止水效果良好

图 2.2-15　预应力锚索注浆机

2. 深圳市龙岗智慧公园预应力预应力锚索堵漏（图 2.2-16、图 2.2-17）

图 2.2-16　预应力锚索基坑壁系安全绳、
安全带注浆作业

图 2.2-17　预应力锚索注浆前后效果对比

3. 深圳东部电厂边坡挡墙预应力锚索堵漏（图 2.2-18、图 2.2-19）

图 2.2-18　预应力锚索锚头渗漏现场　　　　图 2.2-19　预应力锚索注浆后锚头效果

2.3　基坑三轴搅拌桩止水帷幕内植旋挖排桩围护技术

2.3.1　引言

对于地层条件相对复杂，尤其是对地下水控制严格的深基坑支护工程，其支护形式通常以"排桩+止水帷幕"围护结构为主，常用的有以下两种支护形式，一种是在支护桩与桩间高压旋喷桩止水帷幕，另一种是在支护桩外侧采用相互搭接的深层搅拌桩或高压旋喷桩形成止水帷幕。在实际施工中，由于高压旋喷桩、深层搅拌桩止水帷幕直径小（550～600mm），桩间搭接次数多，且受场地地层影响易发生较大的垂直度偏差，出现旋喷桩或搅拌桩结合不紧密、分叉等现象，导致基坑开挖过程中出现不同程度的地下水渗漏的情况，止水效果难以保证。

为了有效防止深基坑开挖地下水渗漏，达到良好的止水效果，我们提出了"基坑三轴搅拌桩止水帷幕内植旋挖排桩围护施工新技术"，即采用连续的大直径三轴搅拌桩形成止水帷幕，在止水帷幕上采用旋挖钻进工艺内植支护排桩。该项新技术的使用，达到了止水效果好、文明环保、高效经济效果。

2.3.2　工程应用实例

1. 康达尔九年一贯制学校基坑支护工程

（1）工程概况

拟建场地位于深圳市宝安区西乡街道办事处。基坑底绝对标高为 8.15m，基坑开挖深度约为 4.65～8.85m，基坑底边线周长约 418.5m，基坑开挖底面积为 7637.1m²。基坑支护设计采用三轴搅拌桩+旋挖排桩支护，基坑支护典型平面图、剖面图见图 2.3-1、图 2.3-2。

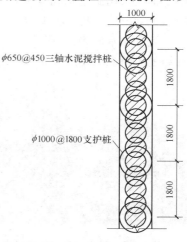

图 2.3-1　三轴搅拌桩内植旋挖桩平面布置图

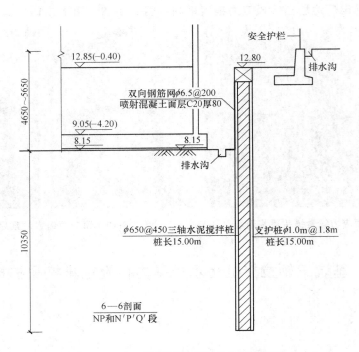

图 2.3-2　三轴搅拌桩内植旋挖桩剖面图

（2）场地工程地质条件

根据现场钻探揭露，场地内地层自上而下依次为：杂填土、填砂、淤泥质土、中砂、砂质黏性土、全风化混合花岗岩、强风化混合花岗岩、中风化混合花岗岩。

场地地下水类型主要为孔隙水及基岩裂隙水。稳定地下水位埋深 0.35～4.07m。根据地区经验并结合场地周边情况，本场地地下水的变化幅度为约 1～2m。

（3）施工情况

本项目先施工桩径 650mm 间距 450mm 的连续三轴水泥搅拌桩形成止水帷幕，然后在止水帷幕上采用旋挖钻孔技术施工排桩，排桩桩径有两种，分别为 1000mm、1200mm，间距均为 1800mm。共计施工 725 幅三轴搅拌桩，339 根支护桩。土方开挖过程未见地下水流入基坑，止水效果良好。

现场施工情况见图 2.3-3、图 2.3-4。

图 2.3-3　现场施工三轴搅拌桩

图 2.3-4　旋挖桩、三轴搅拌桩凿桩头

2. 中美低碳建筑与社区创新实验中心基坑支护工程

（1）工程简介

项目位于深圳市龙岗区坪地街道，场地南侧紧邻盐龙大道，东北及东侧靠近国际低碳城人工湖和丁山河，西北及西侧为高桥村民房，地下室占地面积约 6832.89m²。基坑开挖深度约为 8.75m，周长为 408.25m，开挖面积为 7435.62m²。

（2）基坑支护设计

基坑采用支护桩＋锚索＋内支撑的支护方案。先施工桩径 ϕ800、间距 600 的连续三轴搅拌桩形成止水帷幕，然后在止水帷幕上采用旋挖技术施工支护排桩，支护桩桩径为 ϕ1000mm，间距为 1800mm。

（3）场地工程地质条件

根据现场钻探揭露，场地内地层自上而下依次为：人工填土、黏土、砾砂、含角砾粉质黏土、微风化石灰岩。场地地下水类型主要为孔隙水和岩溶水。本次勘察期间属雨季，钻孔地下混合稳定水位埋深在 0.50～2.90m。

（4）施工情况

本项目于 2016 年 9 月开工，根据基坑周边环境及地质条件，总共施工 214 幅三轴搅拌桩，214 根支护桩。

项目现场施工情况见图 2.3-5 ～图2.3-7。

图 2.3-5　三轴搅拌桩施工

图 2.3-6　三轴搅拌桩后台

图 2.3-7　三轴搅拌桩内植旋挖桩施工

2.3.3　工艺原理

三轴搅拌桩止水帷幕内植旋挖排桩围护施工工艺原理主要为两部分，一是先施工连续的三轴搅拌桩，形成完整的止水帷幕，保证基坑开挖过程中基坑侧壁不渗漏；二是在三轴搅拌桩止水帷幕轴线上内植旋挖排桩，形成基坑开挖过程中的受力挡土结构，保证基坑侧壁开挖过程中的稳定。

1. 三轴搅拌桩形成止水帷幕

三轴搅拌桩是以水泥系材料作为固化剂，通过搅拌机械采用喷浆施工将固化剂和地基土强行拌和，利用固化剂和地基土之间产生的一系列反应，使软土硬结成具有足够的强度和变形模量的水泥土，达到防止地下水渗入基坑影响施工的效果。三轴搅拌桩单桩桩径通常为 650～850mm，桩间按设计要求进行搭接，咬合间距一般为 250mm，连续施工三轴搅拌桩。

基坑连续三轴搅拌桩止水帷幕平面布置见图 2.3-8。

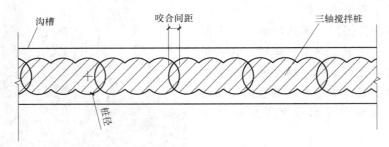

图 2.3-8　基坑连续三轴搅拌桩止水帷幕平面布置图

2. 内植旋挖排桩支护基坑

连续三轴搅拌桩止水帷幕施工完成后，在三轴搅拌桩轴线上，采用旋挖钻孔技术施工排桩，以抵抗坑壁土滑动体的侧压力。支护排桩为钢筋混凝土灌注桩，桩径大小、桩长和配筋应根据基坑深度、地层等条件综合考虑，通过基坑稳定性计算确定，一般桩径为 $\phi1000～1200$mm，排桩间距为 1500～1800mm。为避免支护桩施工过程中对已施工的三轴搅拌桩的扰动，选择采用旋挖钻机钻进成孔。

基坑三轴搅拌桩内植旋挖排桩施工平面布置见图 2.3-9。

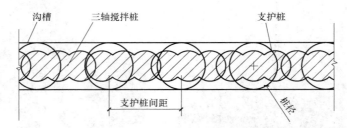

图 2.3-9　基坑三轴搅拌桩止水帷幕内植旋挖排桩平面布置图

2.3.4　工艺特点

1. 止水效果好

本技术采用连续的大直径三轴搅拌桩止水，重复搭接施工，形成的止水帷幕整体性好，能够达到良好的止水效果，可有效地防止地下水渗漏。

2. 施工效率高

止水帷幕施工采用三轴搅拌桩机，排桩施工采用旋挖桩机，两种桩机施工已有成熟经验，操作简便，施工高效，且止水帷幕施工和排桩施工是前后相接的施工工序，可在施工现场合理分配两种桩机工作场地，衔接施工工序时间，做到综合管理，提高施工效率。

3. 用地合理

本技术采用在三轴搅拌桩止水帷幕上内植支护排桩，不需要额外占用建设用地，用地最优。

4. 节约造价成本

与传统的"支护桩＋旋喷桩"支护相比，本技术经济性更合理，综合造价更低。

2.3.5 适用范围

1. 本技术适用于可采用三轴搅拌桩止水帷幕的基坑支护工程；
2. 适用于淤泥、淤泥质土、杂填土、松散砂土等地层；
3. 适用于基坑开挖深度 10m 左右的基坑支护；
4. 适用于深基坑周边环境条件复杂，基坑开挖对地下水渗漏要求严格的基坑。

2.3.6 工艺流程

1. 施工工艺流程

基坑三轴搅拌桩止水帷幕内植旋挖排桩围护施工工艺流程见图 2.3-10。

2. 施工工艺原理图

基坑三轴搅拌桩止水帷幕内植旋挖排桩围护施工工艺原理见图 2.3-11。

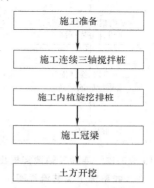

图 2.3-10 基坑三轴搅拌桩止水帷幕内植旋挖排桩围护施工工艺流程图

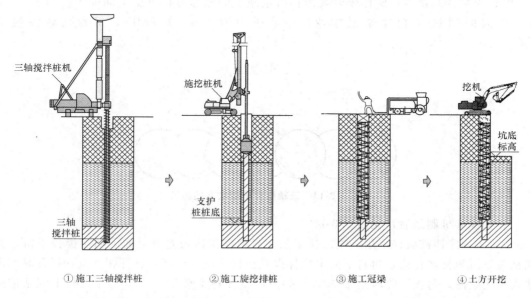

① 施工三轴搅拌桩　② 施工旋挖排桩　③ 施工冠梁　④ 土方开挖

图 2.3-11 基坑三轴搅拌桩止水帷幕内植旋挖排桩围护施工工艺原理图

2.3.7 操作要点

1. 三轴搅拌桩施工

(1) 三轴搅拌桩施工工艺流程

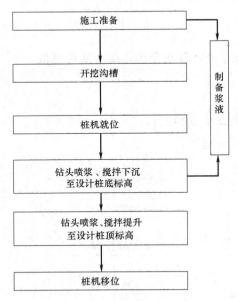

图 2.3-12 连续三轴搅拌桩止水帷幕施工工艺流程图

三轴搅拌桩施工工艺流程见图 2.3-12。

(2) 三轴搅拌桩施工操作要点

1) 施工准备：平整场地；桩位测量放样；熟悉设计施工图纸；施工技术和安全技术交底；按要求对水泥进行抽样送检；施工机具现场安装、试运转；合理布置水泥浆制备及泵送系统。

2) 开挖沟槽：根据三轴搅拌桩桩位中心线用挖机开挖槽沟，沟槽尺寸宽 1.2m，深 1～1.2m，并清除地下障碍物。

3) 搅拌桩机就位：由现场施工员、桩机班长统一指挥桩机就位，桩机下铺设钢板及路基板，移动前看清前、后、左、右各位置的情况，发现有障碍物及时清除，移动结束后检查定位情况。三轴搅拌桩钻机沿基坑围护轴线移动，依次套接施工，如图 2.3-13 所示。

4) 制备浆液：根据设计要求采用 P.O42.5 普通硅酸盐水泥，水泥掺量不小于 20%，即每米被搅拌土体中水泥掺入量至少为 350kg（被搅拌土体密度以 1.75g/cm³ 计）；水泥浆配制好后，停滞时间不得超过 2 小时，因故搁置超过 2 小时以上的拌制浆液，应作废浆处理；搭接施工的相邻搅拌桩施工间隔不得超过 12 小时，注浆时通过 2 台注浆泵作业，注浆压力为 0.6～0.8MPa，每台注浆流量为 200L/min。

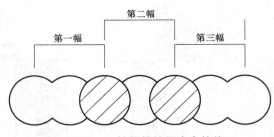

图 2.3-13 三轴搅拌桩依次套接施工

三轴搅拌桩制浆后台见图 2.3-14。

5) 三轴搅拌桩成桩采用二喷二搅工艺，三轴搅拌钻头先自上而下切土搅拌下沉，直到钻头下沉至桩底标高，再自下而上搅拌提升至桩顶设计标高；钻杆在下沉和提升时均需注入水泥浆液，每次下降时喷浆 70%～80%，提升时喷浆 20%～30%；钻机下沉钻进速度不大于 0.6m/min，提升速度不大于 0.8m/min，均匀、连续注入拌制好的水泥浆液。

现场三轴搅拌桩施工见图 2.3-15。

图 2.3-14 水泥搅拌系统

图 2.3-15 施工三轴搅拌桩

6）桩机移位：设计水泥浆液全部注完以后向集料斗中注入清水，开启灰浆泵，将管道中残存的水泥浆清洗干净，钻机移位于下一个桩位施工。

三轴搅拌桩清水清洗注浆管路见图 2.3-16。

图 2.3-16 施工完毕清洗桩机管道

2. 旋挖排桩施工

（1）施工工艺流程

旋挖排桩施工工艺流程见图 2.3-17。

（2）旋挖排桩施工要点

1）施工准备

① 平整场地，将三轴搅拌桩的浮浆清除，整固场地。

② 根据施工图及测量控制网资料，准确进行桩基的位置放样，见图 2.3-18。

2）内植旋挖排桩插入施工时间

旋挖排桩内植施工时间要求在搅拌桩初凝后、未终凝前完成成孔。根据场地地层情况确定，一般情况下在砂质土层中，三轴搅拌桩施工完成约 3~5 天后进行；在相对软弱的淤泥质土层中，三轴搅拌桩施工完成约 5~7 天后进行，采用间隔法施工旋挖排桩。

3）埋设钢护筒

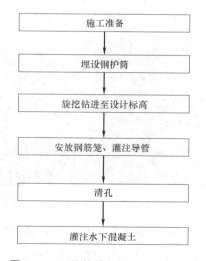

施工准备

↓

埋设钢护筒

↓

旋挖钻进至设计标高

↓

安放钢筋笼、灌注导管

↓

清孔

↓

灌注水下混凝土

图 2.3-17 旋挖排桩施工工艺流程图

图 2.3-18　三轴搅拌桩内植旋挖排桩定位

① 钢护筒长度 2～4m，采用厚 4～6mm 的钢板制作，钢护筒的内径比孔直径大 100～150mm，护筒高出施工地面 0.3cm。

② 护筒埋设时，采用十字交叉法准确定位，在护筒埋设完成后恢复十字交叉线复核桩位。

③ 钢护筒周围和护筒底脚应压实、紧密、不透水。

4）旋挖钻进

① 旋挖钻机就位对中校正，其履带下铺设钢板作业。

② 旋挖钻进采用斗式钻头，在孔内将钻头下降到预定深度后，旋转钻头并加压，将旋起的土挤入钻斗内，反转钻头，将钻头底部封闭并提出孔外。

③ 旋挖钻进过程中或将钻头提出钻孔外前，向孔内注浆，泥浆液面不得低于护筒底部。

④ 旋挖钻进至桩底标高位置后，进行终孔验收，并及时采用清底钻具捞渣清底。

内植旋挖桩成孔见图 2.3-19。

5）安放钢筋笼、灌注导管

① 钢筋笼制作按设计图纸进行，钢筋笼长度按终孔深度确定，制作完成后报监理进行隐蔽验收，合格后下入孔内。钢筋笼制作见图 2.3-20。

图 2.3-19　内植旋挖排桩成孔

图 2.3-20　内植旋挖桩钢筋笼制作

② 采取吊车进行吊装，吊运时应采取措施防止扭转、弯曲。

③ 钢筋笼安放时对准孔位，吊直扶稳，缓慢下沉，避免碰撞孔壁；钢筋笼下沉到设

计位置后，立即进行固定，防止移动。

④ 灌注导管连接必须严密，导管底端至孔底的距离为 0.5m 左右。

6）清孔

灌注混凝土前，测量孔底沉渣厚度，如果超出规范要求，则进行清孔；清孔采用正循环或气举反循环方式进行。

7）灌注水下混凝土

当孔底沉渣厚度满足规范要求后，即进行桩身混凝土灌注。混凝土采用商品混凝土，坍落度控制在 18～22cm，初灌混凝土必须保证将导管的底端一次性埋入水下混凝土中 0.8m 以上；随着混凝土的上升，适时提升和拆卸导管，导管底端埋入混凝土面以下一般保持 2～4m，不应大于 6m；水下混凝土浇筑每桩留取一组试件。

3. 冠梁施工要点

（1）冠梁施工流程：凿除三轴搅拌桩、旋挖桩桩头浮浆→钢筋绑扎→支模→混凝土浇筑→养护。

（2）冠梁桩头浮浆采用风镐凿平至梁底，严禁破坏桩头钢筋。

（3）钢筋绑扎时，全部钢筋交点必须扎牢，相邻绑扎点的铁线扣要成八字形绑扎。

（4）冠梁模板在每一次使用的时候，均应全面检查模板表面光洁度。

（5）根据设计厚度或高度在模板侧面定出浇筑混凝土水平控制线，分层进行浇筑，每层不超过 500mm；采用斜向振捣法，振动棒与水平倾角约 60°，棒头朝前进方向。

（6）养护：混凝土浇筑完毕后，在 12 小时内浇水养护，养护时间不少于 7 天。

三轴搅拌桩桩头清理见图 2.3-21，冠梁施工见图 2.3-22。

图 2.3-21　旋挖桩、三轴搅拌桩凿桩头　　　　　图 2.3-22　冠梁施工

4. 土方开挖

（1）支护结构达到设计强度 90% 后方可开挖土方。

（2）开挖采用分段分层方式，过程中禁止碰撞已完工的支护结构，应尽可能地减少对原状土的扰动，坑底和坡面 300mm 需人工开挖。

基坑开挖见图 2.3-23、图 2.3-24。

2.3.8　质量控制措施

1. 三轴搅拌桩

（1）施工现场应先进行场地平整，三轴搅拌桩施工机械操作场地应进行地基处理，路基承载力应满足重型搅拌桩机平移、行走稳定的要求，确保搅拌桩垂直度达到设计要求。

图 2.3-23　基坑开挖土方　　　　图 2.3-24　三轴搅拌桩内植排桩基坑开挖完成

（2）严格控制搅拌桩搅拌下沉速度和搅拌提升速度，并保持匀速下沉（提升），搅拌提升时不应使孔内产生负压造成基坑围护地基沉降，在桩机钻杆上做好明显标志，严格控制隔水帷幕桩顶和桩底标高。

（3）严格控制水灰比及掺入量，并严格控制搅拌提升和下沉速度。

（4）施工机械性良好，三轴搅拌机在进场前检修，施工时及时例保、检查；压浆泵及时维修、保养，确保喷浆的均匀性和连续性。

（5）施工前对桩机垂直度进行检查校正。

（6）施工时，采用电脑计量的自动搅拌系统和散装水泥罐，以确保浆液质量的稳定，因故搁置超过 2 小时以上拌制浆液，应作废浆处理。

（7）施工过程中，由专人负责填写施工记录，施工记录表中详细记录桩位编号、桩长、下沉（提升）时间、水泥用量。

2. 旋挖支护排桩

（1）孔口埋设护筒，孔口护筒中心与桩中对中偏差不大于 2cm，埋设深度为 1.5～2.0m，孔口护筒顶部应高出地面 0.3m，护筒口应留出浆口。

（2）桩机就位安装应平稳牢固，机座下垫 20mm 厚钢板。

（3）开钻前检查桩位对中和主轴垂直度，要求桩位对中偏差小于 1cm，垂直度偏差小于 0.5%。

（4）在钻进过程中应随时检查钻头的磨损、变形等情况，当出现上述情况时应及时更换或作修复后继续使用。

（5）在淤泥、中细砂层中钻进时须控制进尺速度，保持孔壁完整。

（6）桩孔采用优质泥浆护壁，以平衡孔壁压力；同时泥浆作为孔内循环液携带出沉渣，钻孔过程中应及时清除循环槽内沉渣，净化泥浆，调节泥浆浓度，保持泥浆的良好性能。

（7）终孔后调节优质泥浆置换出孔内浓泥浆，并把孔内沉渣清除干净，终孔前应进行一次清渣，清渣后才能起出钻具。

（8）灌注混凝土前测量孔底沉渣，如不能满足设计要求，则进行二次清孔；灌注前，检查混凝土坍落度；初灌时，保证初灌量满足要求；灌注时，专人测量孔内混凝土面高度，准确控制埋管深度；灌注至桩顶标高位置时合理进行超灌，保证桩顶混凝土强度满足设计要求。

2.3.9　安全操作要点

1. 三轴搅拌桩施工

（1）水泥搅拌桩机冷却循环水在施工过程中不能中断，应经常检查进水和回水温度，回水温度不应过高。

（2）水泥搅拌桩机的入土切削和提升搅拌，负载荷太大及电机工作电流超过额定值时，应减慢升降速度或补给清水，一旦发生卡钻或停钻现象，应切断电源，将搅拌机强制提起之后，才能起动电机。

（3）水泥搅拌桩机电网电压低于 380kW 时应暂停施工，以保护电机。

（4）灰浆泵及输浆管路应符合以下要求：泵送水泥浆前管路应保持湿润，以利输浆；水泥浆内不得有硬结块，以免吸入泵内损坏缸体，每日完工后需彻底清洗一次；喷浆搅拌过程中，如果发生故障停机超过半小时，应先拆除管路，排除灰浆；灰浆泵应定期拆开清洗，注意保持齿轮减速器内润滑油的清洁。

（5）深层搅拌桩机及起重设备，在地面土质松软环境下施工时，场地要铺填石块、碎石，平整压实，根据土层情况，铺垫枕木、钢板或特制的路轨箱。

2. 旋挖排桩施工

（1）开工前必须检查各部分连接是否牢靠，液压各系统部件有否松动、破漏等现象。

（2）机械司机在施工操作时，必须听从指挥信号，不得随意离开岗位，应经常注意机械的运转情况，出现异常应立即检查。

（3）桩机就位前必须检查空中及地面有无电线，按规定留足安全距离，或采取有效的安全防护措施。

（4）在施工现场的人员要密切注意桩机的动态，防止发生意外事故，特别是起吊重物时，要注意吊物、钢丝绳和重物之间是否钩紧绑牢。起重臂和重物下严禁站人。

（5）电线电缆应架空架设，不得拖地。

（6）施工现场所有用电设备必须按规定设置漏电保护装置，做到"一机、一闸、一漏、一箱"，并定期检查。

（7）所有上岗工人必须持证上岗，特殊工作人员必须持有效上岗证。

2.4　基坑支护全护筒咬合桩钢筋笼定位施工技术

2.4.1　引言

基坑支护咬合桩是一种桩与桩之间相互咬合排列的围护结构形式，常采用液压全护筒搓管机成孔。施工过程中，由于受初灌时混凝土的回顶作用、护筒底边起刃内卷、钢筋笼垂直度超标、护筒因长期使用存在圆度偏差，以及钢筋笼重量较轻等因素影响，在桩身混凝土初灌及灌注过程中护筒起拔时，易出现钢筋笼上浮情况，轻微浮笼可采用向下反压处理，严重时则改变桩身配筋结构，影响桩身质量，甚至需要拔出钢筋笼进行返工处理。

在以液压全护筒搓管机成孔的咬合桩施工过程中，针对时常出现的钢筋笼上浮问题，结合现场条件及设计要求，通过实际工程的摸索、研究实践，在传统液压全护筒搓管机成孔的施工方法基础上，在钢筋笼底部加焊一块混凝土扁圆柱体抗浮板，与钢筋笼形成一体并随笼下放至桩孔底部，初灌时连续注入的混凝土压覆于抗浮板上，对钢筋笼整体施予一个持续增加的压力，有效抑制了灌注混凝土造成的钢筋笼上浮问题，避免了灌注过程中浮笼的质量通病。

2.4.2　工程应用实例

1. 工程概况

南山区沙河街道鹤塘小区、沙河商城更新单元项目土石方、基坑支护工程项目，位于深圳市南山区益田假日广场西侧，由南北 2 栋商住楼和局部多层商业区组成，其中南栋 32 层、设 4 层地下室，北栋 46 层、设 3 层地下室，基坑深度约 14.6～19.5m，周长约 527.0m，用地面积北侧地块 5005m²、南侧地块 8258m²，主要支护结构为"咬合桩＋三层钢筋混凝土内支撑"形式，其中 1-1 和 2-2 剖面咬合桩设计采用全护筒搓管机施工，其余剖面可采用旋挖钻机施工，桩径 φ1.2m，桩端入基坑底 8～10m。

2. 施工情况

项目于 2016 年 10 月开始支护桩施工。现场共开动 4 台套全套管液压钻机，前期进行咬合桩施工时，对于出现的浮笼问题，使用与钢筋混凝土桩同标号的 C30 水下混凝土浇灌制作抗浮板并焊于钢筋笼底部，随钢筋笼下放至桩孔底部，简单易行，效果良好，既加快了生产效率，也减少了施工事故成本支出，于 2017 年 3 月 26 日顺利完成全部咬合桩的施工。

2.4.3　工艺特点

1. 制作工艺简单

抗浮板制作所需材料为铁皮模板、混凝土及钢筋，制作过程主线是在模具内浇筑、振捣混凝土，并于板面置入钢筋，抗浮板整体成型即可投入使用，制作工艺简单。

2. 便于安装、吊放

制作并养护成型的抗浮板通过与钢筋笼底部钢筋的有效焊接连接，即可进行吊装使用，安装简便。此外，因采用搓管机全长护壁工艺成孔，有效避免了不良地层中砂土、地下水等对下放带抗浮混凝土板的钢筋笼的影响。

3. 成桩质量好

通过笼底设置抗浮混凝土板使其成为一体并下入桩孔底部，初灌时连续注入的混凝土覆于抗浮混凝土板之上，产生持续增加的压力，有效抵抗了灌注混凝土时的回顶力，避免了钢筋笼上浮情况的发生，确保了咬合钢筋混凝土桩的成桩质量。

4. 施工成本低

制作抗浮板所需主要材料为铁皮模具、混凝土和钢筋，钢筋可从现场钢筋笼制作剩余的短料中获取，混凝土可从现场咬合荤（钢筋混凝土）桩浇灌后多余的混凝土中获取，施工成本低；通过抗浮板的使用，有效地减少钢筋笼上浮情况的发生，使成桩质量有保证，降低施工事故成本。

2.4.4 适用范围

1. 适用于采用液压全护筒搓管机施工的支护桩中的荤（钢筋混凝土）桩。
2. 适用于桩径不大于 1.2m 的支护钻孔灌注桩施工。

2.4.5 工艺原理

本工艺在液压全护筒搓管机成孔施工方法的基础上，新增了钢筋笼定位技术，通过在钢筋笼底部焊接一块混凝土扁圆柱体抗浮板（图 2.4-1），随钢筋笼下放至桩孔底部，初灌时连续灌注的混凝土覆盖于抗浮板上，对钢筋笼整体施加一个持续增加的向下压力，实现对浮笼情况发生的有效抑制。

1. 未加焊抗浮板易导致浮笼

咬合桩采用水下回顶法进行桩身混凝土灌注，首斗初灌量需满足一定的埋管要求，灌注时混凝土从导管涌出至桩孔部底，会产生一个向上的回顶力，瞬间对钢筋笼施加一个较大的顶托力，笼体的受力平衡被打破，从而产生浮笼情况，如图 2.4-2 所示。

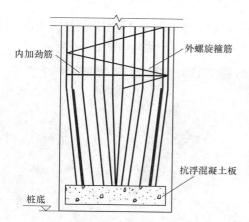

内加劲筋　外螺旋箍筋　抗浮混凝土板　桩底

图 2.4-1 钢筋笼抗浮板连接示意图

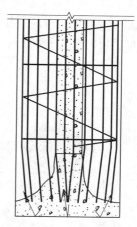

图 2.4-2 初灌混凝土快速下注对钢筋笼产生顶托力

2. 加焊抗浮板有效避免浮笼

因抗浮混凝土板与桩身钢筋笼焊接于一体，初灌时混凝土瞬间快速下冲覆于抗浮板上，对板体产生一个持续增加的压力，此时钢筋笼受到的向上回顶力被混凝土持续灌入产生的重力有效抵减，避免了混凝土初灌诱发的浮笼问题，且在后面持续不断下灌的混凝土覆压下，施加于抗浮板上的混凝土越来越多，下压力越来越大，更有效地保证了钢筋笼的稳固定位，避免了浮笼情况的发生，如图 2.4-3 所示。

3. 钢筋笼抗浮板构造要求

根据现场反复选取不同直径、厚度的混凝土抗浮板进行现场实验研究，得出当抗浮板直径为"设计桩径-主筋保护层厚度-50mm"、厚度为 100mm 时，既能顺利下放至桩孔底部，又能保

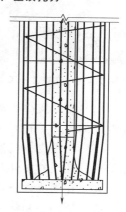

图 2.4-3 初灌混凝土快速下注对抗浮板产生下压力

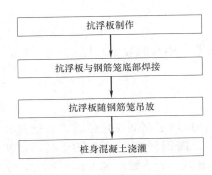

图 2.4-4 基坑支护全护筒咬合桩
钢筋笼定位施工工艺流程图

证抗浮能力，达到最优效果。

2.4.6 施工工艺流程

基坑支护全护筒咬合桩钢筋笼定位施工工艺流程见图 2.4-4。

2.4.7 操作要点

1. 抗浮板制作

（1）根据钢筋笼底部弯折段尺寸确定抗浮板大小，直径 d＝设计桩径－主筋保护层厚度－5cm、高度 h＝10cm。

（2）按照抗浮板尺寸裁剪铁皮模板，铁皮模板长度为抗浮板周长（即 πd）＋20cm（用于首尾连接），宽度等于抗浮板高度（即 10cm），厚度 3mm；如图 2.4-5 所示，在铁皮上量取相关尺寸，并沿所画线进行裁剪。

（3）选择干燥地面或沙地，其上铺一层薄布隔离；使用螺丝刀和细绳制作简易圆规，一端绑油性笔以抗浮板半径画出外边线，使所画圆直径与抗浮板直径一致，如图 2.4-6 所示。

图 2.4-5 在铁皮上测量尺寸并按所画线裁剪

图 2.4-6 制作简易圆规，画出抗浮板外边线

（4）将铁皮沿所画线围成圆形模板，搭接长度 20cm，搭接两侧采用细绳绑扎或钢筋支挡，如图 2.4-7 所示。

（5）在铁皮模板外侧均匀设置钢筋支挡或使用砂子固定，防止混凝土浇筑过程中铁皮模变形，并在铁皮外侧以油性笔进行四等分标记，方便下一步进钢筋置入。

（6）在铁皮内侧均匀涂抹一层机油，使铁皮模板与混凝土隔离，方便后续模板拆除。

（7）使用砂桶将混凝土运送至制作区进行板身浇筑，速度不宜过快，避免混凝土溢出，一边浇灌一边振捣，以确保混凝土密实，直到灌至铁皮模板顶部；注意抗浮板混凝土与咬合钢筋混凝土桩的桩身混凝土保持一致，坍落度控制在 180～220mm，过程如图 2.4-

抗浮板制作

抗浮板与钢筋笼底部焊接

抗浮板随钢筋笼吊放

桩身混凝土浇灌

8 所示。

图 2.4-7　沿所画边线粘合铁皮模板

图 2.4-8　浇筑抗浮板板身混凝土

（8）混凝土浇筑完毕 90min 后，在距离四分点 10cm 处，与抗浮板成 60°夹角插入 4 根长度 40cm 的钢筋，钢筋嵌入段 8m，外露段 32cm，直径不小于 10mm，并使用模板或钢筋支撑固定，如图 2.4-9 所示。

（9）完成混凝土浇筑及钢筋置入 24h 后，拆除铁皮模板外侧各支挡钢筋，从铁皮模板搭接部位开始进行模板拆除，如因混凝土与模板粘结过紧无法正常拆除，可使用铁锤等工具配合进行。

（10）完成模板拆除工作后将抗浮板转移至标准养护室进行养护，具备一定强度后即可将抗浮板取出使用，如图 2.4-10 所示。

图 2.4-9　置入钢筋并固定其角度和位置

图 2.4-10　抗浮板制作完成

2. 抗浮板与钢筋笼底部焊接

（1）钢筋焊接施工前，检查清理焊接部位以及钢筋与电极接触处表面的锈斑、油污、杂物等，以保证焊缝质量，使两者有效连接。

（2）采用单面焊的方式连接，焊接长度为 $10d$（d 为钢筋直径），使抗浮板的 4 根预留钢筋与对应钢筋笼钢筋连结一起，如图 2.4-11、图 2.4-12 所示。

图 2.4-11　抗浮板焊于钢筋笼笼底　　　　图 2.4-12　抗浮板与钢筋笼相连

3. 抗浮板随钢筋笼吊放

（1）钢筋笼吊放采用单机抬吊，空中回直，起吊时必须使吊钩中心与钢筋笼中心重合，保证起吊平衡，如图 2.4-13 所示。

图 2.4-13　抗浮板随钢筋笼下放至桩孔底

（2）钢筋笼吊至离地面 0.3～0.5m 后，检查笼体是否平稳后主钩起钩，根据笼底部与地面的距离，随时指挥副钩配合起钩。

（3）钢筋笼吊起后，主钩匀速起钩，副钩配合使钢筋笼垂直于地面；平稳运行至桩孔位置附近，司索工指挥起重机吊笼定位、入孔。

4. 桩身混凝土灌注

（1）选择直径 200～250mm 灌注导管，下放前对每节导管进行详细检查，导管连接部位加密封圈及涂抹黄油，确保密封可靠，下放时调节搭配好导管长度；

（2）混凝土运输车直接开至孔口附近或采用泵送灌注，灌注前将隔水塞放入导管内；安装初灌料斗，盖好密封挡板，然后进行混凝土灌注，如图 2.4-14 所示。

（3）混凝土灌注过程中，经常用测绳检测混凝土上升高度，适时提升拆卸导管，导管埋深控制在 2～6m，严禁将导管底端提出混凝土面。

（4）连续观测钢筋笼顶标高变化。

（5）考虑桩顶有一定的浮浆，桩顶混凝土按设计图纸或相关规范要求进行超灌，以保证桩顶混凝土强度。

图 2.4-14　浇灌混凝土

2.4.8　质量保证措施

1. 抗浮混凝土板制作成型的主要质量保证措施

（1）在铁皮上量取抗浮板尺寸时，做到多点测量，保证抗浮板高度及直径与理论计算值一致。

（2）配备 5m 长钢卷尺，裁剪后的铁皮进行尺寸复验，宽度（即抗浮板高度）偏差控制在 ±3mm 以内，长度（即抗浮板周长加首尾 20cm 搭接长度）偏差控制在 ±5cm 以内，对不符合要求者严禁使用。

（3）制作抗浮板位置应选择干燥地面或平整砂池内，避免因地面坑洼影响抗浮板成型质量。

（4）使用油性笔画抗浮板圆周时，注意保持简易圆规的中心螺丝刀稳固，确保抗浮板圆度。

（5）抗浮板铁皮模板按照所划线围圈成型后，使用卷尺多点复测直径，偏差控制在 ±3mm 以内。

（6）浇灌混凝土时采用人工或振动器振捣的方式，确保抗浮板板身混凝土整体均匀密实。

（7）混凝土浇灌完毕 90mim 后，上端置入用于焊接笼体的钢筋，为保证置入钢筋与混凝土板的有效锚固，可在钢筋置入底端处进行适当弯折，加大钢筋与混凝土的接触面积，且增设了勾接部位，以防钢筋笼在吊装下放过程中抗浮混凝土板的脱落。

（8）在抗浮混凝土板中置入钢筋时，可在地面支撑木板或使用钢板等重物进行支挡，保证钢筋置入角度及深度。

2. 抗浮板与钢筋笼底部焊接的主要质量保证措施

（1）焊接材料的品种、规格、性能等应符合现行国家产品标准和设计要求。

（2）采用与母材相匹配的电焊条，并严格控制作业电流的大小。

（3）焊缝表面不得有裂纹、焊瘤、烧穿、弧坑等缺陷。

（4）焊缝长度、高度、宽度按照相关规范要求施工。

3. 抗浮板随钢筋笼吊放的主要质量保证措施

（1）在钢筋笼上设置合适的吊点，避免因起吊受力不均导致笼体变形、散架情况的发生。

（2）钢筋笼吊放入孔位时须保证笼体中心与桩孔中心对齐，防止因底部抗浮混凝土板触碰到护筒而被破坏。

4. 桩身混凝土灌注的主要质量保证措施

（1）混凝土坍落度应符合要求，混凝土无离析现象，运输过程中严禁任意加水。

（2）导管连接处须严格密封，初次下放导管时管口与孔底距离控制在 0.3~0.5m 以内。

（3）混凝土初灌量应保证导管底部一次性埋入混凝土内 0.8m 以上。

（4）浇灌混凝土应连续不断地进行，及时测量孔内混凝土面高度，以指导导管的提升和拆除。

（5）每桩制作不少于 1 组试块。

2.4.9 安全操作要点

1. 抗浮板铁皮裁剪时注意边缘锋利，防止割伤手掌，应戴手套进行有效防护。

2. 抗浮板置入钢筋的准备过程中，为防止钢筋带勒手，手持易划伤，且切割后钢筋过于烫热而灼伤手掌，应戴手套进行有效防护。

3. 电焊机外壳必须接零接地良好，其电源的拆装应由专业电工进行；现场使用的电焊机需设有可防雨、防潮、防晒的机棚，并备有消防器材。

4. 电焊机设单独的开关，开关应放在防雨的闸箱内，拉合时应侧向操作。

5. 焊钳与把线必须绝缘良好，连接牢固；在潮湿地点工作时，应站在绝缘胶板或木板上。

6. 焊线、地线禁止与钢丝绳接触，不得用钢丝绳或机电设备代替零线，所有地线接头应连接牢固。

7. 消除焊渣时，应戴防护眼镜或面罩，防止铁渣飞溅伤人。

8. 施焊场地周围应清除易燃易爆物品，或进行覆盖、隔离。

9. 工作结束后应切断焊机电源，并检查操作地点，确认无起火危险后方可离开。

10. 起吊钢筋笼时，其总重量不得超过起重机相应幅度下规定的起重量，并根据笼重和提升高度，调整起重臂长度和仰角，还应估计吊索和笼体本身的高度，留出适当空间。

11. 起吊钢筋笼作水平移动时，应高出其跨越的障碍物 0.5m 以上。

12. 起吊钢筋笼时，起重臂和笼体下方严禁有人停留、工作或通过；钢筋笼吊运时严禁从人上方通过。

13. 作业中发现起重机倾斜、支腿不稳等异常现象时，应立即使钢筋笼下降至安全位置。

14. 如遇六级及以上大风或大雨、大雾等恶劣天气时，应立即停止起重吊装；露天作业、风雨过后或风雨天气中作业时，应先经过试吊，确认安全可靠后方可进行操作。

15. 桩身混凝土浇筑时，禁止直接站在架设漏斗的平台上进行操作，防止坠入桩孔内。

16. 桩身混凝土浇灌结束后，桩顶混凝土低于现状地面时，应设置护栏和安全标志。

2.5 深厚淤泥填石层支护桩综合施工技术

2.5.1 引言

随着城市建设发展的需要，深圳后海片区进行了大规模的填海造地，其填海区范围包括滨海大道以东、深圳湾口岸北侧地带，凭借其良好的地理位置优势，目前已发展成为南山区新的中心繁华地段，一大批超高建筑正拔地而起。

深圳后海填海区域场地原属滨海滩涂地貌，据场地勘察资料，场地分布地层主要有杂填土、淤泥质土、粉质黏土、淤泥质土、中粗砂、砾质黏性土和燕山期花岗岩，深厚淤泥填石层的分布成为填海片区主要的不良地质现象。当在填海区施工建筑物深基坑支护桩时，经常遇到上部深厚淤泥层缩径、填（块）石层难以穿越的困难。在填石层施工支护桩时，按一般做法，通常选择冲孔钻进工艺，可以穿越填石层；但由于淤泥性状差，冲击成孔对淤泥扰动大，会使淤泥产生流动，造成桩孔缩径严重，难以成孔；或在灌注桩身混凝土时混凝土扩散严重，混凝土充盈系数超大，直接影响止水帷幕的施工，给支护桩施工带来严重困扰。

为克服以上弊端，寻求在深厚淤泥填石层中灌注桩的有效、快捷、可靠的施工新工艺新方法，节省投资，在现场反复实践的基础上，总结提出了深厚淤泥填石层长护筒、冲抓、旋挖钻孔灌注桩多工艺综合施工新技术。本技术拟在上部填石段采用振动锤或液压装置下入深长钢护筒，遇到上部填石层则采用冲抓锥抓取，以便护筒的顺利下沉到位，有效阻隔杂填土或淤泥等不良地层的影响；对于钢护筒以下的桩孔地层，则选择采用旋挖机成孔，既加快施工进度，又避免产生大量泥浆废渣，实现绿色施工。

2.5.2 工程应用实例

1. 工程概况

天虹商场股份有限公司总部大厦为一幢 19 层办公楼，高度 93.9m，框架剪力墙结构。拟建场地位于深圳南山后海东滨路北侧，后海滨路东侧的填海区，其中：场地东面和北面为在建道路，南面为东滨路，西侧为待建场地。本场地呈长方形，占地面积 6212.66m²，基坑周长 318m，开挖面积 5895m²，开挖深度根据承台深度不同，分别为 20.4～24.3m，基坑支护采用排桩＋止水帷幕形成围护墙体，设四道角撑＋对撑，支护排桩设计采用钻（冲）孔灌注桩。

2. 基坑支护桩设计情况

本基坑支护桩设计桩径 $\phi1500$mm，桩间距 1.8m；基坑支护桩桩数共 179 根，桩长按桩端进入基坑底一定深度后按标高控制，最大桩长 34.70m；桩身混凝土强度等级 C30，采用水下商品混凝土灌注成桩；支护桩桩位允许偏差 3cm，桩身垂直度偏差不大于 0.5%；孔底沉渣厚度不大于 200mm，灌注桩钢筋保护层 50mm；要求隔桩施工，在桩身混凝土浇筑 24 小时后进行邻桩施工。

基坑支护桩平面布置见图 2.5-1，支护桩平面图大样见图 2.5-2。

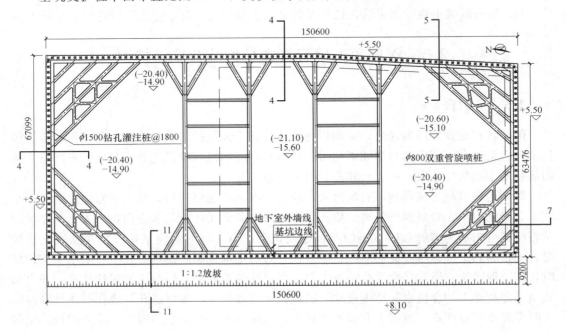

图 2.5-1 基坑支护桩平面布置图

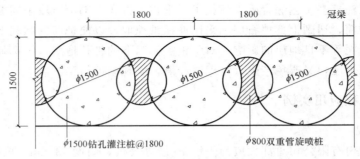

图 2.5-2 基坑支护桩平面布置大样图

3. 场地工程地质条件

本工程场地所处原始地貌单元为海滩涂地貌，后经人工堆填整平，场地较平坦。基坑支护桩施工范围内各岩土层工程地质特征自上而下为：

① 人工填土层（Q^{ml}）：杂色，松散，未固结，主要由砾、砂质黏性土、建筑垃圾和

碎块石组成，局部含有较大的填石（块度80～150cm），层厚3.40～16.00m，平均厚度10.95m。

② 第四系海相沉积地层（Q^m）

②$_1$淤泥质土：灰黑色，软塑状，主要由黏土组成，为软弱土层，全场分布，受上层填土层的挤压，已发生扰动，局部夹碎块石，层厚0.80～9.70m，平均厚度2.05m。

②$_2$粉质黏土：褐黄—褐红色，可塑。

③ 第四系海陆交互相（Q^{mc}）

③$_1$淤泥质土：黑色，灰色，软塑状，为软弱土层；全场分布，层厚1.20～8.60m。

③$_2$中粗砂：灰黑色、褐黄色，稍密—中密状，全场分布，层厚2.00～8.50m。

④ 砾质黏性土（Q^{el}）：褐黄—褐红色，由石英质砾砂和黏性土组成，为本基坑支护灌注桩桩端持力层。

根据基坑支护平面布置情况，列出基坑东面支护剖面及地层分布，具体见图2.5-3。

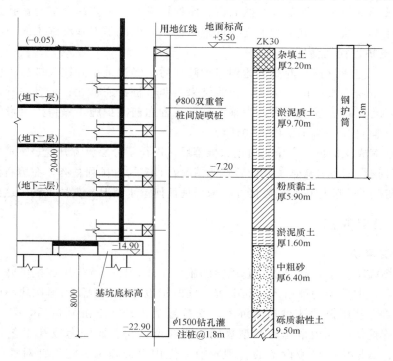

图 2.5-3 基坑支护东面 5-5 剖面图

4. 基坑支护桩施工情况

2011年4月，天虹商场股份有限公司总部大厦基坑支护、土石方与桩基础工程开工。按施工总体部署，先进行基坑支护桩、高压旋喷止水帷幕的施工，并于2011年7月完成；然后分层进行土方开挖、冠梁、混凝土支撑施工。

在前期采用冲孔钻机、咬合桩机施工出现施工困难的状况下，经过反复研究，提出采用深长钢护筒护壁、配合冲抓钻孔、旋挖钻孔多工艺配套综合施工方法，即上部填石段采用大型振动锤下入深长钢护筒，遇到上部填石层则采用冲抓锥抓取，钢护筒以下的桩孔地层选择采用旋挖机成孔，多工艺组合钻进大大提高了施工效率，既加快施工进度，又降低施工综合成本，同时避免产生大量泥浆废渣，有利于现场文明施工和安全管理，实现绿色施工。

施工过程中，对钢护筒的长度确定详细分析了场地钻探资料和地层岩性，确定了护筒长度为 13m，这样既能做到护筒长度确保钻孔稳定、不坍孔，又能保证桩身混凝土灌注完成后顺利起拔，解决了成孔的关键问题。

支护桩施工配备 1 台套振动锤、1 套冲抓锥、2 台旋挖桩机、2 台吊车、3 根 13m 长钢护筒，现场作业时，合理安排，精心组织，实施跳桩施工，做到了振动锤下沉护筒、冲抓锥成孔、旋挖机钻孔分别同时交叉进行，工序间有序轮换交替进行，虽然增加了工序和机械，但通过工序间的交叉、交替安排，使得各种机械设备始终下于开动状态，大大提高了现场机械设备的使用率，缩减了机械的综合使用成本，提高了成桩效率，加快了工程施工进度。

现场经过试成孔和不断改进完善，在护筒制作、振动锤和冲抓器选型、工序流程，以及质量控制、安全文明与环境保护措施等方面，都得到了进一步优化和完善，形成了完备、可靠、成熟的长护筒护壁、冲抓取石、旋挖钻进的多工艺综合配套钻孔灌注桩施工工艺方法，采用本工法共完成 170 根支护桩施工任务，保证了本基坑施工的顺利进行。

5. 基坑支护桩检测情况

支护桩施工完成，桩身混凝土达到养护龄期后，经过桩头开挖验桩、小应变测试、抽芯检测，以及桩身混凝土试块试压，检测结果表明：桩身完整性、桩身混凝土强度、孔底沉渣等全部满足设计和规范要求，为整个基坑工程超前支护施工赢得了宝贵的时间，设计单位、业主和监理相关给予了极高的评价。

本基坑在完成支护桩、高压旋喷止水帷幕后，进行了分层土方开挖、钢筋混凝土支撑施工，并顺利开挖至坑底。从基坑开挖后整体情况看，支护桩排列整齐，在填石淤泥段未出现扩径，支护桩间的旋喷桩止水效果良好，未出现任何渗水情况，支护桩施工达到预期效果。

2.5.3　工艺特点

1. 成孔速度快

经过现场施工摸索，确立了一套优化的施工工序，即：首先用旋挖机开挖，至一定深度遇到块石后，即用振动锤吊入护筒下沉，同时辅以冲抓锥护筒内抓取块石，清理出块石障碍物后，再次利用振动锤将护筒沉入；交替施工将护筒下沉到位后，采用旋挖钻机成孔，直接用旋挖钻斗孔内取土，孔型规则，成孔速度快。此配套成孔工艺，主要在振动锤、冲抓锥、旋挖机等机械设备的合理轮换、优化组合施工，施工针对性强，成孔效果好，施工速度快。此工法施工效率为 2 根/天·台，是单一冲击成孔工艺的 8 倍。

2. 质量有保证

由于采取了长护筒护壁，避免了上部深厚填石层坍孔和淤泥层的缩径、扩散，保证了支护桩间高压旋喷的喷射注浆效果，较好地防止了基坑支护的渗漏，确保了支护体系的施工质量。

3. 施工成本相对低

与单一冲击成孔工艺相比较，表现在：施工速度快，单机综合效率高，机械施工成本相对低；深长护筒护壁，避免了桩身混凝土灌注时混凝土扩散，充盈系数得到有效控制，减少了直接成本；冲击成孔在这样的地层中的充盈系数平均为 1.53，而本工法的充盈系数平均一般在 1.10。施工过程中不使用泥浆循环，大大减少了泥浆的使用量和废浆废渣的外运量，减小了施工成本。

4. 施工过程机械用电量小

施工过程中，振动锤下入钢护筒，主要使用振动锤的电力；冲抓锥依靠吊车起吊，自由下落作业；护筒底以下地层采用旋挖机施工，旋挖机自带柴油动力。因此，本工法总体施工机械用电量小，给现场平面布置和施工安排创造了较好的条件。

5. 场地清洁、现场管理简化

其主要表现在以下方面：施工不使用泥浆循环，场地更清洁，现场施工环境得到极大的改善；目前土方外运是制约工程施工进度的一大主要因素，尤其是废浆废渣外运更是处理困难。本工法缺少了泥浆孔内循环，大大减少了废泥浆储存、外运等日常的管理工作，现场临时道路、设备摆放变得更加有序，相应的管理环节得到极大地简化。

2.5.4　适用范围

1. 适用于地层中上部存在大量的建筑垃圾、填石或块石或淤泥等复杂地层的灌注桩工程施工。

2. 适用于钻孔桩直径 $\phi1500\sim2000mm$。

3. 适用于埋设护筒长度≤16m 的灌注桩施工。

2.5.5　工艺原理

本技术特点主要表现为三部分，即：上部杂填土中填石和淤泥的钻孔护壁、深厚填石层穿越、下部土层钻进技术等，这也是本工法三大关键技术点所在。

1. 填石淤泥层护壁——深长护筒护壁技术

由于填石、淤泥层性状条件差，钻孔施工过程中最大的难点在于填石层的泥浆渗漏、坍孔和淤泥层的缩径，造成难以顺利成孔。为此，采用深长钢护筒护壁，彻底解决上部不良地层对孔桩的施工影响。

护筒安放采用旋挖机预钻孔，采用泥浆护壁，钻至一定深度吊入钢护筒；当旋挖机钻孔遇到填石层后，采用液压振动锤沉入钢护筒。液压振动锤的工作原理是通过液压动力源使液压马达做机械旋转运动，从而实现振动箱内每组成对的偏心轮以相同的角速反向旋转；这两个偏心轮旋转产生的离心力，在转轴中心连线方向的分量在同一时间内相互抵消，而在转轴中心连线垂直方向的分量则相互叠加并最终形成钢护筒的激振力，顺利把护筒沉入到预定位置。

2. 填石层穿越——冲抓锥破岩抓取技术

本场地最大的工程地质问题是不均匀分布深厚填石层，当旋挖钻机预钻孔或护筒在下沉过程中遇到填石时，则采用冲抓锥破碎抓取技术。施工时，采用吊车钢丝绳起吊冲抓锥，冲抓钻头内有生铁块及活动抓片，下落时锥头叶瓣张开，孔底冲击，使锥瓣切入地层土石中；然后通过钢丝绳提升冲抓锥时，切入地层的锥瓣收拢并抓取土石，提出冲抓锥，卸去土石，如此反复循环，即达到钻孔延深成孔的目的，直至将护筒下沉到位。

3. 护筒底以下地层成孔——旋挖钻机钻成孔施工技术

对于深长钢护筒以下的地层，为加快施工进度，则采取旋挖钻机施工，即利用旋挖钻筒直接钻取下部土层，泥浆护壁，既提升施工速度，又不需泥浆循环，有利于现场文明施工和节省施工费用。

深厚淤泥填石层长护筒、冲抓、旋挖钻孔灌注桩施工工艺原理图见图2.5-4。

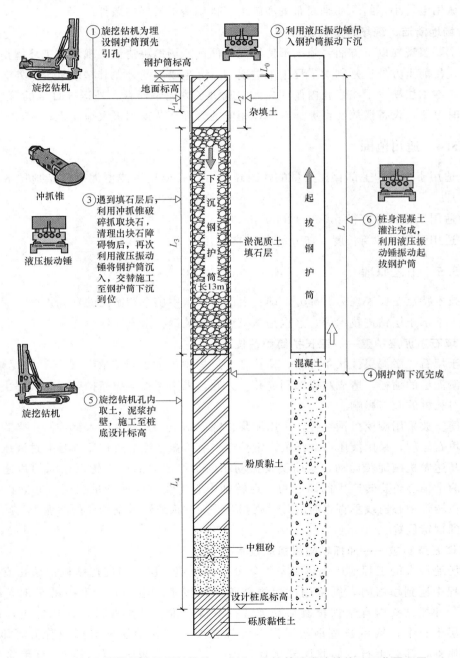

图2.5-4 深厚淤泥填石层长护筒、冲抓、旋挖钻孔灌注桩施工工艺原理图

2.5.6 施工工艺流程

深厚淤泥填石层长护筒、冲抓、旋挖钻孔灌注桩施工工艺流程见图2.5-5。

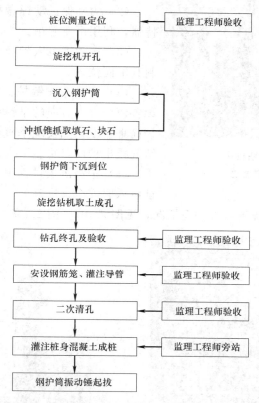

图2.5-5 深厚淤泥填石层长护筒、冲抓、旋挖
钻孔灌注桩施工工艺流程图

2.5.7 操作要点

1. 桩位测量、桩机就位

（1）施工前，专业测量工程师按桩位图纸及设计要求将钻孔孔位在现场测量定位，打入短钢筋设立明显的标志并保护好，报监理工程师核验。

（2）桩机移位前，事先将场地进行平整、压实。

（3）桩机就位后，将桩位设十字交叉引出桩中心点，用于护筒埋设好后进行桩位复核。

2. 旋挖钻机开孔

（1）护筒埋设采取旋挖钻机预先开孔，以加快护筒埋设进度。

（2）旋挖钻机开孔采用泥浆护壁。

（3）旋挖深度超过一定深度（约2.0～3.0m）后，为防止杂填土层垮孔，即可下入钢护筒桩护壁。

旋挖钻机开孔挖设护筒施工见图2.5-6。

图2.5-6 旋挖钻机预
先开孔挖设护筒施工

3. 沉入钢护筒

（1）钢护筒采用单节一次性吊入，利用振动锤下入。

（2）为确保振动锤激振力，振动锤采用双夹持器，利用吊车起吊。

（3）振动锤沉入护筒时，利用十字交叉线控制其平面位置。

（4）为确保长钢护筒垂直度满足设计要求，设置两个垂直方向的吊锤线，安排专门人员控制护筒垂直度；如发现垂直度偏差超标，则用振动锤起拔出护筒，重新下入。

（5）护筒沉入过程中，设专门人员指挥，保证沉入时安全、准确。

振动锤起吊、振动锤沉入长护筒情况，见图2.5-7、图2.5-8。

图2.5-7 起吊振动锤

图2.5-8 振动锤沉入长护筒

4. 冲抓锥抓取护筒内土石

（1）当钢护筒下沉一定深度，护筒内存有一定厚度的土层时，护筒下沉摩擦阻力加大，或当钢护筒下沉遇到填石、块石时，停止振动锤工作，则采用冲抓锥入孔抓取作业。

（2）冲抓锥采用吊车卷扬起吊，冲抓钻头内有生铁块及活动抓片，当其提升至一定高度行程后，冲抓锥自动脱勾，冲抓锥叶瓣张开，钻头下落冲入钢护筒土石中，然后提升钻头，抓头闭合抓取土石，提升到地面将土石卸去。

（3）对于桩孔内分布的较大填石，冲抓锥可多次提升、下落重复破碎、抓取，或将填石挤出护筒外。

（4）冲抓锥护筒内抓取、振动锤下入护筒依次交替循环作业，直至将护筒下沉到位。

（5）护筒沉入过程中，设专门人员指挥，保证沉入时安全、准确。

冲抓锥起吊入孔、冲抓锥抓取出护筒内填石、振动锤交替循环作业、护筒就位情况见图2.5-9、图2.5-10。

图 2.5-9 冲抓锥起吊入孔

图 2.5-10 振动锤护筒下沉

5. 旋挖钻机取土成孔

（1）钢护筒下沉到位后，为加快钻孔施工进度，钢护筒内桩孔深度范围内的地层拟采用旋挖钻机成孔。

（2）根据场地勘察资料，深长钢护筒以下的地层主要为：粉质黏土、淤泥质土、中粗砂、砾质黏性土，基坑支护桩桩端持力层坐落在砾质黏性土层中，场地分布的地层适用于旋挖钻机施工。

（3）旋挖钻机采用钻斗旋转取土、泥浆护壁工艺。

（4）旋挖成孔时，及时调整泥浆性能和泥浆液面的高度，确保使用优质泥浆，以保证孔壁的稳定。由于在深长护筒里旋挖成孔，泥浆比重为 1.10～1.15，黏度 20～22s，并及时换浆、调浆，满足成孔需要。

（5）旋挖钻机钻取的渣土及时转运至现场临时堆土场，统一外运。

（6）本基坑支护桩桩长按设计要求以桩端标高控制，当达到钻孔深度后，及时终孔，并报监理验收。

旋挖钻机钻斗、旋挖钻斗弃土情况见图 2.5-11、图 2.5-12。

6. 安放钢筋笼、灌注导管

（1）钻孔终孔后，及时进行孔底钻渣清理，并及时换浆。

（2）钢筋笼按设计尺寸和终孔深度制作，经监理工程师隐蔽验收后安放入孔。

（3）钢筋笼采用吊车吊放，为确保钢筋笼居中，设置专门的钢筋保护层保护块，保证桩身垂直度满足要求。

（4）钢筋笼安放到位后，孔口采用专门的钢筋笼定位器将其位置固定。

（5）钢筋笼下放后，入时安放灌注导管；预先调节好导管的长度，初次使用的导管进行压水试验，防止导管漏水而影响桩身混凝土质量。

（6）灌注导管底口距孔底约 30cm，并在孔口设置导管固定平台。

（7）钢筋笼、灌注导管安放过程应紧凑，应采取相应措施（如：孔口钢筋笼驳接时，采用两台电焊机作业），尽量缩短安放时间，以减少孔底沉渣数量。

图 2.5-11　旋挖钻机钻斗入孔

图 2.5-12　旋挖钻斗钻进

7. 二次清孔、水下混凝土灌注

（1）钢筋笼、灌注导管安放完成后，测量孔底沉渣。本基坑支护桩孔底沉渣厚度要求不大于200mm，一般在灌注前测量沉渣时，均能满足设计要求；如测量的孔底沉渣厚度超过设计要求，则采用反循环进行二次清孔。

（2）二次清孔满足设计要求后，立即组织灌注桩身混凝土。

（3）混凝土采用商品混凝土，水下混凝土坍落度180～220mm，混凝土到场后，对其坍落度进行抽检。

（4）灌注方式根据现场条件，可采用混凝土罐车出料口直接下料，或采用灌注斗吊灌。

图 2.5-13　振动锤起拔护筒

（5）灌注时，及时拆卸灌注导管，保持导管埋深控制在 2～4m，最大不大于6m；在灌注混凝土过程中，上下提动料斗和导管，以便管内混凝土能顺利下入孔内。

（6）灌注混凝土至设计标高并超灌0.8m，防止钢护筒振动锤起拔后桩身混凝土标高下落。

8. 振动锤起拔护筒

（1）桩身混凝土灌注完成后，随即采用振动锤起拔钢护筒。

（2）钢护筒起拔采用双夹持振动锤，由于激振力和负荷较大，选择50t履带吊将振动锤吊起，对护筒进行起拔作业。

（3）振动锤起拔时，先在原地将钢护筒振松，然后再缓缓起拔。

（4）护筒起拔过程中，注意观察护筒内混凝土的下降情况。

振动锤起拔见图 2.5-13。

2.5.8 设备机具选择

1. 深长钢护筒

（1）钢护筒长度确定：经详细研究场地钻探资料，我们充分掌握了基坑周边杂填土、淤泥的埋藏深度和岩性特征，在既满足护壁要求又方便施工的前提条件下，确定了钢护筒的长度为 13m，这样护筒底能完全隔住杂填土、淤泥层，进入粉质黏土；个别地段淤泥质土较厚，护筒底也能隔住上部淤泥层。经现场试验，13m 深长护筒对桩孔孔壁起到良好的保护作业，也利于钢护筒的下沉和起拔。

（2）本基坑场地地层性状差，在下入深长钢护筒、灌注桩身混凝土时，会出现一定程度的护径。因此，钢护筒内径确定为 ϕ1500mm，以避免护筒增大、桩径过大造成桩身混凝土的浪费。

（3）由于钢护筒下沉和起拔时需经受振动锤振动力作用，为确保钢护筒不变形，确定钢护筒钢板厚度为 16mm。当钢板卷制时，对内壁的焊缝进行打磨，确保内壁光滑。

（4）钢护筒卷制时，底部加肋板加厚保护，以增强其沉入时抵御块石的能力。

（5）钢护筒顶部设置四个吊耳，方便吊装操作。

钢护筒使用情况见图 2.5-14。

图 2.5-14 深长钢护筒护壁

2. 振动锤

（1）由于本支护桩钢护筒长度为 13m，单节，需一次性沉入地层中，在钢护筒沉入或起拔过程中，需要提供较大的激振力。为此，我们选择振动锤其最大激振力为 550kN，能顺利将护筒下沉或起拔。

（2）为保证作业时的平衡性，选择双夹持器振动锤，确保激振力的均衡传递。

振动锤使用情况见图 2.5-15。

图 2.5-15 振动锤下沉护筒情况

3. 冲抓锥

由于本场地存在大量填石、块石，冲抓锥需有一定的重量和破碎冲击力，根据支护桩桩径大、填石厚且大的特点，选择冲抓锥瓣张开直径为 φ600mm 型冲抓锥，实际使用效果显示，其具有抓取能力强、破碎效果好的特点。

冲抓锥情况见图 2.5-16。

4. 旋挖钻机

（1）本基坑工程支护桩桩端持力层为砾质黏性土，护筒底以下的地层均为土质和砂层，地层对旋挖钻机能力要求低，因此，一般的旋挖钻机均能满足本基坑支护桩的施工。

图 2.5-16 冲抓锥

（2）本工程支护桩旋挖桩机进场机型为：SD205.SANY280。具体旋挖钻机见图 2.5-17、图 2-5-18。

图 2.5-17 SANY280 旋挖钻机

图 2.5-18 SD205 旋挖钻机

5. 吊车

（1）本工程起重机械使用主要满足：起吊振动锤（4200kg）和钢护筒（7800kg）、起

吊钢筋笼等，为满足施工要求，施工时选
择 KOBELCO 55t 履带吊车起吊振动锤和
钢护筒。

（2）实际施工过程中，为满足现场施
工需求，现场另配备 1 台 25t 履带吊，负
责钢筋笼安放、灌注混凝土吊装，以及现
场转场、搬运等临时吊装作业以及辅助性
工作。

现场配备吊车情况见图 2.5-19。

图 2.5-19　振动锤下入深长钢护筒

2.5.9　质量控制

1. 施工前，根据所提供的场地现状及
建筑场地岩土工程勘察报告，有针对性地
编制施工组织设计（方案），报监理、业主审批后用于指导现场施工。

2. 基准轴线的控制点和水准点设在不受施工影响的位置，经复核后妥善保护；桩位
测量由专业测量工程师操作，并做好复核，桩位定位后报监理工程师验收。

3. 钢护筒制作满足设计要求，其厚度、圆度、垂直度符合相关规范要求。

4. 施工前，做好桩孔周边场地的平整、压实，机械设备就位后，必须始终保持平稳，
确保在施工过程中不发生倾斜和偏移。

5. 振动锤下入钢护筒时，派专人吊锤线严格控制长钢护筒的垂直度，发现偏斜及时
纠偏。

6. 下钢护筒或成孔过程中，如出现实际地层与所描述地层不一致时，及时与监理、
设计部门沟通，共同提出相应的解决方案。

7. 旋挖钻机成孔时，注意控制孔内泥浆性能；终孔时，按要求进行清孔。

8. 钢筋笼制作及其接头焊接，严格遵守现行标准。

9. 钢筋笼隐蔽验收前，报监理工程师验收，合格后方可用于现场施工。

10. 搬运和吊装钢筋笼时，防止变形，安放对准孔位，避免碰撞孔壁和自由落下，就
位后立即固定。

11. 商品混凝土的水泥、砂、石和钢筋等原材料及其制品的质检报告齐全，钢筋进行
可焊性试验，合格后用于制作。

12. 检查成孔质量合格后，尽快灌注混凝土；灌注导管在使用前，进行泌水性检验，
合格后方可使用；灌注过程中，严禁将导管提离混凝土面，埋管深度控制在 2~6m。

13. 灌注混凝土过程中，派专人做好灌注记录，并按规定留取一组三块混凝土试件，
按规定进行养护。

14. 灌注混凝土至桩顶设计标高时，超灌 100cm，以确保桩顶混凝土强度满足设计
要求。

15. 灌注混凝土全过程，监理工程师全过程旁站监督，保证混凝土灌注质量。

16. 振动锤起拔钢护筒时，派人监测孔内混凝土面的高度，注意观测孔内混凝土面的
位置，及时补充灌注混凝土，确保桩身混凝土量。

2.5.10　安全措施

1. 施工现场所有机械设备（吊车、振动锤、冲抓锥）操作人员必须经过专业培训，熟练掌握机械操作性能，持证上岗。

2. 机械设备操作人员和指挥人员严格遵守安全操作技术规程，工作时集中精力，谨慎工作，不擅离职守，严禁酒后操作。

3. 现场吊车使用多，起吊作业时，派专门的司索工指挥吊装作业；深长钢护筒起吊时，施工现场内起吊范围内的无关人员清理出场，起重臂下及影响作业范围内严禁站人。

4. 作业前，检查机具的紧固性，不得在螺栓松动或缺失状态下启动；作业中，保持钻机液压系统处于良好的润滑。

5. 当钻机移位时，施工作业面保持基本平整，设专人现场统一指挥，无关人员撤离作业现场，避免发生桩机倾倒伤人事故。

6. 对已完成的桩孔，及时进行回填或安全防护，防止人员掉入或机械设备陷入发生安全事故。

7. 机械设备发生故障后及时检修，严禁带故障运行和违规操作，杜绝机械事故。

8. 施工现场操作人员登高作业系好安全带，电焊、氧焊特种人员佩戴专门的防护用具（如防护罩）。

9. 钢筋笼制作由专业电焊工操作，正确佩戴安全防护罩。

10. 桩身钢筋笼吊点设置合理，起吊前做好临时加固措施，防止钢筋笼变形。

11. 氧气、乙炔罐的摆放要分开放置，切割作业由持证专业人员进行。

12. 对已施工完成的钻孔，采用孔口覆盖、回填泥土等方式进行防护，防止人员落入孔洞受伤。

13. 现场废浆废渣及时清理，集中堆放、外运；泥头车按规定办理二牌二证，严格遵守交通法规，安全行驶。

2.6　深基坑支护支撑立柱桩托换施工技术

2.6.1　前言

为保证基坑施工和周围环境不受影响，基坑四周会使用支护结构，当基坑支护形式采用支撑支护时，支护结构包括支护立柱和支撑梁等。在工程建设中，为缩短工程建设工期和降低工程建设成本，有的建筑物主体结构图纸未完全确定时，基坑支护工程会先行施工，而当深基坑开挖到位后，有的工程项目主体结构桩基或梁柱由于各种原因可能会出现调整，导致已施工完成的支撑立柱（桩）与主体桩基或梁柱发生位置冲突。因此，解决立柱与主体相冲突的问题非常重要。

网络科技信息大厦土石方、基坑支护及桩基础工程项目，其基坑支护采用内支撑形式，在桩基施工过程中均遇到变更导致支撑立柱与桩基重叠。针对基坑支撑支护立柱桩托换施工技术问题，采用在坑底施工人工挖孔桩作为原立柱桩桩端部分，用钢立柱代替每一道支撑间的原立柱桩，最底层钢立柱伸入挖孔桩内锚固，通过钢管替代待托换立柱桩承担支撑的作用，实现了对基坑支撑支护立柱桩位置挪移，较好解决了支护立柱与主体桩基或梁柱发生冲突的问题，实现了施工安全、文明环保、便捷经济的目标，达到预期效果。

2.6.2 工法特点

1. 托换安全可靠

托换立柱桩桩端采用人工挖孔桩，托换立柱采用预制钢管，施工质量可控，钢管立柱及其基础立柱桩受力安全可靠度高。

2. 托换施工便利

托换立柱采用预制钢管，分段制作、分段吊装；钢管材料可在场外预制好，直接采用电葫芦吊装，无须高支模，施工便利。

3. 托换施工节能环保

托换立柱桩采用人工挖孔，开挖桩孔不产生泥浆，钢管立柱可回收利用，整体托换技术施工无污染、节能环保。

4. 托换综合成本低

综合对比其他采用混凝土立柱的托换方案，本立柱托换技术工程量小、安装快、工期短，综合成本低。

2.6.3 适用范围

1. 本工艺适用于基坑内支撑及立柱桩先行施工，基坑深度增加或主体结构变更，支护立柱与主体建筑物桩基或梁柱位置发生冲突时采用。

2. 托换立柱可采用钢管、角钢、型钢等。

3. 立柱托换基础挖孔桩不适宜在淤泥、流砂、卵石层中使用；周边环境条件严格限制降水时，托换挖孔桩严禁使用。

2.6.4 工艺原理

本工法关键技术主要分为两部分，即托换生根、托换立柱的锚固，其工艺原理是采用在坑底施工人工挖孔桩作为原立柱桩桩端部分，用钢立柱代替每一道支撑间的原立柱桩并实施有效锚固连接，最底层钢立柱伸入挖孔桩内锚固，通过钢管替代待托换立柱桩承担支撑的作用，实现了对基坑支撑支护立柱桩位置挪移，解决了支护立柱与主体桩基或梁柱发生冲突的问题。其工艺原理如图2.6-1～图2.6-4所示。

2.6.5 施工工艺流程

立柱托换施工工序流程如图2.6-5所示。

2.6.6 工艺操作要点

1. 施工准备

熟悉变更图纸、编制托换专项施工方案、施工机械就位、材料准备。

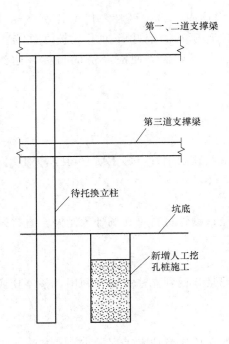

图 2.6-1　施工新增钢管立柱桩

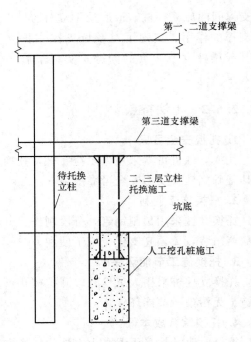

图 2.6-2　施工底部托换立柱

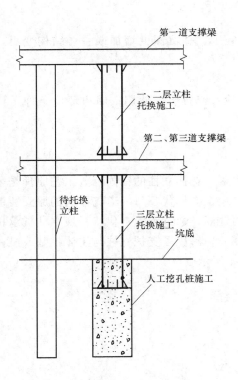

图 2.6-3　施工一层托换立柱

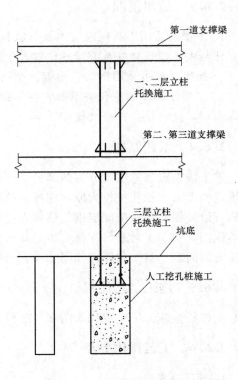

图 2.6-4　拆除待托换立柱

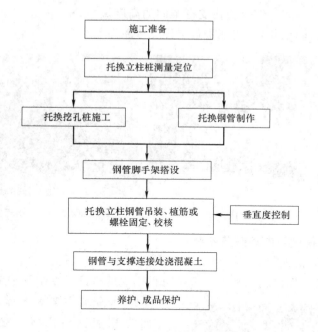

图 2.6-5　立柱托换施工工序流程

2. 测量定位（挖孔桩和立柱定位）

对每一根替换立柱统一编号，每根被替换的立柱从挖孔桩至每道支撑梁都需测量定位并做好标记，保证立柱中心线在同一条直线上，定位误差控制在允许范围之内，如图 2.6-6 所示。

3. 托换挖孔桩施工

（1）定好位后，进行人工挖孔桩施工，挖孔桩直径为 1.2m，深度 7.0m。

（2）挖孔桩采用现浇钢筋混凝土护壁，每节护壁深度不大于 1m，每节护壁之间埋设连接钢筋。

图 2.6-6　立柱定位图

（3）挖孔时，做好孔内排水工作，孔桩到底后及时清孔封底。

（4）绑扎钢筋笼严格按设计图纸进行，并进行隐蔽验收。

（5）灌注混凝土时分层进行，边灌注边振捣，保证混凝土均匀，浇混凝土时需控制桩顶标高。

4. 托换钢管制作

（1）设计托换钢管直径 630mm，厚度 16mm，与直径 830mm 钢圆盘焊接，用三角铁与钢管、法兰盘双面焊接以增加其稳定性。

（2）钢管定制加工，现场按支撑梁间距现场切割制作。

（3）预先根据测量好支撑梁与孔桩或支撑梁之间的高度，钢管按测量好的高度制作，由于钢管斜放进支撑梁间，钢管会比支撑梁间的高度短 20cm。

托换钢管制作见图 2.6-7，现场堆放见图 2.6-8。

图 2.6-7　托换钢管制作

图 2.6-8　钢管加工和堆放

5. 钢管脚手架搭设及电动葫芦安装

（1）钢管脚手架搭设

1）为给钢管安装提供施工平台，拟按每根钢立柱搭设独立钢管脚手架。

图 2.6-9　搭设钢管脚手架

2）钢管脚手架为方形，一边开口，水平方向与相应支持固定。立杆纵、横向间距 500mm，步距不大于 1200mm，板底次楞 50mm×100mm 方木间距 250mm。

3）脚手架主楞为双钢管，可调支撑托节点，设加强型剪刀撑构造。

4）脚手架由 3～4 人配合架设，施工人员系安全带后方可作业。

5）立杆要求垂直，允许偏差应小于高度的 1/200

6）若地面有高差，应先从最低处立杆架设。

脚手架搭设情况如图 2.6-9 所示。

（2）环链电动葫芦安装

1）在正式安装电动葫芦之前，需确定脚手架安装验收合格后才能安装。

2）将电机用钢丝绳固定到上层支撑梁上。

3）安装链条及其他配件；

4）安装好后进行试机。

环链电动葫芦安装见图 2.6-10。

6. 第三节钢管吊装、固定、校核

（1）待挖孔桩浇筑完成之后，钢管用挖机运至指定位置，并用环链电葫芦有效固定。

（2）在第二层支撑梁上固定 2 台环链电动葫芦，在吊装过程中严密观察钢管立柱垂直度，如图 2.6-11、图 2.6-12 所示。

梁下作业采用吊装法施工，本工序也是此工程中安全风险系数最大的。在施工过程中

图 2.6-10 环链电动葫芦安装

严格要求工人遵守安全施工规章制度，做好防护、应急工作。

钢管顶部固定螺栓与法兰盘对准固定，如图 2.6-13 所示。钢管顶部与支撑连接操作现场见图 2.6-14。

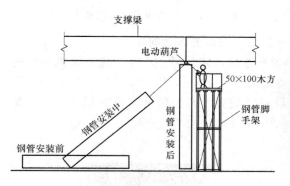

图 2.6-11 立柱起吊示意图

图 2.6-12 现场钢管吊装

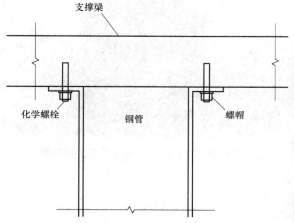

图 2.6-13 钢管顶部与支撑连接示意图

图 2.6-14 钢管顶部与支撑连接操作现场

（3）第三道支撑梁与坑底之间的钢管落于人工挖孔桩桩顶以下 1m，并浇筑 C30 混凝土振捣密实（图 2.6-15、图 2.6-16）；直接落底板上的做立柱处理的钢管一端与上道支撑梁底面用 M20 化学螺栓连接固定，另一端直接落于底板上，用 M24 化学螺栓连接固定，螺栓入底板 700mm。

图 2.6-15　孔桩内钢管安装现场图　　　　图 2.6-16　孔桩内混凝土浇灌完成图

7. 第一、二节钢管吊装、固定、校核（一、二、三层支撑之间）

钢管一端与上道支撑梁底面用 M20 化学螺栓连接固定，另一端与下道支撑梁顶面连接（因实际操作需要，钢管需比两道梁间距离短约 10～20cm，用 20a 工字钢垫于法兰盘与梁顶面之间，若有缝隙用斜铁塞紧，并浇筑 C30 混凝土并振捣密实使钢管下端法兰盘与工字钢稳固连接），如图 2.6-17、图 2.6-18 所示。

托换整体完成情况见图 2.6-19。

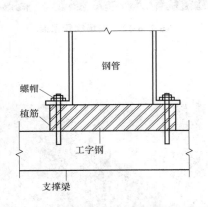

图 2.6-17　钢管底部与支撑连接节点图　　　　图 2.6-18　钢管底部与支撑梁安装现场图

2.6.7　质量控制

1. 挖孔桩质量控制措施

（1）成孔护壁的质量控制

图 2.6-19 立柱整体托换完成

1）桩位定位质量控制（±20mm），根据建设单位的测量基准点和测量基线放样定位，经监理复核，准确定桩的中心位置，并测出高程。

2）严格控制垂直度（0.5H‰mm）和直径（±50mm），每施工完三节护壁复核垂直度和中心位置，桩终孔保证设计桩长。

3）护壁质量控制（±20mm），采用钢筋混凝土护壁，每节高度为 50～100cm，厚度按照设计要求尺寸施工，混凝土等级与桩一致，保证钢筋的数量及上下节的搭接长度。

4）孔底质量控制：孔壁、孔底必须清理干净，孔底无沉渣，孔壁无松动，有地下水则要用水泵排净积水。

（2）钢筋笼制安质量控制

1）钢筋进场验收检查合格证、检验报告，按照规范要求作力学性能试验，合格后才能使用，禁止不合格材料用于工程中。

2）焊工要有上岗证，焊条要有质保单，型号要与钢筋的性能相匹配，确保焊接质量。

3）钢筋笼制作严格按设计加工，保证钢筋的间距符合规范要求，箍筋与主筋之间要求有效固定，现场由质检员进行实测实量。

（3）挖孔桩混凝土灌注质量控制

1）采用商品混凝土，在施工前检查混凝土的配合比和材料的检验报告并填写浇筑令；浇注前抽测坍落度，每根桩必须有 1 组混凝土试件。

2）浇筑过程中施工员、质检员全过程的旁站监督，并形成记录，发现问题及时处理。

3）混凝土浇灌连续，使用串筒或溜槽，防止混凝土发生离析；浇筑过程中，及时振捣，保证混凝土均匀密实。

2. 钢立柱托换质量控制措施

（1）钢立柱安装前须核对基础的轴线、标高、几何尺寸。

（2）钢管柱的吊装机械为环链电动葫芦，单块最大重量 3t，满足吊装要求。

（3）钢管柱安装前，应先复核钢管柱与支撑梁之间的实际尺寸，以确保钢管顺利就位。

（4）钢管柱就位后，应立即将钢管顶部及底部法兰盘与支撑固定牢固，防止钢管倾倒。

（5）钢管柱吊装就位时，应专人指挥，严禁与支撑结构碰撞。

（6）钢管柱垂直偏差控制：钢管柱平面轴线及水准标高经核验合格后，放线定位；钢柱安装质量好坏，关键是钢柱位移、垂直偏差和标高的精度；用经纬仪检查钢柱垂直偏差的方法是用经纬仪后视柱脚下的定位轴线，仰视柱顶钢柱中心线，当柱顶中心线与柱脚下定位轴线一致时说明钢柱垂直，再用另一台经纬仪在钢柱另一侧投测。

2.6.8　安全措施

1. 人工挖孔桩安全操作要点

（1）孔内必须设置应急软爬梯供人员上下，使用的电葫芦、吊笼等应安全可靠，并配有自动卡紧保险装置，不得使用麻绳和尼龙绳吊挂或脚踏井壁凸缘上下，电葫芦宜按钮式开关，使用前必须检验其安全起吊能力。

（2）每日开工前必须检测井下的有毒、有害气体，并应有相应的安全防范措施，设置专门的井下送风的设备。

（3）孔口四周设置护栏，护栏高度宜为 1.2m。

（4）挖出的土方及时运离孔口，不得堆放在孔口周围。

（5）施工现场的一切电源、电路的安装和拆除必须遵守现行行业标准的规定。

2. 钢管立柱安全操作要点

（1）现场建筑材料的堆放，按照施工组织设计指定的区域范围分类堆放；散体材料砌池筑围堆放，叠放高度不得超过 1.6m。

（2）现场施工人员一律佩戴工作胸卡和安全帽，操作时严格遵守现场的各项规章制度，非施工人员一律不准擅自进入施工现场。

（3）钢管吊装时要检查电动葫芦链条是否完整无损，起重重量不得超过电动葫芦最大起吊荷载的 0.8 倍。

（4）钢管脚手架搭设完成并通验收合格后方可准备起吊钢管。

（5）工人在支撑梁面上作业系好安全带。

3. 钢管脚手架安全操作要点

（1）在架上作业的工人应穿防滑鞋和佩挂好安全带，为了便于作业和安全，脚下应铺设必要数量的脚手板，并应铺设平稳。

（2）架上作业人员应作好分工和配合，传递杆件时应掌握好重心，平稳传递，以免引起人身或杆件失横。

（3）作业工人应佩戴工具袋，工具用后装于袋中，以免掉落伤人。

（4）架设材料要随上随用，以免放置不当时掉落。

（5）每次收工前，所有上架材料必须全部搭设上，严禁放在架子上，而且一定要形成稳定的构架，不能形成稳定构架的部分应采取临时措施予以加固。

（6）在搭设作业进行中，地面上的配合人员应躲开可能落物的区域。

4. 环链电动葫芦安全操作要点

（1）新安装或经拆检后安装的电动葫芦，首先应进行空车试运转数次；但在未安装完毕前，切忌通电试转。

（2）在正常使用前进行以额定负荷的 125%、起升离地面约 100mm、10 分钟的静负荷试验，并检查是否正常。

（3）动负荷试验是以额定负荷重量，作反复升降与左右移动试验，试验后检查其机械传动部分、电器部分和连接部分是否正常可靠。

（4）在使用中，禁止在不允许的环境下，及超过额定负荷和每小时额定合闸次数（120 次）的情况下使用。

（5）安装调试和维护时，严格检查限位装置是否灵活可靠，当吊钩升至上极限位置时，吊钩外壳到卷筒外壳的距离必须大于 50mm。当吊钩降至下极限位置时，应保证卷筒上钢丝绳有效安全圈必须在 2 圈以上。

（6）不允许同时按下两个使电动葫芦按相反方向运动的手电门按钮。

（7）工作完毕后必须把电源的总闸拉开，切断电源。

（8）电动葫芦应由专人操作，操作者应充分掌握安全操作规程，严禁歪拉斜吊。

（9）在使用中必须由专门人员定期对电动葫芦进行检查，发现故障及时采取措施。

第3章 内支撑深基坑土方开挖施工新技术

3.1 多层内支撑深基坑抓斗垂直出土施工技术

3.1.1 引言

随着我国城市经济建设的高速发展,高层和超高层建(构)筑物正在大批兴建,在工程设计方面为满足地下空间的开发利用,一般都要设置多层地下室,如建筑物的深大基坑、大型城市地下综合体、地铁出入口等,其开挖深度一般都在20m以上,有的超过30m。为满足超大、超深基坑开挖安全稳定性要求,设计上一般常采用"桩(或地下连续墙)+多层内支撑"的支护形式。

设有3道及以上小间距封闭内支撑,开挖深度超过20m及以上的深基坑工程,目前基坑土方一般采用坡道出土和不设坡道出土两种方式。这两种方式在施工工艺上都存在出土速度较慢,出土范围受限,倒土时间长,施工成本高等施工难题。对于小间距多层内支撑的深基坑,如何解决基坑土方开挖困难,急需在施工工艺、机械设备、技术措施等方面寻找突破口。

近年来,深圳福田人民医院后期建设工程、国信金融大厦等土石方及基坑支护工程等项目施工,其基坑支护形式均为3~5层内支撑,且基坑开挖深度大,基坑土方开挖难度大。如何制订可行、快捷、安全、经济的基坑土方开挖方法,成为面临解决的技术问题。因此,结合实际工程项目实践,经过反复研讨和总结,总结出了"小间距多层内支撑深基坑垂直出土施工工法",即采用钢丝绳抓斗垂直抓取基坑土方,达到快捷、安全、经济的效果,形成了相应的施工新技术。

3.1.2 工艺原理

钢丝绳抓斗是吊钩与双索抓斗两用的全回转式动臂起重机械,钢丝绳抓斗外接交流电源380V、50Hz,由三台电机分别驱动、提升、回转、变幅机构进行动作来实现载荷的自由升、降、回转、变幅等动作。如卸去底盘,可将回转支承直接安装完成作业。其机械设计具有结构合理、效率高、安全可靠、操作方便、维修方便、成本低、能源消耗低、稳定性好、噪声低、无污染等优点,一般多用于港口、码头、仓库、货场等货物搬运、转场等。我们正是利用钢丝绳抓斗机的上述特点,将其应用于建(构)筑物深基坑土方垂直开挖中,大大拓宽了该机械设备的使用范围,取得了良好的效果。

1. 钢丝绳抓斗主机控制抓斗垂直吊运原理

钢丝绳抓斗机主机起重臂上部端装有由定位滑轮与吊钩组成的起升滑轮组,电动机旋转经联轴节带动减速箱高速轴,经减速后由低速轴输出,通过联轴节带动卷扬筒旋转,由钢丝绳经起升滑轮组带动抓斗运动而实现抓斗内物体的升降。

本工艺采用无锡市港口建筑机械有限公司生产的 DLQ8 型电动轮胎式起重机，配置双索钢丝绳抓斗使用。

（1）主机部分设计参数

钢丝绳抓斗机械由吊臂、转台、回转支承、操纵室、起升机构、变幅机构、回转机构、制动及电器控制系统组成。DLQ8 型额定最大起吊重量为 8000kg，起重臂与水平夹角在 40°～75°范围内，钢丝绳长度 60m，开挖深度最大 30m，工作时抓斗与基坑壁水平距离 5m。起重臂起升高度在支承面以上可达到 12m，支承面以下可达 6m。选择好停放点后起重机的液压支腿打开以固定起重机。行走时液压支腿收起，使用轮胎行走。

其中 DLQ 型电动轮胎式起重机技术参数见表 3.1-1。

DLQ8 型电动轮胎式起重机主要技术参数　　　　　　表 3.1-1

指　标	单位	DLQ8 型
最大起吊重量	kg	8000
起升臂长度	m	9
起升高度	m	8.7
钢丝绳长度	m	60
最大起吊深度	m	30
回转角度	°	360
配用抓斗容积	m³	1.2

（2）抓斗部分设计参数

本工艺起重机配置双索钢丝绳，配置六瓣颚瓣，抓斗容量为 1.2m³，实际抓取土方每斗容积平均约为 0.6m³。抓斗结构由四部分组成：头部、横梁、拉杆、斗部。

钢丝绳出厂配置 60m，最大开挖深度 30m，考虑钢丝绳与抓斗及滑轮组接触部位的磨损，钢丝绳从抓斗连接处上方 10m 左右设置活动式接头，便于定期检修、更换钢丝绳。同时通过更换钢丝绳长度，可调节基坑开挖深度，钢丝绳最长可配置 70m，最大开挖深度达 35m。

抓斗结构见图 3.1-1，抓斗实物见图 3.1-2。

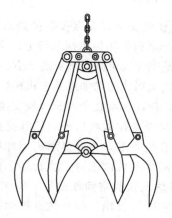

图 3.1-1　六瓣双索钢丝绳抓斗结构

图 3.1-2 抓斗工作状态

2. 钢丝绳抓斗取土、卸土原理

本工法采用的是双索钢丝绳，根据使用功能，钢丝绳分为支持钢丝绳和开闭钢丝绳。工作开始时，支持钢丝绳将抓斗起吊在适当位置上，然后放下开闭钢丝绳，这时靠下横梁的自重迫使抓斗以下横梁大轴为中心将斗部打开，当斗部开至两耳板的碰块相撞时，即斗部打开到最大极限。开斗时，上横梁滑轮和下横梁滑轮中心距加大，然后支持钢丝绳落下，将已打开的抓斗落在要抓取的土方上，再收绕开闭钢丝绳，将上横梁滑轮与下横梁滑轮的中心距恢复到原来的位置，这样就完成了抓取过程。抓斗闭合时不受开闭钢丝绳方向上的拉力，自重全部起挖掘作用，因而抓取能力大。闭合的斗部里装满土方后，提升开闭钢丝绳，整个抓斗亦被吊起，经机身起重臂旋转将抓斗移动至基坑顶卸土点，放下开闭钢丝绳，开斗卸下所抓取的土方。

3. 钢丝绳抓斗机对基坑顶附加荷载及处理

DLQ8 型钢丝绳抓斗工作时总重量约 30.0t，其中抓斗总重约 1.4t。基坑顶荷载设计允许值一般为 20kPa。

（1）轮胎移动时工况：当机身使用轮胎行走时，轮胎中心线间距为 5.6m×2.9m，行走时对基坑顶的均布荷载为 30×10kN/(5.6m×2.9m)＝18.5kPa。

（2）抓斗机工作时工况：工作停放时将四个液压支腿打开，支腿间距为 5.0m×5.0m，在基坑边停放时对基坑顶的均布荷载为 30×10kN/(5.0m×5.0m)＝12.0kPa。

通过上述钢丝绳抓斗机对基坑顶附加荷载的验算表明，无论机械是在正常行走或是工作停放，各工况对基坑周围地面荷载值均未超过设计允许值 20kPa。

为了进一步减小抓斗工作时对基坑顶附加荷载，我们要求在基坑顶进行垂直开挖前预先浇筑混凝土，在基坑顶铺设不小于 6.0m×6.0m、强度等级 C30、层厚 300mm 的混凝土硬地，使得工作时抓斗机的附加荷载仅为 8kPa，以保证基坑顶的荷载控制在安全范围内。

3.1.3 工艺特点

1. 移动式便利安排，多点多机多处机动布置

（1）抓斗起重机采用轮胎拖动行走，移动方便，可沿基坑周边合理布置，可以实现不固定位置、开挖范围大，可减少基坑底土方二次转运量；同时，根据基坑边场地情况及进度要求，可沿基坑边动态式的增加或减少机械数量，机械调动灵活、快捷、简便，可满足基坑全断面开挖需求，保证基坑底全面积合理安排施工。基坑顶布置情况见图 3.1-3、图 3.1-4。

（2）除直接设置在基坑边外，钢丝绳抓斗还可在支撑梁、板上架设，可满足特定条件下的基坑土方开挖要求，充分显示出钢丝绳抓斗的多用性、机动性，能实现多点、多机、大范围抓土，减少基坑内土方二次转运。钢丝绳抓斗支撑梁上架设垂直挖土见图 3.1-5。

2. 可在基坑顶狭窄空间作业

基坑南侧临时办公用房与基坑开挖边线距离仅为 7m，仍可在办公用房段布置钢丝绳抓斗机作业进行垂直开挖，采用挖掘机直接装土，必要时配合装载机转土。狭窄空间作业见图 3.1-6。

图 3.1-3 基坑一侧同时设置二台抓斗　　　　图 3.1-4 基坑两侧各设置一台抓斗

图 3.1-5 钢丝绳抓斗支撑梁上架设垂直挖土

(*a*)　　　　　　　　　　　　　　　(*b*)

图 3.1-6 场地狭窄段钢丝绳抓斗土方开挖

3. 机械设备配置简单，现场管理简化

钢丝绳抓斗工作时，基坑底设置一至二台挖掘机挖土、转土；基坑顶可采用抓斗机直接卸土至泥头车内，或配备一台挖掘机装车外运。总体机械配置简单，现场管理简化。抓斗机直接卸土至泥头车内见图 3.1-7。

4. 出土速度快

采用双索钢丝绳抓斗全回式动臂起重机垂直挖土，在基坑开挖深度 20m 左右范围内，抓斗平均约 1 分钟内完成一次抓土、卸土，每次抓取实际土方量约 0.5～0.7m³，单机每天正常施工可完成 500～600m³ 土方开挖。此工法施工效率是单一采用长臂挖掘机工艺的 1.5 倍。

(a)　　　　　　　　　　　　　　　　　(b)

图 3.1-7　抓斗机直接卸土至泥头车内

5. 操作安全可靠

（1）钢丝绳抓斗安装位置预先进行硬底化处理，并铺设混凝土垫层。

（2）钢丝绳抓斗安装时，施展四个液压支腿将机械固定；对于场地条件较差时，可以铺设钢轨，采用千斤顶与钢轨支承，将钢丝绳抓斗的重量合理分布于基坑顶范围，大大减少支护设计对基坑顶的荷载要求，满足施工条件。

（3）在工作时，专门设置有安全缆绳与抓斗连接，以控制抓斗的运行方向和位置，保证抓斗处于受控状态。

（4）抓斗工作时，其每次抓土量仅约为核定额的 80%，其重量负荷远远小于设备的设计能力，可确保其运行稳定、安全可靠。

6. 施工成本低

（1）施工过程中主要以抓斗伸入基坑内取土为主，基坑内土方转运无须大量使用挖掘机，机械使用量少。

（2）起重机使用电力驱动，施工功率为 45kW，施工成本低。

（3）在第二道混凝土支撑封闭后，无须反复修筑出土坡道及对坡道加固处理，降低了综合施工成本。施工成本与长臂挖掘机设置出土平台配合挖掘机挖土施工相比，综合成本大大压缩。

7. 节能环保

（1）抓斗起重机采用电力驱动，绿色节能无污染。

（2）采用垂直开挖，避免泥头车驶进施工场地内，大大降低了施工噪声，实现环保施工。

3.1.4　适用范围

1. 适用地层

适用于各类土层开挖，如：人工填土、粉质黏土、砾质黏性土、淤泥质土、淤泥、粉细砂、中粗砂，以及全风化花岗岩、强风化花岗岩的地层土方抓取施工。

2. 适用范围

适用于开挖深度超过 22m 及以上的基坑，最大开挖深度可达 35m；适用于设有 3 道及以上的封闭内支撑的基坑；基坑顶处最小水平距离为 7m 时可采用；可于基坑顶一侧或基坑内支撑板上使用；可用于深基坑坡道收坡土方垂直开挖；对于含水量大的地层，基坑开挖前应进行降水疏干。

3.1.5 施工工艺流程

混凝土支撑支护的深基坑土方采用抓斗起重机垂直开挖施工工艺流程见图3.1-8。

3.1.6 操作要点

1. 钢丝绳抓斗就位

（1）机械安装、调试：钢丝绳抓斗机进场后先在基坑顶安装、调试，安装验收合格后就位于基坑顶一侧。

（2）基坑顶地面硬地化：垂直开挖前对基坑顶地面预先浇筑混凝土，铺设不小于6.0m×6.0m、强度等级C30、层厚300的混凝土，使基坑顶硬地化，以保证基坑顶的荷载控制在安全范围内。基坑顶抓斗机工作范围混凝土面层浇筑情况及工作时状况见图3.1-9、图3.1-10。

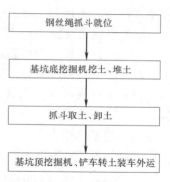

图3.1-8 抓斗起重机垂直开挖施工工艺流程图

图3.1-9 抓斗机就位前混凝土硬地化

图3.1-10 抓斗机在混凝土面层上工作

图3.1-11 钢轨铺设、机械固定、抓斗钢丝绳固定

（3）钢丝绳抓斗安装位置距离基坑边的距离可根据现场情况确定，一般为1.0～2.0m。

（4）钢丝绳抓斗安装时，施展四个液压支腿将机身固定；对于场地条件较差时，可以铺设钢轨，采用千斤顶与钢轨支承，将钢丝绳抓斗的重量合理分布于基坑顶范围，大大减少支护设计对基坑顶的荷载要求，满足施工条件。如图3.1-11所示。

（5）钢丝绳抓摆放点区域选择钢丝绳垂直吊运下方无支撑梁位置，以便于抓斗在垂直吊运时不碰到支撑梁。

（6）基坑边设置安全护栏及安全网，必要时可以采取安全拉结措施，防止起重机侧翻。

（7）钢丝绳抓斗就位后，将其四个液压支腿固定，保证工作时机身的稳定性。

2. 基坑底挖掘机铲土、堆土

（1）基坑底设置挖掘机挖土，基坑底开挖根据开挖深度和支撑施工位置，进行纵向分段、水平分层开挖。

（2）当基坑挖土面积较大时，可设置一台挖掘机进行挖土，另一台挖掘机倒土至基坑一侧堆放，便于抓斗垂直取土，具体见图 3.1-12。

（a）　　　　　　　　　　　　　　　　　　　（b）

图 3.1-12　基坑底挖掘机铲土、堆土

3. 抓斗取土、卸土

（1）钢丝绳抓斗进行基坑土方开挖时，起重机回转至基坑边，通过开闭钢丝绳来打开抓斗垂直下放至基坑底，收拢开闭钢丝绳，将已抓取土方的抓斗闭合，提升支持钢丝绳，整个抓斗被吊起，垂直运输至基坑顶时，机身起重臂及抓斗回转至卸土点，放下开闭钢丝绳，抓斗开斗卸下所抓取的土方；然后起重臂及抓斗再次回转至基坑边，开始下一次取土。抓斗取土、卸土见图 3.1-13。

（a）　　　　　　　　　　　　　　　　　　　（b）

图 3.1-13　抓斗取土、卸土

（2）钢丝绳抓斗与起重臂连接的安全缆绳可控制抓斗在升降及回转过程中不随意幅度旋转，并利用安全缆绳收放调节抓斗与基坑边的距离，以调整抓斗抓土及卸土范围，见图 3.1-14。

（3）钢丝绳抓斗提升时，观察钢丝绳松紧状态，操作服从人员指挥。

(a)　　　　　　　　　　　　　(b)

图 3.1-14　安全缆绳控制抓斗移动时不随意旋转

4. 挖掘机、铲车转运土方装车

（1）基坑顶配置一台挖掘机，将抓斗卸下的土方及时转运至驶进基坑边的泥头车内，也可采用抓斗直接卸土至泥头车内外运，泥头车每车装土方量约 $10m^3$，严禁超高超载。见图 3.1-15。

（2）车辆驶出施工现场时注意清洗，防止渣土污染路面。

（3）在场地较狭窄段，当挖掘机装土困难时，可采用轮式装载机配合转运土方。见图 3.1-16。

图 3.1-15　基坑顶配置挖掘机转运土方

(a)　　　　　　　　　　　　　(b)

图 3.1-16　狭窄段配合铲运机转运土方

3.1.7　质量控制

1. 土方开挖前检查基坑定位放线，合理安排土方运输车的行走路线及弃土场。

2. 在基坑土方开挖前,做好地面排水和降水,加强基坑变形、地下水位下降监测。

3. 土方施工过程中,定期测量和校核基坑平面位置、水平标高,平面控制桩和水准控制点应采取可靠的保护措施,定期复查。

4. 在各道支撑区域内的土方开挖过程中,开挖后随即进行施工内支撑。开挖纵向放坡,开挖坡度不小于 1：2.5,层间设台阶,开挖时坡度应根据每层土体的性质及稳定性状况进行调整,满足挖掘机在其上稳定行走及土方倒运。

5. 每次土方开挖严格控制开挖深度,进行分层、分段、对称开挖;基坑底 30cm 范围内土方采用人工开挖,严禁超挖土体。

6. 土方开挖施工中,严防边壁出现超挖或边壁土体松动;机械开挖将与人工清底相结合,保证基坑底平整、标高符合要求、表面无虚土。

3.1.8　安全措施

1. 本工法需利用起重机钢丝绳垂直吊运抓斗取土,由于起重机重量大,因此,施工前应对基坑顶钢丝绳抓斗安装位置预先进行硬地化处理,并铺设混凝土垫层等方式加固处理;当地层较差时,可考虑铺设钢轨就位,以减小对基坑顶的负荷。

2. 钢丝绳抓斗机械工作基坑周边,经常有人临边作业,基坑周边应安全封闭,设置安全护栏,护栏高度 1.2m,护栏设安全标识,夜间设置红色警示灯。

3. 检查起重机、钢丝绳、抓斗等各部分性能状况,确保正常操作使用;在吊装过程中,设专门司索工进行吊装指挥,作业半径内人员全部撤离作业现场。

4. 钢丝绳抓斗使用前,按规定要求安装,液压系统工作正常,支承点稳固;支承底应混凝土硬地化处理,并计算机械临边作业时工作荷载,保证满足基坑设计对附加荷载的使用要求;机械安装调试完成后,须经检查验收,合格后才可投入现场使用。

5. 施工过程中,对基坑周边附近的市政、自来水、电力、通信等各种地下管线进行定期监测,并制定保护措施和应急预案,确保管线设施的安全。

6. 施工过程中,涉及较多的特殊工种,包括:吊车、泥头车、挖掘机司机及司索工等,必须严格做到经培训后持证上岗,施工前做好安全交底,并持证作业,定机定人操作。挖掘机要有合格证,操作员持证上岗,泥头车有两牌两证,并登记备案;施工过程中做好安全检查,按操作规程施工,保证施工处于受控状态。

7. 钢丝绳抓斗其平面布置、回转范围内应无任何其他影响物,其施工时应不影响基坑支护安全要求;为确保起重机的稳定性均衡起重机配重,设置安全拉结装置固定起重机,防止起重机发生倾覆。

8. 进场的挖掘机、起重机、泥头车必须进行严格的安全检查,机械出厂合格证及年检报告齐全,保证机械设备完好;对抓斗使用的钢丝绳定期进行检查,发生断股或损坏时及时更换。

9. 机械施工区域禁止无关人员进入场地内,挖掘机及起重机工作回转半径范围内在基坑顶、基坑底不得站人或进行其他作业,以防抓斗内松土或块土坠落伤人。

10. 挖掘机操作和泥头车装土行驶要听从现场指挥,所有车辆必须严格按规定的行驶路线行驶,防止撞车。

11. 夜间作业,机上及工作地点必须有充足的照明设施,在混凝土支撑底部及立柱桩周边粘贴反光条；在危险地段应设置明显的警示标志和护栏，主要通道不留盲点。

12. 施工期间，遇大雨、6级以上大风等恶劣天气，停止现场作业，大风天气将吊车、抓斗、旋挖机机械桅杆放水平。

13. 土方采用抓斗垂直抓出基坑后卸至基坑边，土方堆积高度不得超过设计要求，基坑周围地面附加荷载不得超过 20kPa。

14. 抓斗在提升过程中，会出现所抓土的遗漏，下落的土会掉落在支撑梁上，当抓斗所处位置附近支撑梁上堆积泥土较多时，应及时派人清除，以免支撑梁受荷过重影响基坑支撑安全。

15. 钢丝绳抓斗使用电力驱动，现场派专职电工负责用电管理，专门单独设置电箱，电缆架设符合作业要求，做好现场漏电保护工作。

16. 基坑开挖期间，设专职安全员检查基坑稳定，发现问题及时上报有关施工负责人员，便于及时处理；在施工中如发现局部位移较大，须立即停止开挖，做好加固处理，待稳定后继续开挖；如施工过程中发现水量过大，及时增设井点处理。

17. 暴雨天气期间加强基坑监测，发现问题及时汇报各参建单位，会同设计单位做好应急处理。

18. 基坑地下水位较高，开挖土体大多位于地下水位以下时，应采取合理的降水措施，降水时要注意观察基坑周边的建筑物、道路、管线有无变形，并及时汇报。

19. 当操作人员视线处于盲区时，基坑底、基坑顶设置专门人员指挥作业。

20. 钢丝绳抓斗停止工作时，将抓斗安置于专门区域内，防止意外倾倒伤人。

3.1.9 工程应用实例

1. 工程概况

国信金融大厦基坑支护、土石方及桩基工程，场地位于深圳市福田中心区，基坑边线2~3m东侧紧邻市政道路；基坑南侧外为繁忙的商业市政道路，通行车辆多；南侧围墙内场地修筑有五层临时办公楼，楼边与基坑顶距离仅约7m。西侧紧邻在建的中国人寿大厦工地，北侧为三个在建项目共用的临时通道。

本工程拟建建筑物高208m，框架剪力墙结构。基坑大致为矩形，设五层地下室，基坑东西向长约101.8m，南北向宽约50m，基坑周长约302.2m，面积约5149.0m²，开挖深度23.05~24.9m，局部核心筒位置坑中坑开挖深度31.6m，土方开挖约122900m³，其中坑中坑土方约为2150m³。

2. 基坑支护设计情况

因本工程周边较近距离内有2条地铁隧道，为满足对地铁结构的保护要求，基坑支护采用"地下连续墙＋四层钢筋混凝土支撑"方案。本基坑支护地下连续墙共50幅，墙厚1000mm共45幅，东侧墙厚为800mm共5幅，墙深超过30m。内支撑采用对撑、角撑结合方式，除基坑西侧邻近中国人寿基坑处额外布置一道顶层支撑外，坑内从上至下布置四道支撑，支撑下间隔布置钢管混凝土立柱。

顶层支撑梁顶与第一道支撑梁底高差为4.2m，第一、二道支撑梁梁底之间高差为6.2m，第二、三道支撑梁梁底之间高差为5.0m；基坑西侧第三、四道支撑梁梁底之间高差为3.0m，基坑东侧第三、四道支撑梁梁底之间高差为4.5m。各层支撑之间间距逐渐减小。

本工程基坑支护结构及开挖深度范围平面布置见图 3.1-17。

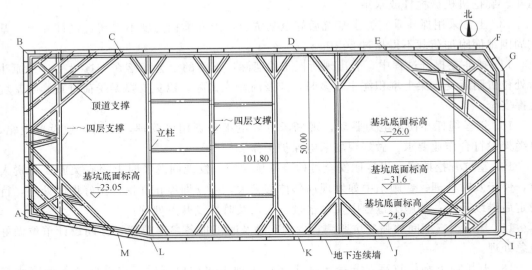

图 3.1-17　基坑支护及开挖深度平面布置图

3. 场地工程地质条件

本工程场地原始地貌单元属新洲河与深圳河冲洪积阶地，分布的地层主要有人工填土层、第四系冲洪积层、残积层，下伏基岩为燕山晚期花岗岩。基坑开挖范围内各岩土层工程地质特征自上而下为：人工填土、粉质黏土、粉细砂、粗砾砂、砾质黏性土、强风化花岗岩。其中基坑土方开挖深度为 23.9～24.9m 范围内，地层开挖至全风化花岗岩层；基坑坑中坑土方开挖深度为 26.9～31.6m 范围内，地层开挖至强风化花岗岩层。

基坑东侧及北侧为例，基坑开挖剖面与各层内支撑对应关系见图 3.1-18。

4. 基坑土方开挖施工情况

本基坑场地狭窄、内支撑层数多且开挖深度大，基坑整体设置 4 道钢筋混凝土支撑，西侧因毗邻中国人寿基坑而设 5 道支撑，开挖深度 23.05～24.9m，局部坑中坑开挖深度 31.6m。

2013 年 10 月开始基坑第一层土方开挖，采用直接大面积开挖形式挖土。基坑第一层土方开挖深度为 5.15m，土方量约为 26517m³，泥土车直接驶进场地内，挖掘机配合挖土后直接装车外运。

2013 年 12 月开始第二层土方开挖，采用留置坡道分段开挖。基坑第二层土方开挖深度为 6.20m，土方量约为 31923m³。根据场地周边环境，前期出土口设置在北侧，并随着基坑下挖设置临时出土坡道。本层土方开挖采用在基坑内从自然地面至第二道支撑设置出土坡道，泥头车驶入基坑内装土外运。

2014 年 3 月下旬开始第三层及以下各层土方开挖，采用基坑边设置抓斗式起重机垂直开挖，基坑顶、底配合挖掘机转运土方。大大提升了土方开挖进度，取得了显著成效。2014 年 8 月中旬完成第三、四、五层土方开挖，90 天内共完成 64516.33m³。

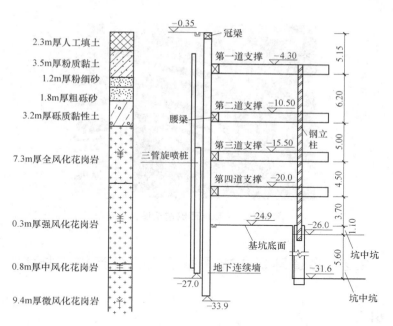

图 3.1-18　基坑支护东侧及北侧剖面图

5. 深基坑垂直出土施工照片 （图 3.1-19～图 3.1-23）

图 3.1-19　第三层土方垂直开挖

图 3.1-20　钢丝绳抓斗取土

图 3.1-21　抓斗垂直吊放至基坑底取土

图 3.1-22　基坑底挖掘机分区挖土、堆土

97

图 3.1-23　基坑西侧挖至设计标高

3.2　多道环形支撑深基坑土方外运施工技术

3.2.1　引言

在采用环形支撑支护的深基坑开挖施工中，当土方开挖采用修筑坡道出土时，下一道土方开挖前每一道支撑必须封闭才能保持基坑侧壁受力均匀，此时基坑出土坡道与支撑梁位置范围的土方需要挖除，在完成环形支撑封闭后，再回填坡道土方恢复坡道出土。而深基坑开挖至下一道支撑梁施工时，随着基坑开挖加深，出土坡道处的土方开挖、回填量加大，势必造成基坑土方开挖重复工作、工程进度缓慢、综合费用高。

近年来，"深圳市福田区博今商务广场——'B107-0009 地块'—项目土石方、基坑支护、基础工程"、"深圳宝安信通金融大厦深基坑支护及土石方工程"及"深圳罗湖区国速世纪大厦深基坑支护、土石方及桩基础工程"等项目施工过程中，开展了"多道环形支撑深基坑土方外运出施工技术"研究，通过在第一、二道支撑梁和第二、三道支撑梁上设置临时钢结构出土柱板挡土结构结构，在第一、二道支撑梁处恢复坡道和第二、三道支撑梁多台阶出土时起挡土作用形成了一套可行的出土柱板挡土结构新技术和工艺，制定了一系列的工艺流程、质量标准、操作规程，形成了相应施工新技术。

3.2.2　工程应用实例

图 3.2-1　基坑土方收坡、收尾施工现场全景

1. 国速世纪大厦基坑支护及土方工程

拟建项目位于深圳市宝安南路与松园西街交汇处西北侧，为商住小区及附属商业裙楼，设 4 层地下室，基坑底绝对标高为 -7.00m，基坑开挖深度为 16.40m，基坑周长约 325m，面积约 5880m^2，土方外运方量约为 100000m^3。

本工程开挖深度较大，周边形势严峻，对变形敏感，且存在较厚的砂层，故支护采用 AB 型咬合桩＋内支撑，支护桩采用直径为 1.2m 的咬合桩，桩间距分别 1.8m 和 1.9m。本项目土方外运采用了"多道环形支撑梁深基坑土方外运施工技术"，开挖效果较好。

基坑开挖施工现场见图 3.2-1。

2. 博今商务广场"B107-0009 地块"项目土石方、基坑支护、基础工程

图 3.2-2　环形支撑挡土柱板土方开挖现场

图 3.2-3　环形支撑挡土柱板基
坑底土方接力开挖现场

图 3.2-4　环形支撑挡土柱板
基坑底土方抓斗收坡现场

3.2.3　工艺原理

1. 工艺原理及技术参数

本工艺原理主要通过在第一、二道支撑梁和第二、三道支撑内环梁上，分别竖向对应焊接骨架槽钢，再在其槽钢立面上满铺焊接薄钢板形成一个柱板整体挡土结构，在第一、二道支撑梁处恢复坡道和第二、三道支撑梁多台阶出土时起挡土作用，以大大减少坡道土方回填量。

（1）挡土结构技术参数或指标：梁间距一般为 5.5～6.5m，在每道环形支撑内预埋

ϕ25 钢筋，间距 500mm；柱板竖向骨架槽钢型号为 [28b～32b，间距 500mm，宽度 84～90mm，与预埋钢筋焊接固定，再在其立面上焊接薄钢板（厚 5mm），三者焊接形成一个整体，形成柱板挡土结构。

（2）出土坡道技术参数或指标：根据设计图纸结合环形支撑的数量，3 道环撑采用 2 次出土坡道。第 1 层（开挖第 2 层土方）垂直距离为 5m，水平距离不宜小于 35m，坡道纵向坡角控制在 8°以内，两侧最大坡率 1：0.6；第 2 层（开挖第 3 层土方）垂直高度控制在 9m 左右，水平距离不宜小于 50m，坡道纵向坡角控制在不大于 10°，两侧最大坡率 1：0.8。

2. 工艺过程

（1）第一层柱板挡土结构制作与安装（图 3.2-5）

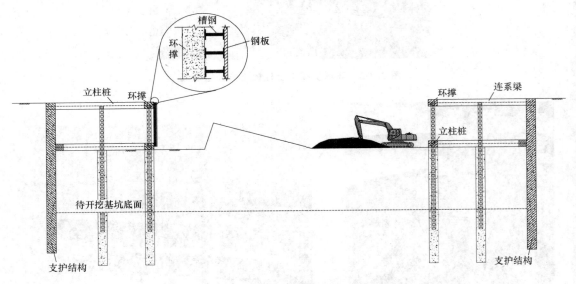

图 3.2-5　第一层柱板挡土结构制作与安装图

（2）回填柱板挡土结构坡道土方，第一次修筑坡道出土（图 3.2-6）

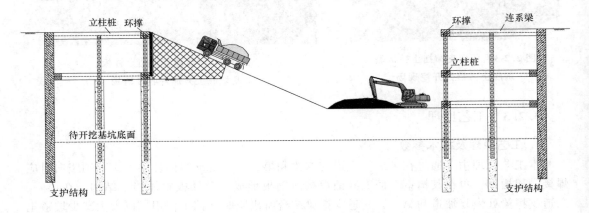

图 3.2-6　第一次修筑坡道出土图

（3）开挖坡道处第二层土方施工支撑梁及挡土结构制作与安装（图 3.2-7）

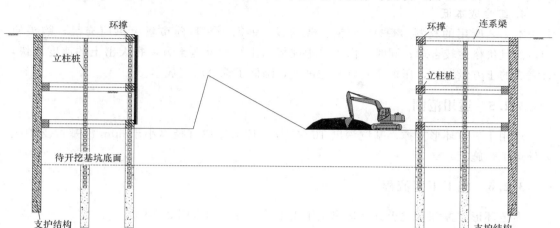

图 3.2-7 开挖坡道处第二层土方施工支撑梁及挡土结构制作与安装图

（4）回填柱板挡土结构坡道土方，第二次修筑坡道出土（图 3.2-8）

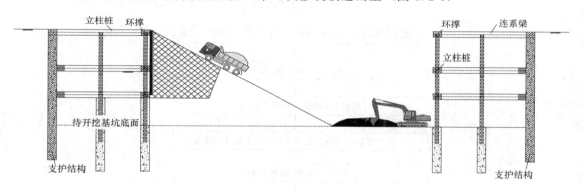

图 3.2-8 第二次修筑坡道出土图

3.2.4 工艺特点

1. 柱板挡土结构加工快捷

本工艺采用的柱板挡土结构采用槽钢和钢板组成，其材料的类型、品种、材质、型号等根据设计人员对现场坡道柱板挡土结构的荷载进行一系列计算确定，挡土结构材料市场容易选购。另外，出土坡道柱板挡土结构采用"骨架槽钢"制作，表面满铺一层 5mm 薄钢板，将骨架槽钢固定在上、下层混凝土支撑梁上。这种柱板挡土结构工艺材料加工简单、施工快捷且安全可靠，大大提高了施工工效。

2. 钢材料可循环使用

环形支撑梁深基坑坡道柱板挡土结构所使用的材料（槽钢、钢板等）可以重复使用，一般可以使用三个及以上项目，大大节省了成本支出。

3. 坡道回填土方量减少，施工速度快

施工完成一道环形支撑后，立即恢复坡道出土，此时只需要回填柱板挡土结构处进入坑内的坡道土体，回填坡道土方工程量减少接近一半，加快了基坑土方开挖进度。

4. 综合成本低

本工艺所用的材料（Q345 槽钢、薄钢板、钢筋等）目前市场上供应充足，购买便利，而且价格比较合理；同时，由于采用柱板挡土结构外运土方，每天出土的速度加快，日完成的土方量增加，压缩了基坑开挖进度，降低了综合施工成本。

3.2.5 适用范围

适用于三道环形支撑、基坑深度 16～20m、环形支撑直径不小于 60m 深基坑支护土方外运工程施工。

3.2.6 施工工艺流程

多道环形支撑深基坑土方外运出土施工工艺流程框图（图 3.2-9）。

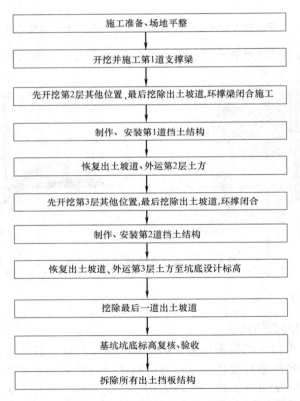

图 3.2-9 多道环形支撑深基坑土方外运施工工艺流程图

3.2.7 操作要点

1. 施工准备、场地平整

（1）首先对场地进行一次全面的测量，主要包括场地控制性测量（红线及边线等）、场地现有标高、第一道支撑梁位置及标高等。

（2）将设备、材料等放置在安全、不影响下一步施工的位置。

（3）重点了解环形支撑深基坑土方外运柱板挡土结构设计图纸及做法要求。

2. 开挖并施工第一道支撑梁

（1）场地平整完成后，进行第一道支撑梁底标高复核，符合要求后施工第一道混凝土支撑梁施工。

（2）第一道支撑梁在浇筑混凝土的同时，选择好出土口，在环形支撑梁的上口处，约12m长一段环形梁上预埋锚固筋，作为下一步坡道柱板转换结构固定用，锚固筋直径$\phi25$、长度500mm、间距500mm、外露部分长约200mm，必须按照设计图纸进行施工。

（3）在环形支撑梁未封闭和混凝土强度未达到设计允许值之前，禁止重型车辆（如挖掘机、泥头车、推土机等）在其上行走和碾压，防止由于未闭合导致混凝土支撑梁变形、扭曲等，影响施工质量，导致安全事故的发生。

（4）支撑梁强度达到设计后，开挖施工第一层土方。

第一道支撑梁施工见图3.2-10。

图 3.2-10　开挖施工第一环形支撑梁板图

3. 先开挖第 2 层其他位置，最后挖除出土坡道，环撑闭合施工

（1）正常情况下，每一道支撑梁分 4 次施工，前 3 段施工完成后，开始挖除出土坡道土体。

（2）开挖第一层土方必须控制好坡度，坡角控制在 8°以内，垂直距离为 5m，水平距离为不宜小于 35m。

（3）坡道土方挖除以不影响支撑梁施工为前提，控制好剩余坡道土体的坡率比、坡高、坡长等参数。

（4）施工第二道支撑梁的同时，按照第一层支撑梁的位置，准确预埋第二层柱板挡土结构的锚固筋。

具体施工见图3.2-11、图3.2-12。

4. 制作、安装第一道挡土结构

（1）坡道柱板挡土结构设计参数

技术参数：柱板长为 5.5～6.0m、宽12m，间距为 500mm。

（2）槽钢骨架焊接加工

将槽钢吊运至加工场地处，将槽钢置于马凳支架上，保持在同一平面上，摆放 2 根槽钢后，根据坡道柱板挡土结构设计图纸，进行骨架槽钢的制作；每根槽钢骨架焊接完成后

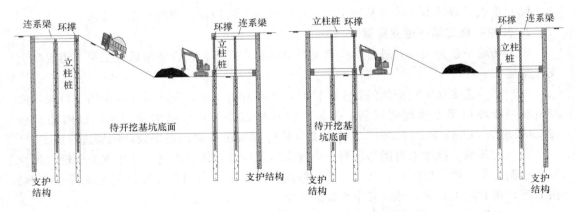

图 3.2-11　第二层支撑梁土方开挖、环撑封闭施工剖面图

图 3.2-12　施工封闭第二道环形支撑梁

进行自检，合格后报专检验收。

（3）吊装设备安装就位

吊运骨架槽钢的设备为起重机，型号 QUY70 型，起重机停靠在坡道出入口环形支撑梁板上，离环形支撑梁边缘 2m 处。

（4）槽钢骨架与支撑梁固定

槽钢骨架通过起吊设备行车后吊至环形支撑内侧相应位置，槽钢骨架通过起吊设备行车后与已预埋的锚筋保持可靠的连接，槽钢骨架通过焊接与预埋锚筋通过焊接进行可靠连接。

（5）钢板面层铺设焊接

在长度为 6m 钢板长边同一侧用焊机割 2 个 φ50 的圆洞，用于起吊钢板；起吊时，保持钢板水平，水平后慢慢转动吊臂至槽钢骨架相应位置，钢板两端应与两侧骨架相对应；位置确定后，先电焊固定，再进行加固焊接处理；焊接完成后，进行全面检查，确保质量合格、安全可靠。柱板转换挡土结构铺设见图 3.2-13～图 3.2-16。

5．恢复回填出土坡道、外运第二层土方

（1）第一道挡土结构完成后，经过监理、业主现场验收合格后，才进行下一道坡道土方回填施工。

（2）在回填坡道土方过程中，应安排专人在挡土结构背面进行 24h 观察，骨架槽钢是否存在变形。

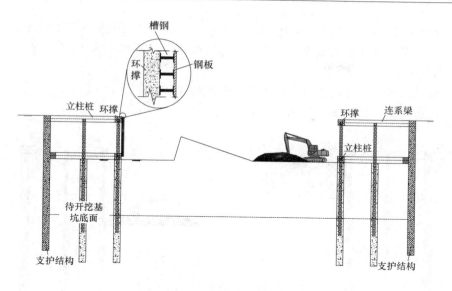

图 3.2-13 柱板转换挡土结构剖面图

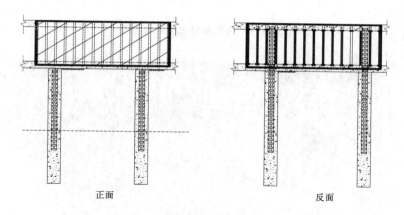

图 3.2-14 一层柱板转换挡土结构正、反立面图

图 3.2-15 柱板挡土结构正面图

图 3.2-16 柱板挡土结构反面图

（3）在继续回填、压实当中，安排专人继续观察槽钢的变形是否趋于稳定。

（4）第二层土方外运坡道坡角不宜过大，角度必须控制在不大于 10°，垂直高度控制在 9m，则水平距离不宜小于 50m。

（5）坡道修筑完成后，坡道两侧应该有防护装置和安全警示灯。

出土坡道恢复见图 3.2-17、图 3.2-18。

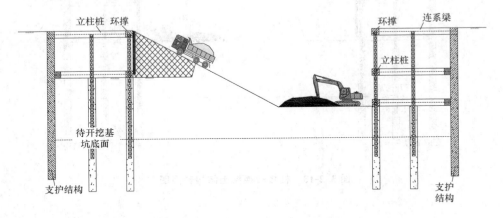

图 3.2-17　恢复回填出土坡道剖面图

图 3.2-18　回填出土坡道实物图

6. 先开挖第 2 层其他位置，最后挖除出土坡道，环撑闭合

（1）先开挖外运距离坡道较远的位置，最后开挖施工坡道位置。

（2）第三道支撑梁施工继续分 4 段进行，坡道附近为最后一个分段，先施工较远位置。

（3）坡道土方开挖至不影响坡道处支撑梁施工为止，确保支撑梁施工人员安全。

（4）尽量控制坡道土方开挖量，不影响施工的尽量不要开挖，节省时间和成本费用。

（5）预埋筋的埋设根据设计要求进行，不得随意，安装时一定要注意间距、外露长度和均匀性。

第三道环形支撑梁情况见图 3.2-19、图 3.2-20。

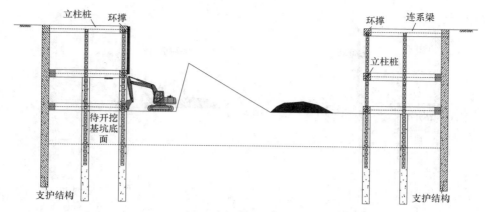

图 3.2-19 开挖坡道处土方施工第三道环形支撑梁剖面图

图 3.2-20 施工第 3 道环形支撑梁

7. 制作、安装第二道柱板挡土结构

（1）坡道柱板挡土结构设计技术参数：柱板长为 5.5～6.0m、宽 18.4m，间距为 500mm；

（2）在吊运槽钢、钢板时，必须安排专人指挥，保证基坑顶与基坑底施工人员步调一致；

（3）吊装在起吊槽钢、钢板时，要缓缓落下，不能左右摆动，防止物体伤及施工人员；

（4）焊接一定要满足规范要求，焊渣应敲掉，焊缝长度和高度必须满足要求。

第二道柱板挡土结构安装见图 3.2-21～图 3.2-24。

8. 恢复出土坡道、外运第三层土方至坑底设计标高

（1）挡土结构焊接完成后，应组织监理、业主及设计人员对柱板挡土结构进行验收，是否按照设计要求进行施工，重点检查槽钢型号、规格、间距以及钢板厚度，与设计文件是否相符。

（2）验收合格后，开挖土体回填恢复坡道出土。坡道底部必须牢固，不能回填含水量较饱和的黏性土。

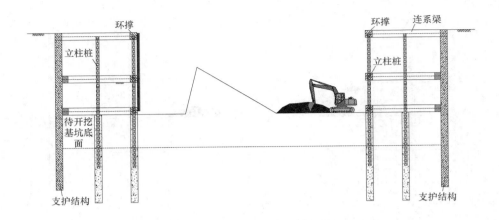

图 3.2-21　制作安装第二道挡土结构剖面图

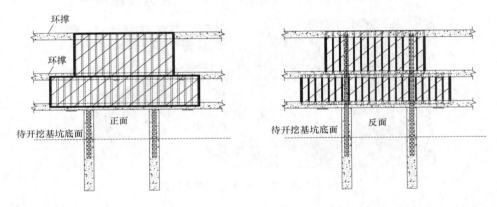

图 3.2-22　二层挡土结构正面、反面图

（3）由于该坡道较高，在回填过程中尽量回填一些碎砖渣、块石，且必须分层压实；

（4）考虑到重型车辆的行驶，为确保安全，在坡面上满铺一层厚 20mm 钢板，且每间隔 200mm 焊接一道 $\phi25$ 钢筋，防止车辆在下雨、潮湿天气发生滑移导致翻倒。

图 3.2-23　安装、焊接第二道挡土结构图

图 3.2-24　安装、焊接后回填坡道部分图

第三层土方坡道见图 3.2-25、图 3.2-26。

图 3.2-25 恢复出土坡道、外运第三层土方剖面图

9. 挖除最后一道出土坡道

（1）整个基坑土方开挖至接近设计标高后，出土逐渐向坡道回收。

（2）运土车辆在施工人员指挥下，沿坡道慢慢倒入坑底，安排专人指挥，确保车辆安全。

（3）如果发现重型泥头车倒入坡道存在安全隐患，可在坡顶装土，坑底采用多级倒运的方式将土倒运到柱板挡土结构边，以便于装土运输。

（4）分级倒运过程中，挖掘机应间隔一定的安全距离，确保挖掘机之间相互不干扰。

图 3.2-26 恢复出土坡道

基坑坡道收坡施工见图 3.2-27、图 3.2-28。

图 3.2-27 挖除最后一道出土坡道剖面图

109

图 3.2-28 挖除最后一道出土坡道实物图

10. 收尾、完成基坑土方开挖外运

（1）根据基坑深度和施工条件，可采用长臂挖机或抓斗完成基坑土方收尾；

（2）预留 200～300mm，确保坑底不被扰动。

基坑最后土方收尾施工见图 3.2-29、图 3.2-30。

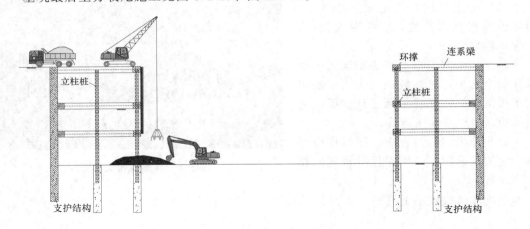

图 3.2-29 土方最后收尾装运剖面图

图 3.2-30 土方长臂挖机收坡现场

110

11. 拆除出土挡板结构

(1) 拆除顺序：严格遵循"后安装先拆除，先安装后拆除"的原则。

(2) 拆除方法：采用氧气切割拆除方法。

(3) 在拆除过程中，采用 QUY70 型吊车配合施工作业人员共同作业拆除。

(4) 在拆除作业时，吊车的起吊钩必须吊住要拆除的构件（钢板、槽钢）等，防止构件（钢板、槽钢）瞬间失去拉力，受重力作业高处坠落砸伤施工作业人员。

(5) 拆除起吊上来的构件按照要求一件一件摆放在基坑坡顶合适位置，不影响施工为宜。

3.2.8 质量控制措施

1. 原材料进场必须具有出厂合格证。

2. 在材料进场之前，必须先报验，经过监理、业主批准后，才能进场。

3. 挡墙骨架槽钢制作前应对槽钢规格、品种、型号、强度及规格尺寸等内容进行检查，是否与设计要求一致。

4. 在环形支撑梁内预埋钢筋，在预埋前也应对其钢筋的大小、长度、型号及品种、种类进行检查。

5. 在焊接过程中应严格要求检查焊口规格、焊缝长度、焊缝外观和质量、骨架及预埋筋定位偏差进行检查。

6. 焊接骨架槽钢以及与预理的钢筋之间的搭接，必须严格按照施工设计图和规范要求。

3.2.9 安全措施

1. 设备系统操作人员经过岗前培训，熟练机械操作性能和安全注意事项，经考核合格后方可上岗操作。

2. 设备系统使用前进行试运行，确保机械设备运行正常后方可使用。

3. 电焊作业严格执行动火审批规定。每台电焊机设置漏电断路器和二次空载降压保护器（或触电保护器），放在防雨的电箱内，拉合闸时戴手套侧向操作，电焊机进出线两侧防护罩完好。

4. 起重机的指挥人员持证上岗，作业时应与操作人员密切配合，执行规定的指挥信号；起吊槽钢骨架，下方禁止站人，待骨架降到距模板 1m 以下才准靠近，就位支撑好方可摘钩。

5. 起吊设备运行前，确保机械设备上和两侧无人，警示铃长鸣 30 秒后，方可按操作规程运行设备。

6. 起吊设备运行时，除操作人员和辅助人员外，其他人员禁止在设备系统 2m 范围内作业或施工。

7. 高空焊接作业人员安装槽钢骨架完全停止后进行，不得在系统设备未完全停止前吊放槽钢骨架。

8. 起吊槽钢骨架时，规格统一，不准长短参差不一，不准一点起吊。

3.3   多道内支撑支护深基坑土方开挖方案优化选择

3.3.1   引言

本节结合深圳地区深基坑出土施工情况，分析了的多道内支撑形式下深基坑土方开挖几种不同的施工技术，综合论述了在不同环境和不同施工方法下各自的施工特点，提出了综合优化选择的方法。

3.3.2   多道内支撑支护形式深基坑土方开挖施工方法

结合深圳地区深基坑施工实践，对于采用多道内支撑支护形式下的深基坑土方开挖方法，主要有六种：临时出土坡道、专用钢筋混凝土出土坡道、专门临时出土栈桥、坑内临时平台接力出土、吊运、垂直开挖等方式。

1. 设置临时出土坡道

（1）工艺原理

利用基坑内土方作为坡道载体修筑一条临时土坡道路，从出土口修至基坑内，根据基坑的长宽比例及开挖深度，采取适当坡比，在坡面铺筑建筑垃圾或钢板，放坡侧面进行喷射混凝土加固。具体见图 3.3-1。

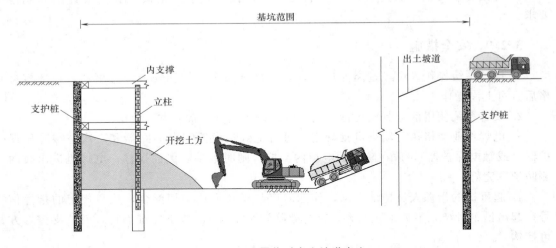

图 3.3-1   设置临时出土坡道出土

（2）施工优缺点

优点：采用此种出土方式，无须额外投入其他辅助机械，利用土方坡道即可解决基坑开挖及外运，简便常见。

缺点：当设置临时出土坡道时，为保证基坑安全，在施工下一道支撑前，必须挖除坡道，完成支撑封闭后再回填坡道。为做到每道混凝土支撑封闭施工，坡道存在多次转换、重复回填、再次分层挖除及支护等工作。而且由于基坑深需设置较长的坡道，坡道放坡占用基坑面积大、时间长，影响基坑底工作面的移交和总体基础工程施工安排。这种出土方法不仅影响施工进度，增加了坡道反复开挖、加固及回填费用。

（3）工程实例

汉国城市商业中心位于深圳市福田区，拟建建筑物塔楼部分高75层，其中地下室5层，建筑高度约330m；本工程基坑开挖深度大部分约23m，基坑周长约350m，基坑采用"钻孔灌注桩＋2道混凝土支撑＋高压旋喷桩止水"支护形式。

本基坑土方开挖在第一层土方采用北侧自然放坡坡道出土，在完成第一道支撑和第二层层土方开挖后，采用坡道转换，即先将东南角一侧的第二道支撑预先完成，再将其回填，将原来的出土北侧挖除，改用东南角一侧作为出土坡道，完成剩余第二层土方开挖，并作为坑底基础工程施工的进出通道。在完成核心筒工程桩后，采取倒边转换方法，将东南侧坡道挖除，再施工坡道处支护和基础工程施工。

采用此种出土方式，为做到混凝土支撑封闭施工，存在坡道二次转换、坡道重复回填、坡道再次分层挖除支护工作；再加之由于基坑深度大，坡道放坡占用基坑面积大、时间长，严重影响工程桩基础施工进度，耗时长、费用高。汉国城市商业中心基坑土方开挖坡道设置，情况见图3.3-2～图3.3-5。

图3.3-2　第一层土方北侧出土坡道、东南角坡道处理

图3.3-3　挖除北侧坡道、封闭第二道支撑

图3.3-4　坡道转换——采用东南侧坡道

图3.3-5　东南侧坡道分层挖除

2. 设置专用钢筋混凝土坡道

（1）工艺原理

在一些复杂环境下的超大、超深基坑工程中，前期基坑支护设计时充分考虑后期土方施工方案，在支撑外延设计专用的桩或者立柱支撑作为竖向支撑而修建钢筋混凝土坡道，作为泥头车进出的通道。具体见图 3.3-6。

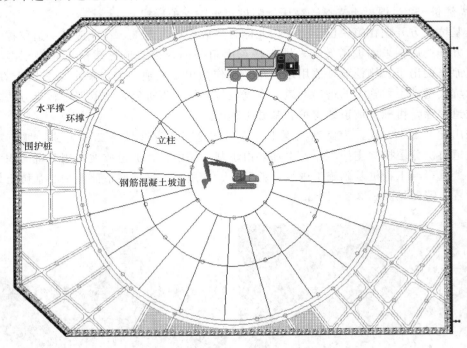

图 3-3-6　设置钢筋混凝土坡道出土

（2）施工优缺点

优点：临时坡道设置不影响基坑多道混凝土支撑施工，坡道的便利通行加快了出土速度，满足了施工工期要求。

缺点：坡道的修筑及拆除成本高、耗时长。

（3）工程实例

平安国际金融中心基坑开挖深度 30.5m，土方开挖量 54.87 万 m³，基坑采用双环形支撑结构，四道钢筋混凝土内支撑。为确保超深基坑出土便利，在基坑支护设计时，充分考虑了出土方案，专门设计钢筋混凝土出土坡道，满足了大体积土方量的开挖、外运。其坡道采用先预打设"钻孔灌注桩＋钢立柱"作为坡道竖向支撑，开挖后浇筑混凝土形成出土坡道。

临时坡道设置不影响基坑多道混凝土支撑施工，坡道的便利通行加快了出土速度，满足了施工工期要求，但其修建需投入数百万元，拆除亦需要耗费近百万元。平安国际金融中心基坑钢筋混凝土坡道设置，见图 3.3-7～图 3.3-10。

3. 设置临时栈桥

（1）工艺原理

为泥头车行驶、运输材料而修建的临时桥梁结构，多采用灌注桩或钢管桩支撑、钢筋混凝土桥面，栈桥一侧搭设在基坑顶出口处，另一侧则支承在基坑土上。栈桥可根据施工

图 3.3-7 基坑出土坡道修筑

图 3.3-8 基坑坡道出土

图 3.3-9 基坑出土坡道延深至坑底

图 3.3-10 基坑坡道坡面

进度逐段加长或拆除。具体见图 3.3-11。

（2）施工优缺点

优点：临时坡道设置不影响基坑多道混凝土支撑施工，坡道的便利通行加快了出土速度，栈桥在基坑内土上延伸修筑可节省一定费用。

缺点：临时栈桥的修筑需要占用时间和投入较大的费用，栈桥在后期逐段拆除后仍需要采用挖掘机接力出土。

（3）工程实例

鼎和大厦项目位于深圳市中心区福华三路和金田路交界处，占地面积 8205.51m²，拟建 46 层、200m 高塔楼，附设 4 层地下室，总建筑面积约 14 万 m²。深基坑周长约 340.5m，面积约 7673m²，开挖深度约 19m。结合现场情况及基坑所处位置，设计采用"支护桩＋3 道混凝土支撑"支护形式，桩间设三管高压旋喷桩止水。鼎和大厦基坑土方开挖采用专门的临时栈桥方案，在首层土方和首层支撑完成后，即采用临时栈桥出土，第二、三道支撑直接进行封闭施工；在基坑开挖至坑底后，采用逐段拆除栈桥，并利用坑底挖土、坑内设倒土平台、桥面直接装车的方法，较好解决了现场出土条件困难环境下基坑开挖，但其临时栈桥的修筑需要占用时间和投入较大的费用。

鼎和大厦基坑栈桥修筑和出土情况见图 3.3-12～图 3.3-15。

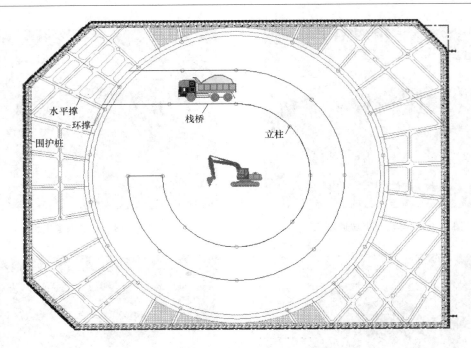

图 3.3-11　设置临时栈桥出土

图 3.3-12　第一层土方设临时坡道出土

图 3.3-13　第二层土方修筑临时栈桥

图 3.3-14　临时栈桥延伸至基坑底

图 3.3-15　临时栈桥出土平台

4. 设置临时堆土平台接力

（1）工艺原理

主要在基坑土方开挖收尾、收坡时采用，作业时在基坑底设置挖掘机挖土，将基坑内土方堆积设置为堆土平台摆放挖掘机，由坑底、堆土平台、坑顶挖掘机装车接力出土，其示意图见图3.3-16。

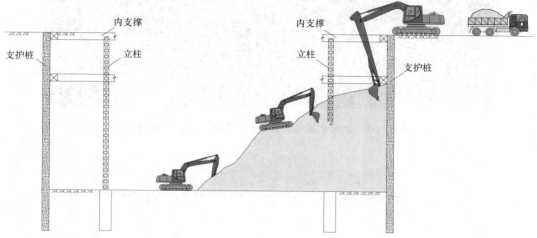

图 3.3-16　设置临时堆土平台接力出土

（2）施工优缺点

优点：可凭挖掘机解决基坑土方开挖。

缺点：堆土平台在基坑占地面积大时，基坑底倒土量大，出土速度较慢；同时，在基坑支撑超过三层及以上时，超出长臂挖机深度范围，剩余的土方出土需要增设多道平台出土，最终土方需采用吊运完成。

（3）工程实例

海岸环庆大厦项目位于深圳市福田区福田南路，本工程基坑面积29103.8m²，设3层地下室，基坑开挖深度16.4m，采用1.0m灌注桩作围护结构，桩间0.8m旋喷桩进行止水。其内支撑结构为钢筋混凝土梁板及钢筋混凝土立柱，基坑内共布置2道混凝土支撑。

本项目基坑土方开挖与支护在完成顶层土方开挖、第一道支撑施工，以及第一、二道支撑间土方前，均采用设置临时坡道出土；在第二道支撑梁封闭后，即采用坑底挖土、坑内设置转运平台、坑顶装土外运方式。基坑出土情况见图3.3-17。

此种出土方式，在基坑占地面积大时，存在基坑底倒土量大，出土速度较慢的弊端。同时，在基坑超过三层及以上时，超出长臂挖机深度范围，最后剩余的土方出土困难。

5. 采用吊运出土

（1）工艺原理

对于特殊复杂条件下的深基坑土方开挖，可在基坑第一、二道支撑完成后，在无法利用坡道情况下，直接采用安装塔吊、升降平台在基坑底装土，吊至坑顶后装车外运，具体见图3.3-18。

（2）施工优缺点

优点：开挖便利，可解决基坑狭窄、支撑密集条件下的土方开挖。

图 3.3-17　基坑底采用坑底挖土、平台转土、坑底运土

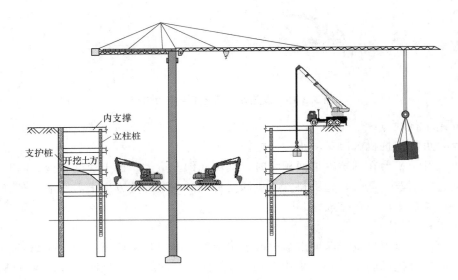

图 3.3-18　基坑吊运出土

缺点：基坑开挖施工时一般情况下总包尚未进场，基坑施工单位安装塔吊使用时间短但费用大，加之塔吊和升降平台均为固定位置出土，安装、使用成本高，难以覆盖基坑全范围，出土范围受限，不利于基坑大面积出土，运土量小、效率低。

（3）工程实例

首座大厦深圳福田彩田南路，基坑深开挖深度 15.6m，基坑支护采用"钻孔桩＋2 道混凝土支撑"形式。基坑在第二道支撑完成后，即采用吊车、塔吊出土。具体情况见图 3.3-19。

6. 采用垂直开挖

（1）工艺原理

在基坑边设置钢丝绳抓斗起重机，利用收、放钢丝绳垂直吊运抓斗在基坑中抓取土方，来实现基坑土方垂直开挖，具体见图 3.3-20。

图 3.3-19　基坑底吊车、塔吊出土

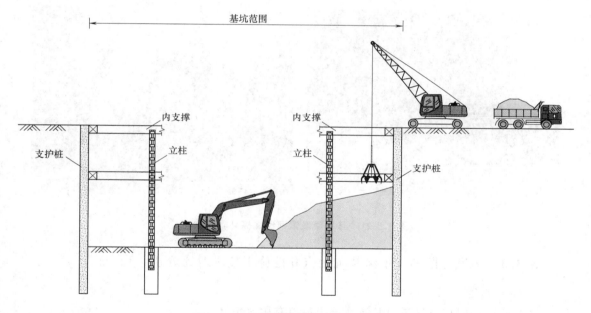

图 3.3-20　钢丝绳抓斗垂直开挖土方

（2）施工优缺点

优点：机械设置简便，开挖便捷，可解决基坑土方开挖。

缺点：基坑顶设置机械增加了基坑顶荷载，需对基坑顶周边路面进行硬化加固，增加了施工成本、占用工期。

（3）工程实例

以国信金融大厦基坑为例。国信金融大厦基坑工程场地位于深圳市福田中心区，南侧为福华路，东侧为民田路。拟建建筑物高 208m，框架剪力墙结构。基坑大致为矩形，设五层地下室，基坑长约 101.8m，宽约 50m，基坑周长约 302.2m，面积约 5149.0m²，开挖深度 23.05～24.9m，局部核心筒位置坑中坑开挖深度 31.6m，土方开挖约 122900m³。

基坑支护采用"地下连续墙＋四道钢筋混凝土支撑"方案。

本工程土方开挖特点是基坑狭窄，支撑密集且支撑道数多，基坑开挖深度大，长边东西向无放坡条件，短边南北方向放坡仅能满足不超过11m深土方开挖。

第一层土方采用直接大开挖，泥头车直接驶进基坑内进行装土外运。第二层土方采用放坡开挖。当土方开挖至坡道处第二道支撑时，除坡道外区域的支撑已全部施工完毕，先挖断出土坡道以进行坡道处支撑施工，实现第二道支撑的全封闭，减少支撑体系的不对称而对基坑产生变形影响。坡道已在第二道支撑施工完毕后挖断，此时基坑距离地面已较高，基坑面积狭窄且支撑体系复杂，无法重新修筑坡道以采用放坡大开挖形式挖土。综合考虑功效、费用、安全等因素，在不放坡情况下进行第三、四、五层及坑中坑土方开挖时，选择在基坑顶设置移动式钢丝绳抓斗，垂直于基坑边开挖。基坑挖土作业时，基坑内设置挖掘机挖土，并在指定位置堆土；钢丝绳抓斗坑内抓取土方，提升钢丝绳抓斗至基坑顶，然后松开抓斗释放土方，再由基坑顶配置的挖掘机将土方转移至停靠于基坑边的泥头车内外运。具体见图3.3-21。

(a)　　　　　　　　　　　　　　　　　(b)

图 3.3-21　基坑顶设置钢丝绳抓斗垂直出土

3.3.3　多道支撑形式下深基坑土方开挖施工技术对比分析

1. 适用范围

（1）设置临时出土坡道：基坑及周边环境有放坡条件。

（2）设置专用钢筋混凝土坡道：周边无放坡条件，且空间范围大的基坑；内支撑道数超过3层及以上；开挖深度超过25m，且土方量大。

（3）设置临时栈桥：周边无放坡条件，且空间范围较大的基坑；内支撑道数超过3层及以上；基坑开挖深度超过20m，且土方量大。

（4）设置临时堆土平台接力出土：周边无放坡空间，空间范围小，开挖深度在20m以内；内支撑道数不超过三道。

（5）采用吊运、升降装置出土：周边无放坡条件；支撑体系复杂、密集；基坑各道内支撑之间垂直空间小。

（6）钢丝绳抓斗垂直出土：适用于开挖深度超过22m及以上的基坑，最大开挖深度达35m；适用于设有3层及以上的封闭内支撑支护的基坑；适用于基坑顶一侧或基坑内支撑板上使用；适用于深基坑坡道收坡土方垂直开挖。

在以上六种施工技术中，设置临时出土坡道适用于开挖之初，范围较局限；设置临时堆土平台接力出土适用于收坡开挖，垂直出土于开挖深度大的收坡。

2. 机械设备配置

（1）临时出土坡道、专用钢筋混凝土坡道、临时栈桥：挖掘机、泥头车。

（2）临时堆土平台接力：长臂挖机、挖掘机、泥头车。

（3）吊运出土：吊车、塔吊、挖掘机、泥头车。

（4）钢丝绳抓斗垂直出土：钢丝绳抓斗起重机、挖掘机、装载机、泥头车。

在以上六种施工方案中，采用吊运、升降装置出土所需机械设备最多，系统结构也较复杂，操作前也需办理一系列申请验收手续；设置临时出土坡道机械设备配置最简便，也较常见，在基坑浅层土方开挖一般会采用。

3. 施工效率

在以上六种施工方案中，设置临时出土坡道、专用钢筋混凝土坡道、临时栈桥，此三种方法都可实现泥头车驶进基坑内装土外运，正常施工单机平均每日可完成 $1500m^3$ 土方开挖；设置临时堆土平台接力出土，单机平均每日可完成 $800m^3$ 土方开挖及外运；采用吊运、升降装置出土，正常施工单机平均每日可完成 $500m^3$ 土方开挖；采用垂直出土正常施工，单机平均每日可完成 $600m^3$ 土方开挖。

4. 经济效益分析

在以上六种施工方案中，设置临时出土坡道最为经济，专用钢筋混凝土坡道、临时栈桥由于需专门搭建坡道和栈桥，其建造和拆除费用较高；设置临时堆土平台接力出土倒土机械费用较高，吊运、升降装置出土速度慢，综合成本偏高；采用钢丝绳抓斗垂直出土可机动布置，综合经济效益明显。

3.3.4　深基坑土方开挖施工技术优化选择

深基坑土方开挖施工方案应确保可行、经济、安全、效率，主要应把握以下几点：

1. 深基坑土方开挖施工方法较多，优化选择的原则是权衡利弊综合选择，每一种施工方案都应与基坑具体施工环境条件、基坑支护结构形式、基坑平面尺寸、机械设备、价格等相适宜。

2. 当基坑及周边环境具备放坡条件时，建议首选采用设置临时出土坡道进行基坑土方开挖及外运。

3. 当基坑总体不具备一坡到底开挖时，应合理布置出土坡道和行驶线路，尽可能在基坑上部第一、二层采用，以提高出土效率和节约成本。

4. 在前期基坑支护设计时，建设单位和基坑支护设计人员应结合基坑土方开挖施工，提前考虑出土坡道设计，并列支适当费用。

5. 当基坑开挖深、土方挖运量大、工期要求紧时，选择设置专用钢筋混凝土坡道或设置临时栈桥可有效解决挖运困难。

6. 在基坑面积狭窄，内支撑道数多且支撑间距密集时，如地铁出入口、风亭、明挖基坑以及面积较小的建筑深基坑，可优选采用抓斗垂直出土方案。

3.3.5　结语

　　深基坑土方开挖施工简单而又繁琐，本节介绍的六种深基坑土方开挖施工技术各具特色和适用范围，优劣显著且优劣互补。在选择和使用时，应遵循"因地制宜"原则，方案没有最好，只有最适宜，可采用选择其中一种进行施工，也可分阶段采取多种施工组合方案，使选用的土方开挖施工方案满足可行、经济、安全的要求。

第 4 章 地下连续墙深基坑支护新技术

4.1 地铁保护范围内地下连续墙成槽综合施工技术

4.1.1 引言

目前，深圳经济特区地铁线穿越城市中心区、道路沿线，在城市交通及其经济建设中发挥出巨大的作用，保障地铁车站及其隧道区间的安全，确保地铁正常运营尤其重要。因此，在地铁周边进行建（构）物施工，特别是在地铁影响范围内进行深大基坑的开挖，地铁管理部门制订了专门的管理规定和控制标准，如：严禁采用冲击振动施工，严格控制地铁的变形和沉降指标等。为使地铁周边建（构）筑物深基坑开挖满足地铁部门的要求，深圳经过施工实践总结，地下连续墙支护形式以其止水效果好、施工速度快、止水支护与结构外墙合一、安全可靠的特点越来越被广泛使用，并取得良好效果。

由于受区域地质条件的影响，深圳地区基岩埋藏深度相对较浅，部分地下连续墙需进入岩层，甚至进入坚硬的微风化花岗石层中，施工极其困难。通常地下连续墙入岩一般采用冲击破岩或双轮铣入岩成槽。冲击入岩是在成槽抓斗施工至岩面后，改换冲击钻机，采用十字冲击锤在槽段内往复多次冲击成孔，以使槽段全断面达到设计要求；冲击过程中，相邻孔位间极易造成孔斜，需要反复纠偏；用方锤修孔成槽，造成冲击成孔速度慢；为满足破岩进度需求，往往形成施工现场冲孔桩机成排列队紧挨施工的场面，给现场安全、工程进度和文明施工管理带来被动。双轮铣成槽机是专门用以在岩层中成槽的专用设备，其具备穿越一定硬度条件下的岩层中成槽的能力，在深圳的个别项目现场得到运用，但其在入坚硬微风化花岗石中仍然会难以顺利成槽，且会在槽段内残留硬岩死角，仍然需要采用冲击配合入岩和修孔。

为确保地铁保护范围内的地下连续墙硬岩成槽施工，又做到不影响地铁线路的正常运营，经过反复研讨和总结，提出了"地下连续墙抓斗成槽、旋挖钻机入岩取芯、方锤冲击修孔、反循环二次清孔"综合施工工艺，取得了显著效果。新的工艺拟在上部土层内采用成槽机抓斗成槽，槽段内入岩采用旋挖钻机分二序孔破岩取芯，对残留的少量硬岩死角采用一字方锤冲击修孔，对槽底的岩石碎块、沉渣采用气举反循环清孔。实践证明，这种组合工艺既突破了微风化坚硬岩层的入岩难题，又避免了入岩成槽施工振动对地铁的不利影响，同时加快了施工进度，降低了施工成本。

4.1.2 工艺特点

1. 成槽速度快

通过现场施工摸索，确立了一套优化的施工工序，先由成槽机抓土至强风化岩层，而后在导墙上定位旋挖钻孔取岩位置，旋挖桩机按二序孔依次取岩，最后由方锤对旋挖施工残留的锯齿状硬岩修孔清理成槽。此配套成槽工艺，主要在成槽机、旋挖钻机、冲击方锤等机械设备的配套，发挥各自机械设备的特长，施工针对性强，成槽速度快。此工艺施工效率为约4天完成一幅槽，是单一采用冲出入岩成槽工艺的4~6倍。

2. 质量有保证

由于施工工期短，槽壁暴露时间相对短，减少了槽壁土体坍塌风险；对岩层处理彻底，地连墙钢筋网片安装顺利；旋挖机岩芯取样完整，能够明显辨识岩石属性，对地层判断准确；对槽底沉渣采用气举反循环工艺，确保孔底沉渣厚度满足设计要求。

3. 施工成本较低

采用此新技术，总体施工速度快，单机综合效率高，机械施工成本相对低；土体暴露时间短，槽壁稳定，混凝土灌注充盈系数小；施工中泥浆使用量及废弃浆渣外量小，减少施工成本；施工过程中主要以旋挖为主，不大量使用冲桩机，机械用电量少。

4. 有利于现场安全文明施工

采用旋挖钻机取芯代替了冲孔桩机破岩，不采用泥浆循环，泥浆使用量大大减少，废浆废渣量小，有利于现场总平面布置和文明施工；采用旋挖钻机入岩取芯，大大提升了入岩工效，减少了冲孔桩机的使用数量，有利于现场安全管理，避免了对地铁设施的影响。

4.1.3　适用范围

1. 适用于地下连续墙入中风化、微风化坚硬岩层施工。
2. 适用于地铁保护范围内地下连续墙中风化、微风化入岩施工。
3. 适用于周边重要建筑物、地下管线分布，不允许使用冲桩机处理的地下连续墙项目。
4. 适用于地连墙成槽机无法抓取厚度较大岩层，工期要求高的场地。

4.1.4　工艺原理

本项工艺技术特点主要表现在四部分，即：一是强风化岩层以上地层的抓斗成槽，二是旋挖钻机分序硬岩取芯，三是方锤修理残留硬岩齿边，四是气举反循环清理槽底沉渣。

1. 强风化岩层以上地层的抓斗成槽技术

（1）成槽抓斗通过导墙导向定位，抓斗在自重下放入槽内，在泥浆护壁基础上，凭自身液压系统作用在槽段内抓土，机械自带垂直度监视仪，同时抓斗两侧设有纠偏板进行过程中纠偏，以达到垂直下挖成槽过程。

（2）抓斗反复在槽段内抓取，直至强风化岩面标高位置。

（3）抓斗将抓取出的地层直接装自卸车运至现场指定位置，集中外运。

地连墙抓斗抓取成槽施工情况见图4.1-1。

2. 旋挖钻机分序硬岩取芯技术

（1）旋挖钻机入岩已越来越成为岩土工

图 4.1-1　地连墙抓斗抓取成槽施工

程界的共识，并广泛用于钻孔灌注桩入岩施工。为突破硬岩施工的困难，我们选用大功率、大扭矩旋挖钻机施工，配套截齿钻斗和筒式钻头，对基岩进行切磨和捞取。

（2）为确保达到旋挖完全取芯，我们对取芯钻孔进行了专门设计，对于厚度800mm、幅宽4m的地连墙，取芯孔布置为：先钻一序孔，即1号、2号、3号、4号共4个直径ϕ800mm的钻孔；而后钻二序孔，即在先钻的4孔间套钻5号、6号、7号共3个钻孔，以最大限度地将硬岩钻取出。

（3）旋挖机钻取岩石时，先采用筒式钻头钻进至基岩面，然后将硬质岩芯取出，再用斗钻将岩渣捞出槽段。

地下连续墙旋挖取芯钻孔布置及硬岩钻取情况见图4.1-2～图4.1-4。

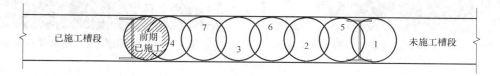

图4.1-2　地下连续墙旋挖取芯钻孔布置及施工顺序

1～4号孔为一序列；5～7号孔为二序列；4m宽，800mm厚墙幅为例

图4.1-3　截齿筒钻钻头硬岩钻芯

图4.1-4　截齿斗钻钻取捞渣

3. 方锤修整槽壁残留硬岩齿边

旋挖机硬岩取芯后，残留的少部分硬岩齿边，会阻滞钢筋网片安放不到位，此时采用冲击方锤对零星锯齿状硬岩残留进行修孔，以使槽段全断面达到设计尺寸成槽要求。冲击修孔时，采取低锤提升冲击，既是防止修孔时偏锤，也是避免对地铁的冲击振动影响。

方锤现场地连墙硬岩修孔情况见图4.1-5。

4. 气举反循环清理槽底岩块、沉渣

旋挖钻取芯、冲击方锤修孔后，如槽段内孔底岩块、岩渣较多，则采用气举反循环清孔。气举反循环清孔的原理是在导管内安插一根长约2/3槽深的镀锌管，将空压机产生的压缩空气送至导管内2/3槽深处，在导管内产生低压区，连续充气使内外压差不断增大，当达到一定的压力差后，则使泥浆在高压作用下从导管内上返喷出，槽段底部岩渣、岩块被高速泥浆携带经导管上返喷出孔口。现场气举反循环清孔情况见图 4.1-6。

图 4.1-5　方锤现场地连墙硬岩修孔情况

图 4.1-6　地下连续墙气举反循环清渣

4.1.5　施工工艺流程

1. 施工工艺流程图

地下连续墙抓斗成槽、旋挖入岩、冲击方锤修孔施工工艺流程见图 4.1-7。

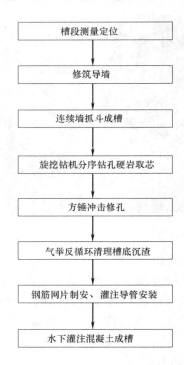

槽段测量定位

修筑导墙

连续墙抓斗成槽

旋挖钻机分序钻孔硬岩取芯

方锤冲击修孔

气举反循环清理槽底沉渣

钢筋网片制安、灌注导管安装

水下灌注混凝土成槽

图 4.1-7　地下连续墙抓斗成槽、旋挖入岩、冲击方锤修孔施工工艺流程

2. 施工工艺原理图

地下连续墙抓斗成槽、旋挖入岩、冲击方锤修孔、反循环清渣施工工艺原理见图 4.1-8。

126

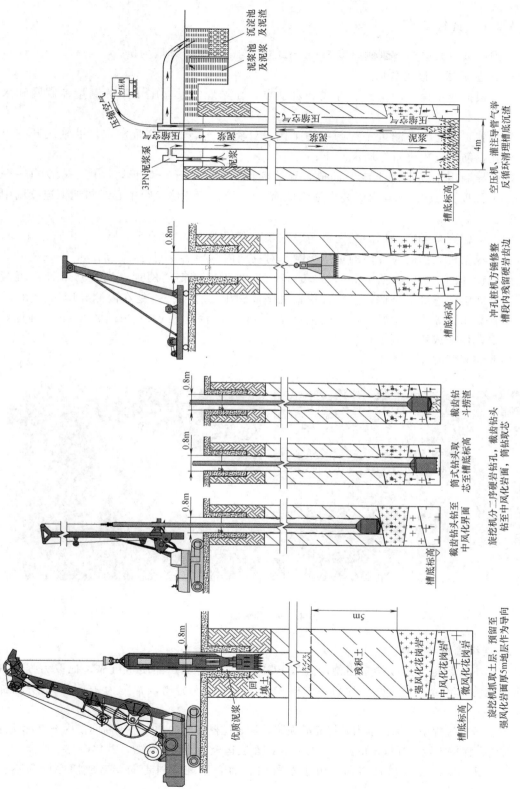

图 4.1-8 地下连续墙抓斗成槽、旋挖入岩、冲击方锤修孔、反循环清渣施工工艺示意图

4.1.6　操作要点

以国信金融大厦项目东侧厚度 800mm、幅宽 4m 地下连续墙为例。

1. 测量放线、修筑导墙

（1）根据业主提供的基点、导线和水准点，在场地内设立施工用的测量控制网和水准点；

（2）施工前，专业测量工程师按施工图设计将地连墙轴线测量定位，沿轴线开挖土方，绑扎钢筋，支模浇筑导墙混凝土；

（3）导墙用钢筋混凝土浇筑而成，导墙断面一般为"┓ ┏"形，厚度一般为 150～200mm，深度为 2.0m，其顶面高出施工地面 100mm，两侧墙净距中心线与地下连续墙中心线重合。

（4）考虑到东侧需采用旋挖钻机槽段内硬岩钻孔取芯，由于 SANY420 机重达 145t，为防止旋挖钻机工作时对导墙的重压影响，对场地内侧导墙专门进行了加固，一是将导墙内侧由原设计的 1.2m 加宽至 3m，厚度 15cm，加设二道钢筋网片、浇筑 C30 商品混凝土，与导墙内侧连成为一体，形成旋挖钻机坚固施工工作面；二是在内侧导墙边预留孔，施打单管高压旋喷桩，单管高压旋喷桩直径 ϕ500mm、深度 8m、桩边间距 30cm，确保导墙的稳定，保证成槽顺利进行。

导墙加固情况见图 4.1-9。

(a)　　　　　　　　　　　　　　　　　　　*(b)*

图 4.1-9　导墙加固

2. 连续墙抓斗成槽

（1）本项目地下连续墙采用德国宝峨 BG34 型抓斗，其产品质量可靠，抓取力强，其每抓宽度约 2.80m，可在强风化岩层中抓取成槽；东侧入岩槽段幅宽为 4m，成槽分两抓完成。

（2）挖槽过程中，保持槽内始终充满泥浆，随着挖槽深度的增大，不断向槽内补充优质泥浆，使槽壁保持稳定；抓取出的渣土直接由自卸车装运至场地指定位置，并集中统一外运。

（3）抓槽深度至强风化岩面，由于槽段内岩面有出现倾斜走向，造成槽底标高不一致，使得在后期旋挖机的钻头直接作用在斜岩面上，容易造成钻孔偏斜，处理较为困难。经摸索总结，采取了妥善的处理措施，即：在岩面以上成槽机预留 5m 残积土和强风化岩不抓取，所留土层用于旋挖机成孔过程中起导向作用，通过土层对钻杆的约束，保证其成孔的垂直度。

（4）抓斗提离槽段之前，在槽段内上下多次反复抓槽，以保证槽段的厚度满足设计要求，以免旋挖钻头无法正常下入至槽底。

（5）抓斗成槽过程中选用优质膨润土造浆，设置泥浆循环、净化系统，始终保持槽段内泥浆面标高位置和良好性能；现场备足泥浆储备量，以满足成槽、清槽需要，以及失浆时的应急需要。

地连墙抓斗抓取成槽施工、泥浆循环系统见图 4.1-10、图 4.1-11。

图 4.1-10　地连墙抓斗抓取成槽施工情况　　　　图 4.1-11　地连墙泥浆循环系统

3. 旋挖钻机分序钻孔硬岩取芯

（1）抓斗抓取至槽底一定标高后，即退出槽位，由旋挖钻机实施入岩取芯。

（2）旋挖钻孔按二序施工，入岩钻孔布置见图 4.1-12；先施工平面位置上的 1～4 号钻孔，再施工 5～7 号钻孔，以便最大限度地将硬岩取出槽孔。

（3）旋挖钻孔前，在导墙上做好孔位中心标记，并用钢筋在槽段上做好标识，以便准确入孔钻岩。

（4）旋挖钻机在入岩之前，先采用旋挖钻斗取土成孔，完成土层及强风化岩钻孔；钻至中风化岩层面时，改换截啮钻筒破岩取芯。

（5）旋挖钻机钻取硬岩时，采用低速慢转，防止钻孔出现偏斜，特别是在施工第二序钻孔时，防止偏孔。

（6）旋挖钻筒钻至设计入岩深度或标高后，将岩芯直接取出，再改用捞渣钻斗捞取孔内岩块、岩渣，注意调整好泥浆黏度，增强钻渣的悬浮能力，尽可能清除孔底岩块岩渣。

（7）旋挖钻机入岩取芯完成后，在槽段范围内多次往返下钻，尽可能将硬岩钻取出槽段，以减少方锤修孔量。

旋挖钻孔定位、土层钻斗钻孔、硬岩截啮钻筒破岩及钻斗取芯等情况见图 4.1-12～图 4.1-16。

图 4.1-12　旋挖钻孔定位

图 4.1-13　钻斗

图 4.1-14　旋挖钻头钻至硬岩面刮痕

图 4.1-15　硬岩钻进旋挖筒式钻头

图 4.1-16　钻筒取出地连墙 DLQ22 幅岩芯

4. 方锤冲击修孔

（1）由于旋挖钻机在取芯时钻孔间会有残留啮状硬岩，使得钢筋网片无法安放到位，因此，旋挖钻机入岩取芯后，需用方锤冲击修孔。

（2）方锤修孔前，准确探明残留硬岩的部位。

（3）方锤下入前，认真检查方锤的尺寸，尤其是方锤的宽度，要求与槽段厚度、旋挖钻孔直径基本保持一致。

（4）方锤冲击修孔时，采用重锤低击，一方面避免方锤冲击硬岩时斜孔，另一方面减小对地铁的振动。

（5）方锤修孔时间过长时，需及时提钻，检查方锤的损耗情况；如果方锤宽度偏小，需及时进行修复，防止修孔时出现上大下小的情况，影响钢筋网片的顺利安放。

（6）方锤修孔时，基本保持一致的提升高度，切忌随意提高冲程，防止冲程过大硬岩卡锤。

（7）方锤冲击修孔过程中，采用正循环泥浆循环清孔，将岩渣携出槽底，以保证冲击成孔进度。

（8）修孔完成后，对槽尺寸进行量测，以保证修孔到位。

具体见图 4.1-17、图 4.1-18。

图 4.1-17　冲孔桩机槽内方锤硬岩修孔

图 4.1-18　槽段内冲击修孔方锤

5. 气举反循环清理槽底沉渣

（1）方锤修孔完成后，及时采用地下连续墙抓斗下至槽段内抓取出槽底岩块、岩渣，如果槽内沉渣过多过厚，则进行泥浆循环清理槽底沉渣。

（2）本项目槽段清孔采用气举反循环方式，空压机选择 $9m^3/min$，清孔效果不佳，后改为 $12m^3/min$ 空压机，清孔效果明显。

（3）由于槽段幅宽为 4m，在气举反循环清孔时，同时下入另一套孔内泥浆正循环设施，防止岩渣、岩块在槽侧堆积，有效保证清孔效果。

（4）在清渣过程中，同时进行槽段换浆工作，保证泥浆的指标和沉渣满足设计要求。

（5）清渣完成后，检测槽段深度、厚度、槽底沉渣硬度、泥浆性能等，并报监理工程师现场验收。

6. 钢筋网片制安、灌注导管安装

（1）地下连续墙的钢筋网片按设计图纸加工制作。

（2）制作场地硬地化处理，主筋采用套筒连接，接头采用工字钢，钢筋网片一次性制作完成。

（3）钢筋网片制作完成后，检查所有钢筋型号及尺寸、预埋钢筋、预埋件、连接器等的规格、数量及位置，并报监理工程师验收。

（4）钢筋网片采用吊车下入，最大吊装量超过 30t，吊装前编制专项吊装方案，报专家评审通过后实施。现场吊装采用 1 台 150t、1 台 80t 履带吊车多吊点配合同时起吊，吊离地面后卸下 80t 吊车吊索，采用 150t 吊车下放入槽。

（5）在吊放钢筋笼时，对准槽段中心，不碰撞槽壁壁面，不强行插入，以免钢筋网片

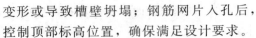
图 4.1-19 钢筋网片 2 台吊车起吊

变形或导致槽壁坍塌;钢筋网片入孔后,控制顶部标高位置,确保满足设计要求。

(6)钢筋网片安放后,及时下入灌注导管;灌注导管按要求下入 2 套导管,同时灌注,以满足水下混凝土扩散要求,保证灌注质量。

(7)灌注导管下放前,对其进行泌水性试验,确保导管不发生渗漏;导管安装下入密封圈,严格控制底部位置,并设置好灌注平台。

钢筋网片起吊、安放入孔、灌注导管安装等情况见图 4.1-19~图 4.1-21。

图 4.1-20 钢筋网片入槽

图 4.1-21 灌注导管安放

7. 水下灌注混凝土成槽

(1)灌注槽段混凝土之前,测定槽内泥浆的指标及沉渣厚度,如沉渣厚度超标,则采用气举反循环进行二次清孔;槽底沉渣厚度达到设计和规范要求后,由监理下达开灌令灌注槽段混凝土。

(2)灌注混凝土采用商品混凝土,满足防渗要求,坍落度为 180~220mm。

(3)槽内安设 2 台套灌注导管,同时进行初灌,初灌斗为 2.5m³,混凝土罐车直接卸料至灌注料斗。

(4)由于灌注混凝土量大,施工时需做好灌注混凝土量供应、现场调度等各项组织工作,保证混凝土灌注连续进行。

(5)在水下混凝土灌注过程中,每车混凝土浇筑完毕后,及时测量导管埋深及管外混凝土面高度,并适时提升和拆卸导管;导管底端埋入混凝土面以下一般保持 2~4m,不大于 6m,严禁把导管底端提出混凝土面。

(6)混凝土在终凝前灌注完毕,混凝土浇筑标高高于设计标高 0.8m。

现场灌注混凝土见图 4.1-22。

图 4.1-22 地下连续墙双导管灌注水下混凝土

4.1.7 主要配套机械设备

根据施工需要，本技术所使用的配套机械设备主要包括：地连墙抓斗（成槽）、旋挖机（入岩取芯）、冲击方锤（修孔）、空压机（气举反循环清底）等，按单机配备其主要施工机械设备配置见表 4.1-1。

地连墙抓斗成槽、旋挖取芯、方锤修孔、反循环清渣工艺主要机械设备表

表 4.1-1

序号	设备名称	型号	数量	备 注
1	成槽抓斗	宝峨 BG34	1台	抓土成槽
2	旋挖机	SANY SR420Ⅱ	1台	硬岩钻孔分二序入岩取芯
3	冲桩机	5t	2台	起吊方锤对地下连续墙修孔
4	方锤	800×1500	2个	冲碎槽内残留硬岩
5	吊车	260t 履带吊	1台	起吊钢筋网片、钻具吊装、起拔护筒、
		80t 履带吊	1台	混凝土灌注、现场辅助作业等
6	空压机	12m³/min	1台	气举反循环清孔
7	泥浆泵	3PN	1台	冲击方锤修孔正循环清渣
8	灌注导管	直径 280mm	80m	灌注水下混凝土
9	灌注斗	2.5m³	2个	灌注混凝土，二套导管同时灌注
10	泥头车	华菱	1辆	场内抓斗成槽泥土转运
11	挖掘机	CAT20	1台	场地清理、挖导槽土方
12	电焊机	BX1	6台	制作钢筋网片

4.1.8 质量控制

1. 严格控制导墙施工质量，重点检查导墙中心轴线、宽度和内侧模板的垂直度，拆模后检查支撑是否及时、正确。

2. 抓斗成槽时，严格控制垂直度，如发现偏差及时进行纠偏；液压抓斗成槽过程中，

选用优质膨润土针对地层确定性能指标配置泥浆，保证护壁效果；抓斗抓取泥土提离导槽后，槽内泥浆面会下降，此时应及时补充泥浆，保证泥浆液面满足护壁要求。

3. 认真督促检查成槽过程中的泥浆质量，检测成槽垂直度、宽度、厚度及沉渣厚度是否符合要求。

4. 为进一步保证旋挖桩机入硬岩的效果，抓斗成槽深度控制在距岩面约 5m 左右，预留的钻孔厚度作为旋挖桩机钻孔导向，以控制旋挖入岩的垂直度。

5. 旋挖钻机钻孔硬岩取芯过程中，加强对入岩取芯钻孔孔位点的控制，以确保钻位准确定位；旋挖钻先从岩面较高部位施工，后施工岩面较低部位。

6. 旋挖桩机钻孔至中风化或微风化岩面时，应报监理工程师、勘察单位岩土工程师确认，以正确鉴别入岩岩性和深度，确保入岩深度满足设计要求。旋挖处理入岩过程中，始终保持泥浆性能稳定，确保泥浆液面高度，防止因水头损失导致塌孔。

7. 旋挖钻机入岩取芯至设计标高后，调用冲桩机配方锤进行槽底残留硬岩修边，将剩余边角岩石清理干净；冲桩过程中，重锤低击，切忌随意加大提升高度，防止卡锤；同时，由于硬岩冲击时间较长，如出现方锤损坏或厚度变小，及时进行修复，防止槽段在硬岩中变窄，使得钢筋网片不能安放到位。

8. 方锤修孔完成后，对槽段尺寸进行检验，包括槽深、厚度、岩性、沉渣厚度等，各项指标必须满足设计和规范要求。

9. 方锤修孔完成后，如槽底沉渣超过设计要求，则采用气举反循环进行清渣，确保槽底沉渣厚度满足要求。

10. 地下连续墙钢筋网片制作按设计和规范要求制作，严格控制钢筋笼长度、厚度尺寸，以及预埋件、接驳器等位置和牢固度，防止钢筋入槽时脱落和移位。

11. 钢筋笼制作完成后进行隐蔽工程验收，合格后安放；地连墙钢筋网片采用 2 台吊车起吊下槽，下入时注意控制垂直度，防止刮撞槽壁，满足钢筋保护层厚度要求。下放时，注意钢筋笼入槽时方向，并严格检查钢筋笼安装的标高，钢筋笼入槽时应用经纬仪和水平仪跟踪测量，确保钢筋安装精度；检查符合要求后，将钢筋笼固定在导墙上。

12. 槽段混凝土采用水下回顶法灌注，采用商品混凝土，设 2 台套灌注管同时灌注；初灌时，灌注量满足埋管要求；灌注过程中，严格控制导管埋深，防止堵管或导管拔出混凝土面。

13. 每个槽段按要求制作混凝土试块，严格控制灌注混凝土面高度并超灌 80cm 左右，以确保槽顶混凝土强度满足设计要求。

14. 施工过程中，严格按设计和规范要求进行工序质量验收，派专人做好施工和验收记录。

4.1.9　安全措施

1. 本工艺需利用旋挖桩机入槽段钻孔，由于旋挖桩机重量大，超出正常导墙的承受能力。因此，施工前应对导墙及旋挖机作业工作面进行加宽、加厚混凝土面，增加旋喷桩，铺垫厚钢板等方式加固处理，防止施工过程中出现导管坍塌、作业面沉降等。

2. 抓斗成槽过程中，注意槽内泥浆性能及泥浆液面高度，避免出现清水浸泡、浆面下降导致槽壁坍塌现象发生。抓斗出槽泥土时，转运的泥头车按规定线路行驶，严格遵守场内交通指挥和规定，确保行驶安全。

3. 旋挖机钻孔硬岩取芯过程中，加强对导墙稳定的监测和巡视巡查，发现异常情况及时上报处理。

4. 钢筋网片一次性制作、一次性吊装，吊装作业成为地连墙施工过程中的重大危险源之一，必须重点监控，并编制吊装安全专项施工方案，经专家评审后实施。吊装时，严格按吊装方案实施；同时，检查吊车的性能状况，确保正常操作使用；在吊装过程中，设专门司索工进行吊装指挥，作业半径内人员全部撤离作业现场。

5. 当出现槽壁坍塌现场时，必须先将挖槽机提出地面，避免发生被埋事故。

6. 施工过程中，对连续墙附近的市政、自来水、电力、通信等各种地下管线进行定期监测，并制定保护措施和急预案，确保管线设施的安全。

7. 施工期间，遇大雨、6级以上大风等恶劣天气，停止现场作业，大风天气将吊车、抓斗、旋挖机机械桅杆放水平。

8. 液压抓斗成槽、冲击方锤修孔时，经常检查钢丝绳使用情况，掌握使用时间和断损情况，发现异常，及时更换，防止断绳造成机械或孔内事故。

9. 成槽后，必须及时在槽口加盖或设安全标志，防止人员坠入。

4.1.10 工程应用实例

1. 工程概况

国信金融大厦基坑支护、土石方与桩基工程由国信证券投资兴建，位于深圳市福田中心区，占地面积5149m²，场地南侧为福华路，东侧为民田路；南侧紧邻地铁1号线，东侧紧邻地铁3号线最近距离仅6.352m。拟建建筑物高208m，框架剪力墙结构；基坑周长302.2m，设四层地下室，开挖深度23.05～31.60m，基坑支护安全等级为一级。施工内容包括：基坑地下连续墙支护、工程桩基础施工、土方开挖。

2. 基坑支护设计情况

基坑支护设计采用"地下连续墙 + 混凝土内支撑"方式，地下连续墙不仅作为基坑开挖的支护结构，还作为地下室承重外墙一部分。在东侧、南侧靠近地铁一侧施加一排高压旋喷桩和一排摆喷桩，施工工序上要求先施工旋喷桩，再施工地下连续墙，以防止地下连续墙成槽塌孔造成对地铁设施的影响。连续墙共50幅，墙厚1000mm共45幅，其中北侧入岩3幅；东侧受通信管线影响，墙厚变更为800mm，共5幅。地下连续墙设计嵌固基坑底以下9m，或以进入中风化岩不少于3m控制；地连墙间接头采用12mm厚工字钢接头，墙体采用C30、P8水下商品混凝土；地连墙墙底允许沉渣厚度不大于100mm，墙体垂直度允许偏差为1/300。

基坑支护平面布置图见图4.1-23，入岩段地下连续墙分布位置见图4.1-24，基坑支护东侧地下连续墙与地铁的相对位置关系见图4.1-25。

3. 场地地层分布情况

拟建场地原始地貌单元属新洲河与深圳河冲洪积阶地，场地地势平坦，地层自上而下主要为：人工填土、粉质黏土、中粗砂、砾质黏性土，下伏基岩为燕山晚期花岗岩。场地内基岩起伏状态为西低东高，南低北高，基坑底位于砾质黏性土层中，地下连续墙墙底分别位于强风化、中风化和微风化岩中，主要入岩地下连续墙在东侧、北侧，共计 10 幅。

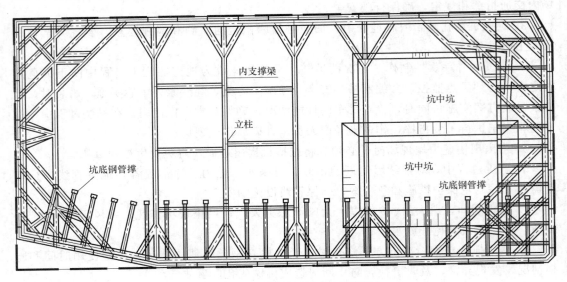

图 4.1-23　基坑支护平面布置图

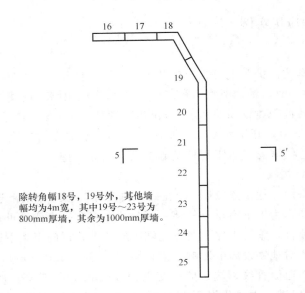

除转角幅18号，19号外，其他墙幅均为4m宽，其中19号～23号为800mm厚墙，其余为1000mm厚墙。

图 4.1-24　入岩段地下连续墙位置图

　　场地地下连续墙施工遇到的主要工程地质问题表现为填土、中粗砂层的塌孔，以及中、微风化岩石入岩，微风化饱和单轴抗压强度平均值达到 92.3MPa。场地东侧、北侧 10 幅入岩地下连续墙剖面图、地层分布情况见图 4.1-26。

　　4. 入岩地下连续墙施工情况

　　开工时，按施工总体部署，先进行基坑支护地下连续墙施工。为保护地铁安全，基坑东侧、南侧的地下连续墙施工前，必须先施工高压旋喷桩、高压摆喷桩，以保护地铁免受连续墙塌孔的影响；2013 年 3 月，基础工程桩开始施工，开动一台 SANY SR420Ⅱ旋挖桩机。

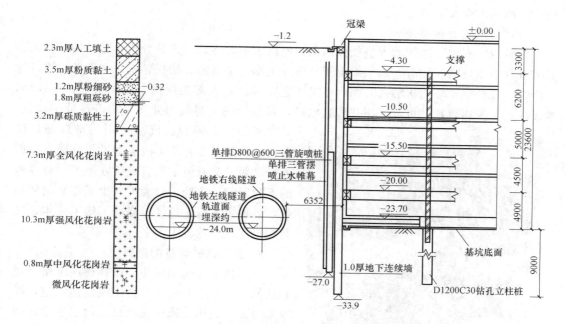

图 4.1-25 基坑支护东侧入岩段地下连续墙剖面图

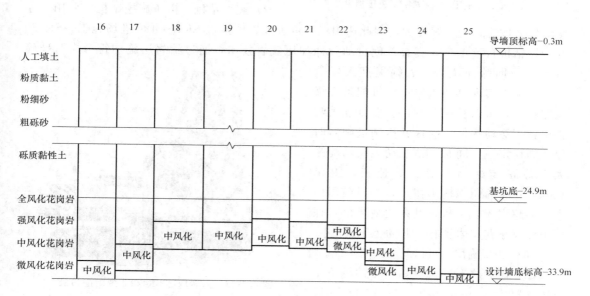

图 4.1-26 入岩段地下连续墙地质剖面图

（1）北侧远离地铁范围地下连续墙入岩施工情况

先期施工距离地铁较远的北侧入岩墙施工，墙厚度设计为 1000mm，标准幅宽 4m，设计墙深 33.6m，入中、微风化花岗岩 3m 终孔。先用成槽机挖至强风化岩面，而后选用冲桩机入岩，用冲击锤破岩成孔，再用方锤修孔的方式成槽，泥浆正循环将底部沉渣吸取。槽段共设置二序冲桩孔共 8 个，冲击入岩过程中形成斜孔，纠偏时间长，造成上部土体开槽暴露时间长，中部砂层及下部全风化层引起塌孔，在冲桩入岩第 12 天时将槽段回填，造成施工极其被动。

（2）新工艺的应用

针对该工程地下连续墙入坚硬微风化岩厚度大的特点，在充分分析、总结冲桩机入岩成槽过程中出现的问题后，总结提出了"抓斗上部土层成槽、旋挖钻机入岩取芯、方锤冲击修孔、气举反循环二次清孔"综合施工工艺，即：在上部土层内采用成槽机抓斗成槽，槽段内入岩采用旋挖钻机分二序孔破岩取芯，对残留的少量硬岩死角采用方锤冲击修孔，对槽底的岩石碎块、沉渣采用气举反循环清孔。这种组合工艺既突破了微风化坚硬岩层的入岩难题，又避免了入岩成槽施工振动对地铁的不利影响，旋挖入岩大大减少了泥浆的使用量，既加快了施工进度，降低了施工成本，又有利于实现绿色施工。

5. 主要机械设备的选择

（1）地下连续墙抓斗：选择德国宝峨公司制造的 GB34 液压抓斗，其机械性能稳定，抓取能力强，适用于强风化及以上地层连续墙施工。机械现场施工照片见图 4.1-27。

图 4.1-27　德国宝峨 GB34 液压抓斗

（2）旋挖钻机：由于旋挖钻机主要用于连续墙硬岩取芯，硬岩强度大，因此选用三一重工入岩旋挖机 SR420 II 型进场施工。SR420 II 旋挖钻机自重 145t，具有首创自动脉冲加压破岩技术，通过给岩层施加符合岩石破碎机理的周期脉冲压力，大幅提高入岩效率，并最终实现自动入岩；钻机配备五级减振技术，可以实现全方位、多维度吸收钻机施工振动频率，确保钻机钻进硬岩时保持高稳定性；同时，钻机动力头功能强大，配备有 3 组马达、减速机，提供 420kN·m 的超强输出扭矩，是目前国内生产的超强入岩钻机，其入岩效果好，保证了微风化花岗岩钻孔取芯的施工进度。

SR420 II 型旋挖钻机情况见图 4.1-28。

（3）硬岩修孔冲桩机：由于冲桩机主要用于厚度 800mm 和 1000mm 的地连墙

图 4.1-28　入岩取芯 SR420 II 型旋挖钻机

修孔，方锤重量轻，本项目选择 5t 机进场，可以满足冲击修孔提升能力。

（4）吊车：吊车主要用于地下连续墙起吊安装，本项目地下连续墙最深 33.5m，为确保安全起吊，经钢筋网片吊装计算，需由 150t、80t 吊车施工。实际施工过程中，由 260t 吊车主吊，80t 吊车副吊，主吊能力强，现场移动距离少，有利于安全操作。

（5）空压机：在旋挖桩机入岩取芯、冲桩机方锤修孔完成后，为确保地边墙槽底沉渣满足设计和规范要求，采用气举反循环进行清渣。考虑至槽深和断面厚度，经现场测试，选用 12m³/min 空压机能满足清槽要求。

6. 基坑支护桩检测情况

地下连续墙达到养护龄期后，经过槽段开挖、声测管检测、抽芯检测，以及地下连续墙槽段混凝土试块试压，检测结果表明：混凝土完整性、混凝土强度、槽底沉渣等全部满足设计和规范要求，得到设计单位、业主和监理相关好评。

4.2 地下连续墙硬岩大直径潜孔锤成槽施工技术

4.2.1 引言

在采用地下连续墙支护形式的深基坑工程施工中，有些场地基岩埋藏深度较浅，部分地下连续墙需进入岩层深度大，甚至进入坚硬的微风化花岗岩层中，施工极其困难。目前，地下连续墙入岩方法一般采用冲击破岩，对于幅宽 6m、入岩深度 6m 的地下连续墙成槽施工时间可长达 20～30 天，且施工综合成本高。针对入硬岩地下连续墙施工的特点，结合现场条件及设计要求，开展了"地下连续墙深厚硬岩大直径潜孔锤成槽综合技术"研究，形成了"地下连续墙深厚硬岩大直径潜孔锤成槽综合施工工艺"，即采用大直径潜孔锤槽底硬岩间隔引孔、圆锤冲击破除引孔间硬岩、方锤冲击修孔、气举反循环清理槽底沉渣，较好解决了地下连续墙进入深厚硬岩时的施工难题，实现了质量可靠、节约工期、文明环保、高效经济目标，达到预期效果。

4.2.2 工程应用实例

1. 项目概况

长沙市轨道交通 3 号线一期工程 SG-3 标清水路（中南大学）站项目位于岳麓区清水路与后湖路交叉路口处，车站全长 211.6m，主体结构形式为地下二层岛式车站，基坑深约 16.71～18.31m，采用明挖法施工，基坑围护结构采用地下连续墙结合三道内支撑的形式，共设置 800mm 厚的地下连续墙 86 幅。

2. 地下连续墙设计情况

本项目地下连续墙厚 800mm，标准幅宽主要为 6m，墙身深度约 19～25m。连续墙嵌固深度范围内地层为中风化岩层时，要求满足嵌固深度不小于 3m；嵌固深度范围内地层为微风化岩层时，要求满足嵌固深度不小于 2m。由于基坑北部及南部的部分区域岩面出露深度非常浅，因此地连墙入岩深度达 3～16m。

3. 施工情况

本项目地下连续墙施工期间，开动 2 台 SG40A 地下连续墙液压抓斗成槽机，1 台 CGF-26 大直径潜孔锤钻机（ϕ800mm），6 台 CK-8 冲孔桩机，三台 XRHS415 大风量空压机，以及 150t 履带式起重机和 80t 汽车式起重机各一台。

施工先采用液压抓斗成槽机施工至中风化岩面，然后改用与连续墙厚度相匹配的 ϕ800mm 大直径潜孔锤钻机，在槽段内间隔引孔，引孔间距 200～350mm，一幅 6m 宽的地连墙引孔 6 个；然后利用冲孔钻机结合圆锤破除引孔间隔处的硬岩，再采用方锤修整槽壁残留的硬岩齿边，以使槽段全断面达到设计尺寸成槽要求，一幅入岩 16m 的地连墙施工时间缩短至 3～5 天,对比同等入岩情况下,传统的全部采用冲孔桩机入岩成槽的方式,将需要 20～30 天,因此施工工效获得了显著提高。

4. 地下连续墙检测及验收情况

经现场 18 幅钻芯检测和 20 幅超声检测,结果墙身完整性、墙身混凝土抗压强度、沉渣厚度均满足设计要求,工程一次验收合格。

工程现场施工见图 4.2-1～图 4.2-4。

图 4.2-1　大直径潜孔锤钻机与空压机

图 4.2-2　潜孔锤槽段内引孔

图 4.2-3　圆锤冲击破除引孔间隔硬岩

图 4.2-4　冲击方锤修孔

4.2.3　工艺原理

本技术的工艺原理包括大直径潜孔锤入岩引孔、冲击锤修孔、气举反循环清孔等工艺技术。

1. 大直径潜孔锤入岩引孔

（1）破岩位置定位

在深度接近硬岩岩面时停止使用抓斗成槽机，在导墙上按 200～350mm 的间距定位潜孔锤破岩位置，减少潜孔锤施工时孔斜或孔偏现象，降低钻孔纠偏工作量。

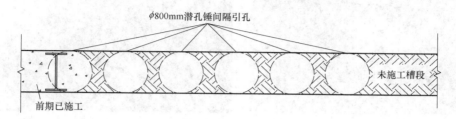

图 4.2-5 大直径潜孔锤入岩引孔平面布置

（2）大直径潜孔锤破岩

潜孔锤引孔破岩的原理是潜孔锤在空压机的作用下，高压空气驱动冲击器内的活塞作高频往复运动，并将该运动所产生的动能源源不断地传递到钻头上，使钻头获得一定的冲击功；钻头在该冲击功的作用下，连续的、高频率对硬岩施行冲击；在该冲击功的作用下，形成体积破碎，达到破岩效果。

潜孔锤钻进过程中，配备 3 台大风量空压机，空压机的选用与钻孔直径、钻孔深度、岩层强度、岩层厚度等有较大关系，在长沙地铁 3 号线清水路站项目地下连续墙入岩施工过程中，选用了三台阿特拉斯·科普柯 XRHS415 型空压机并行送风，风压约 $80kg/m^2$，空压机产生的风量达 $54m^3/min$。桩架选择采用长螺旋多功能桩机，确保钻杆高度能满足最大成孔深度要求，提供持续的下压力，直接用潜孔锤间隔引孔至设计标高。具体见图 4.2-6。

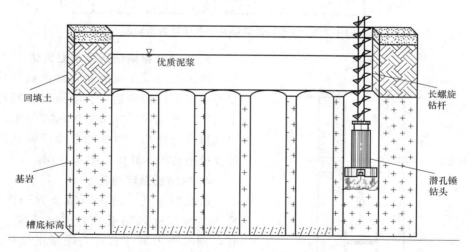

图 4.2-6 大直径潜孔锤入岩原理示意图

（3）大直径潜孔锤一径到底成槽

大直径潜孔锤钻头是破岩引孔的主要钻具，为确保在槽段内的引孔效果，选择与地下连续墙墙身厚度相同的大直径潜孔锤一径到底。大直径潜孔锤见图 4.2-7、图 4.2-8。

图 4.2-7　ϕ800mm 大直径潜孔锤钻头图

图 4.2-8　潜孔锤底部的破岩合金

2. 冲击锤修孔

潜孔锤间隔引孔后，采用冲击圆锤对间隔孔间的硬岩冲击破碎。具体见图 4.2-9。

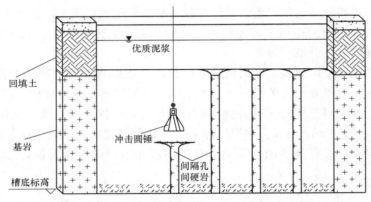

图 4.2-9　冲击圆锤破碎间隔孔间硬岩示意图

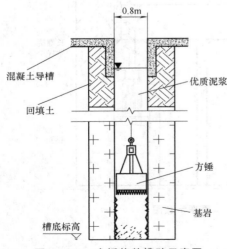

图 4.2-10　方锤修整槽壁示意图

3. 方锤修整槽壁残留硬岩齿边

圆锤对间隔孔间的硬岩冲击破碎后，残留的少部分硬岩齿边，会阻滞钢筋网片安放不到位，此时采用冲击方锤对零星锯齿状硬岩残留进行修孔，以使槽段全断面达到设计尺寸成槽要求。具体见图 4.2-10。

4. 气举反循环清孔

潜孔锤引孔、冲击圆锤及方锤修孔后，采用气举反循环清孔；在气举反循环清孔时，同时下入另一套孔内泥浆正循环设施，防止岩渣、岩块在槽侧堆积，有效保证清孔效果。

具体见图 4.2-11。

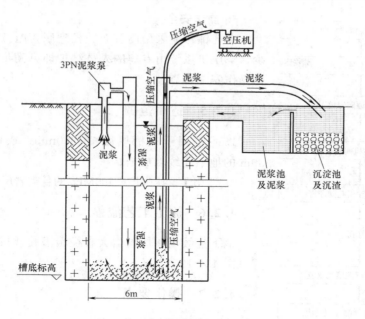

图 4.2-11 槽段内反循环清底

4.2.4 工艺特点

1. 成槽速度快

根据施工现场应用，潜孔锤在中风化岩层中单孔每小时可钻进 3~4m，在微风化岩层中单孔每小时可钻进 1~2m，以入岩 16m 为例，每天可完成 2~3 个钻孔，可以实现 3~5 天完成 1 幅 6m 宽 800mm 厚且入岩深度 10~16m 的地下连续墙施工，而同等情况，如果全部采用冲孔桩破岩施工，将需要 20~30 天方可完成入岩施工，因此采用大直径潜孔锤的施工效率得到了显著提高。

2. 质量可靠

采用本工艺施工时间短，槽壁暴露时间相对短，减少了槽壁土体坍塌风险；同时，由于采用综合工艺对槽壁进行处理，潜孔锤桩机钻孔时液压支撑桩机稳定性好，操作平台设垂直度自动调节电子控制，自动纠偏能力强，有效保证钻孔垂直度，能便于地连墙钢筋网片安装顺利；另外，对槽底沉渣采用气举反循环工艺，确保槽底沉渣厚度满足设计要求。

3. 施工成本较低

采用本工艺成槽施工速度快，单机综合效率高，机械施工成本相对较低；由于土体暴露时间短，槽壁稳定，混凝土灌注充盈系数小，并且施工过程中不需采用大量冲桩机使用，机械用电量少。

4. 有利于现场安全文明施工

采用潜孔钻机代替了冲孔桩机，泥浆使用量大大减少，废浆废渣量小，有利于现场总平面布置和文明施工；同时，潜孔锤钻机大大提升了入岩工效，减少了冲孔桩机的使用数量，有利于现场安全管理。

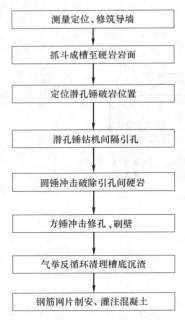

图 4.2-12 深厚硬岩地下连续墙潜孔锤成槽综合施工工艺流程图

5. 操作安全

潜孔锤作业采用高桩架一径到底，施工过程孔口操作少，空压机系统由专门的人员维护即可满足现场作业，整体操作安全可靠。

4.2.5 适用范围

1. 可适用于成槽厚度≤1200mm、成槽深度≤26～30m 的地下连续墙成槽；

2. 适用于抗压强度≤100MPa 的各类岩层中入岩施工。

4.2.6 施工工艺流程

地下连续墙深厚硬岩大直径墙潜孔锤成槽施工工艺流程见图 4.2-12。

4.2.7 操作要点

1. 测量定位、修筑导墙

（1）导墙用钢筋混凝土浇筑而成，断面为"┐ ┌"形，厚度为 150mm，深度为 1.5m，宽度为 3.0m。

（2）导墙顶面高出施工地面 100mm，两侧墙净距中心线与地下连续墙中心线重合。

2. 抓斗成槽至硬岩岩面

（1）成槽机每抓宽度约 2.80m，可在强风化岩层中抓取成槽；6m 宽槽段分三抓完成。

（2）本项目地下连续墙采用上海金泰 SG40A 型抓斗，其产品质量可靠，抓取力强。

（3）挖槽过程中，保持槽内始终充满泥浆，随着挖槽深度的增大，不断向槽内补充优质泥浆，使槽壁保持稳定；抓取出的渣土直接由自卸车装运至场地指定位置，并集中统一外运。

（4）成槽过程中利用泥浆净化器进行浆渣分离，避免槽段内泥砂率过大。

（5）抓斗提离槽段之前，在槽段内上下多次反复抓槽，以保证槽段的厚度满足设计要求，以免潜孔锤钻头无法正常下入至槽底。见图 4.2-13。

3. 定位潜孔锤破岩位置

抓槽深度接近中风化岩面时，在导墙上按 200～350mm 成孔间距，定位出潜孔锤破岩位置，一幅宽 6m 的地下连续墙一般采用 6 个孔。见图 4.2-14。

4. 潜孔锤钻机间隔引孔

（1）先将钻具（潜孔锤钻头、钻杆）提离孔底 20～30cm，开动空压机、钻具上方的回转电机，将钻具轻轻放至孔底，开始潜孔锤钻进作业。

（2）潜孔锤施工过程中空压机超大风压将岩渣携出槽底。

（3）采用潜孔锤机室操作平台控制面板进行垂直度自动调节，以控制桩身垂直度。

施工现场见图 4.2-15～图 4.2-17。

图 4.2-13　抓斗成槽机进行上部土层及强风化岩层中成槽

图 4.2-14　潜孔锤钻机定位

图 4.2-15　三台空压机与潜孔锤钻机相连

图 4.2-16　大直径潜孔锤槽段内施工

5. 圆锤冲击破除引孔间硬岩

（1）采用冲击圆锤对间隔孔间的硬岩冲击破碎。

（2）冲击圆锤破岩过程中，采用正循环泥浆循环清孔。

（3）破岩完成后，对槽尺寸进行量测，保证成槽深度满足设计要求。

6. 方锤冲击修孔、刷壁

（1）采用冲击方锤对零星锯齿状硬岩残留进行修孔，以使槽段全断面达到设计尺寸

图 4.2-17　三台 XRHS415 型空压机并行送风

成槽要求。

（2）方锤修孔前，准确探明残留硬岩的部位；其次认真检查方锤的尺寸，尤其是方锤的宽度，要求与槽段厚度、旋挖钻孔直径基本保持一致。

（3）方锤冲击修孔时，采用重锤低击，避免方锤冲击硬岩时斜孔。

（4）方锤冲击修孔过程中，采用正循环泥浆循环清孔，修孔完成后对槽尺寸进行量测，以保证修孔到位。

（5）后一期槽段成槽后，在清槽之前，利用特制的刷壁方锤，在前一期槽段的工字钢内及混凝土端头上下来回清刷，直到刷壁器上没有附着物。

现场操作见图 4.2-18、图 4.2-19。

图 4.2-18　方锤修孔　　　　　　　　　　图 4.2-19　刷壁器刷壁

7. 气举反循环清理槽底沉渣

（1）本工艺先采用成槽机抓斗抓取岩屑，再采用气举反循环清孔。

图 4.2-20　泥浆净化器

（2）在导管内安插一根长约 2/3 槽深的镀锌管，将空压机产生的压缩空气送至导管内 2/3 槽深处，在导管内产生低压区，连续充气使内外压差不断增大，当达到一定的压力差后，则迫使泥浆在高压作用下从导管内上返喷出，槽段底部岩渣、岩块被高速泥浆携带经导管上返喷出孔口。

（3）采用移动式黑旋风泥浆净化器对成槽深度到位的槽段进行泥浆的泥砂分离，并采用事先配制的泥浆置换，施工现场见图 4.2-20。

（4）清渣完成后检测槽段深度、厚度、槽底沉渣硬度、泥浆性能等，并报监理工程师现场验收。

8. 钢筋网片制安、灌注混凝土

（1）钢筋网片采用吊车下入。现场吊装采用 1 台 150t、1 台 80t 履带吊车多吊点配合同时起吊，吊离地面后卸下 80t 吊车吊索，采用 150t 吊车下放入槽。

（2）在吊放钢筋笼时，对准槽段中心，不碰撞槽壁壁面，以免钢筋网片变形或导致槽壁坍塌；钢筋网片入孔后，控制顶部标高位置，确保满足设计要求。

（3）钢筋网片安放后，及时下入灌注导管，同时灌注。灌注导管下放前，对其进行泌水性试验，确保导管不发生渗漏；导管安装下入密封圈，严格控制底部位置，并设置好灌注平台。

（4）灌注槽段混凝土之前，测定槽内泥浆的指标及沉渣厚度，如沉渣厚度超标，则采用气举反循环进行二次清孔；槽底沉渣厚度达到设计和规范要求后，由监理下达开灌令灌注槽段混凝土。

（5）在水下混凝土灌注过程中，每车混凝土浇筑完毕后，及时测量导管埋深及管外混凝土面高度，并适时提升和拆卸导管；导管底端埋入混凝土面以下一般保持 2～4m，不大于 6m，严禁把导管底端提出混凝土面。

4.2.8　主要配套机械设备

本工艺主要机械设备配置见表 4.2-1。

主要机械设备配置　　　　　　　　　　　　　　　　表 4.2-1

机械、设备名称	型号尺寸	生产厂家	数量	备注
成槽机	SG40A	上海金泰	1 台	土层段施工
潜孔锤钻机	CGF-26	河北华构	1 台	深厚硬岩段施工
潜孔锤钻头	ϕ800	自制	1 个	与连续墙同宽
冲孔桩机	CK-8	江苏南通	1 台	成孔、修孔
空压机	XRHS415	阿特拉斯·科普柯	3 台	潜孔锤动力
履带式起重机	150t	神钢	1 台	钢筋笼吊放
汽车式起重机	80t	三一重工	1 台	
挖掘机	HD820	日本加藤	1 台	清渣、装渣
泥砂分离机	TTX-19	恒昌	1 台	泥浆分离处理
泥浆泵	3PN	上海中球	1 台	清孔

4.2.9　质量控制措施

1. 严格控制导墙施工质量，重点检查导墙中心轴线、宽度和内侧模板的垂直度，拆模后检查支撑是否及时、正确。

2. 抓斗成槽时，严格控制垂直度，如发现偏差及时进行纠偏；液压抓斗成槽过程中，选用优质膨润土针对地层确定性能指标配置泥浆，保证护壁效果；抓斗抓取泥土提离导槽后，槽内泥浆面会下降，此时应及时补充泥浆，保证泥浆液面满足护壁要求。

3. 认真督促检查成槽过程中的泥浆质量，检测成槽垂直度、宽度、厚度及沉渣厚度是否符合要求。

4. 潜孔锤钻孔至中风化或微风化岩面时，报监理工程师、勘察单位岩土工程师确认，以正确鉴别入岩岩性和深度，确保入岩深度满足设计要求；潜孔锤入岩过程中，通过循环始终保持泥浆性能稳定，确保泥浆液面高度，防止因水头损失导致塌孔。

5. 潜孔锤钻进设计标高及冲击圆锤破碎孔间硬岩后，调用冲桩机配方锤进行槽底残留硬岩修边，将剩余边角岩石清理干净；冲桩过程中，重锤低击，切忌随意加大提升高度，防止卡锤；同时，由于硬岩冲击时间较长，如出现方锤损坏或厚度变小，及时进行修复，防止槽段在硬岩中变窄，使得钢筋网片不能安放到位。

6. 方锤修孔完成后，采用气举反循环进行清渣，确保槽底沉渣厚度满足要求。

7. 清孔完成后，对槽段尺寸进行检验，包括槽深、厚度、岩性、沉渣厚度等，各项指标必须满足设计和规范要求。

8. 钢筋网片制作完成后进行隐蔽工程验收，合格后安放；钢筋网片采用 2 台吊车起吊下槽，下入时注意控制垂直度，防止刮撞槽壁，满足钢筋保护层厚度要求。下放时，注意钢筋笼入槽时方向，并严格检查钢筋笼安装的标高；入槽时用经纬仪和水平仪跟踪测量，确保钢筋安装精度；检查符合要求后，将钢筋笼固定在导墙上。

9. 槽段混凝土采用水下回顶法灌注，采用商品混凝土，设 2 台套灌注管同时灌注；初灌时，灌注量满足埋管要求；灌注过程中，严格控制导管埋深，防止堵管或导管拔出混凝土面；每个槽段按要求制作混凝土试块，严格控制灌注混凝土面高度并超灌 80cm 左右，以确保槽顶混凝土强度满足设计要求。

4.2.10　安全措施

1. 本工艺潜孔锤钻机由长螺旋钻机改装而成，由于设备重量大高度大，因此，施工前应对工作面进行铺垫厚钢板等方式加固处理，防止施工过程中出现坍塌、作业面沉降等。

2. 抓斗成槽过程中，注意槽内泥浆性能及泥浆液面高度，避免出现清水浸泡、浆面下降导致槽壁坍塌现象发生。抓斗出槽泥土时，转运的泥头车按规定线路行驶，严格遵守场内交通指挥和规定，确保行驶安全。

3. 潜孔锤钻进过程中，加强对导墙稳定的监测和巡视巡查，发现异常情况及时上报处理。

4. 在潜孔锤钻机尾部采取堆压砂袋的方式，防止作业过程中设备倾倒。

5. 钢筋网片一次性制作、一次性吊装，吊装作业成为地连墙施工过程中的重大危险源之一，必须重点监控，并编制吊装安全专项施工方案，经专家评审后实施。同时，检查吊车的性能状况，确保正常操作使用；在吊装过程中，设专门司索工进行吊装指挥，作业半径内人员全部撤离作业现场。

6. 施工过程中，对连续墙附近的市政、自来水、电力、通信等各种地下管线进行定期监测，并制定保护措施和应急预案，确保管线设施的安全。

7. 冲击圆锤破岩及方锤修孔时，经常检查钢丝绳使用情况，掌握使用时间和断损情况，发现异常，及时更换，防止断绳造成机械或孔内事故。

8. 施工过程中，涉及较多的特殊工种，包括：桩机工、吊车司机、泥头车司机、司索工、电工、电焊工等，必须严格做到经培训后持证上岗，施工前做好安全交底，施工过程中做好安全检查，按操作规程施工，保证施工处于受控状态。

9. 成槽后，必须及时在槽口加盖或设安全标识，防止人员坠入。

4.3　地下连续墙成槽大容量泥浆循环利用施工技术

4.3.1　引言

地下连续墙成槽施工时需采用泥浆护壁，施工过程中多采用现场开挖泥浆池的方式储存泥浆，而对于槽段开挖尺寸达（30～40）m×（1.0～1.2）m×（5.0～6.0）m（槽深×槽厚×幅宽）的超深超厚地下连续墙，单幅开挖理论方量超过150～288m³。为满足槽段泥浆循环施工，现场存储的泥浆方量需不少于500m³。如采取传统开挖泥浆池的方式，会导致大量施工场地被占用开挖，后期需要对开挖区域进行处理；同时，由于泥浆池容量大，开挖太深易产生坍塌，给现场施工安全带来隐患，现场文明作业条件差。

前海交通枢纽地下综合基坑项目地下连续墙工程，在施工过程中遇到槽段泥浆循环设置、储存方式、循环线路规划、泥浆净化处理及循环利用等难题，针对此类超深超厚地下连续墙成槽大容量泥浆循环利用问题，结合项目现场施工条件、设计要求，开展了"超深超厚地下连续墙成槽大容量泥浆循环利用施工技术"研究，形成了相应的施工工艺，取得显著成效，实现了施工安全、文明环保、便捷经济的目标，达到预期效果。

4.3.2　工艺特点

1. 施工现场平面布置适应性好

（1）采用预制泥浆箱储存泥浆，不仅占地面积较小，且避免了现场开挖泥浆池带来的各种安全隐患和开挖给后续施工带来的影响。

（2）泥浆箱之间采用串联连接，能根据施工现场平面尺寸，横向或纵向排列布置。

2. 泥浆质量有保证

（1）若干个预制泥浆箱根据功能的不同划分为待处理泥浆池、泥浆调配池和优质泥浆储存池，各池间由阀门连接，当阀门关闭时，各池保持相对独立，也使得不同性质的泥浆分开保存；当待处理泥浆池与泥浆调配池连通，待处理泥浆进行重新调配，当达到优质泥浆指标时，打开控制阀门，将优质泥浆导入优质泥浆储存池中，这样能有效保持泥浆的优质性能，满足施工要求。

（2）通过对泥浆性能指标的监控，及时对泥浆进行处理和对各项参数进行监测调配，保证对槽段供应泥浆的质量优良，确保良好的泥浆护壁性能。

3. 施工成本低

（1）由于及时对回收泥浆进行各项参数的调配优化，大大降低了泥浆的废弃率。

（2）通过对浆渣进行砂袋填装，节省了机械清理浆渣的费用，降低了施工成本，实现废物利用。

4. 泥浆循环系统具有良好的可操作性和可调节性

（1）箱体外壳均用钢板压制成型，外形美观，强度高。

（2）模块化快速组合设计，适应于不同方量、规格的泥浆需求。

（3）完整的泥浆处理设备组合，适应各种复杂成槽钻孔工艺的泥浆处理要求。

（4）泥浆循环系统可按工程施工需要进行设计和配置。

4.3.3　适用范围

1. 适用于深度超过 30m 的地下连续墙大容量泥浆施工工程。

2. 适用于场地狭窄，施工平面布置紧凑的项目。

3. 适用于现场文明施工要求高的项目。

4. 适用于地层条件差，对泥浆护壁性能要求高的项目。

4.3.4　工艺原理

本装置整体由泥浆制配系统、泥浆存储系统、泥浆循环利用系统三部分组成，形成施工过程中泥浆的制配、存储、利用循环链。其工程原理为：整体装置为单个预制的钢质泥浆箱储备泥浆，根据地下连续墙成槽时所需泥浆量将数个泥浆箱串联连接，动态调节泥浆箱数量，避免了现场大面积开挖泥浆池；采用泥浆制配系统调配好泥浆，送入泥浆箱存储，泵入成槽段使用；灌注墙身混凝土时，回抽的泥浆经专门设置的泥浆净化器对循环泥浆进行浆渣分离，提高了泥浆质量，同时分离出的砂土经装袋后用于下一槽段钢筋笼定位后节头处的回填，节省了砂的外购费用，保证了成槽质量，实现了泥浆循环利用、节材节地、绿色文明施工。

工艺原理图详见图 4.3-1、图 4.3-2，现场地下连续墙成槽大容量泥浆箱泥浆循环系统布置见图 4.3-3。

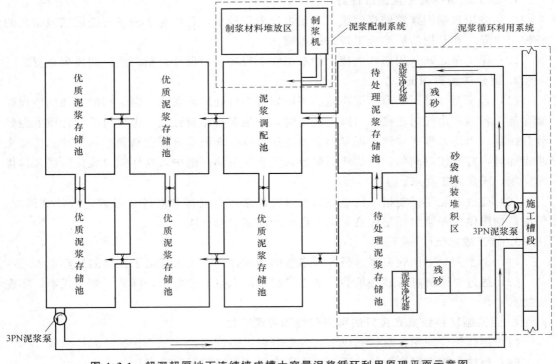

图 4.3-1　超深超厚地下连续墙成槽大容量泥浆循环利用原理平面示意图

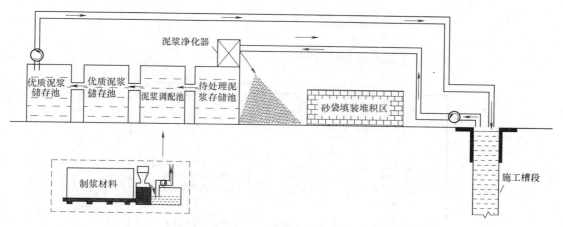

图 4.3-2 超深超厚地下连续墙成槽大容量泥浆循环利用原理

图 4.3-3 施工现场地下连续墙成槽大容量泥浆箱泥浆循环系统布置图

4.3.5 施工工艺流程及操作要点

超深超厚地下连续墙成槽大容量泥浆循环利用施工工艺流程见图 4.3-4。

4.3.6 工艺操作要点

1. 泥浆箱的制作与安装

（1）泥浆箱的尺寸选择

若单槽槽段泥浆总量为 $200m^3$，现场需配置总容量为 $500m^3$ 的泥浆箱，泥浆箱数量不少于 6 个，则单个泥浆箱体积宜为 $90m^3$，尺寸可选择为：长度 10m，截面尺寸 3m×3m。

（2）泥浆箱制作

确定单个泥浆箱尺寸后，预定制作原材 10mm 钢板、18a 型槽钢，钢板箱身连接采用二氧化碳气体保护焊焊接，槽钢用于箱身加固。

单体泥浆箱结构见图 4.3-5，泥浆箱现场加工制作见图 4.3-6。

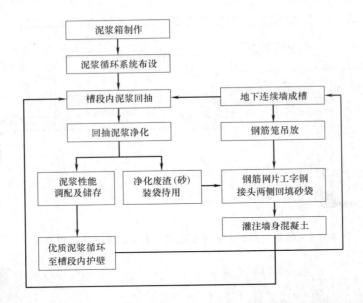

图 4.3-4　超深超厚地下连续墙成槽大容量泥浆循环利用施工工艺流程图

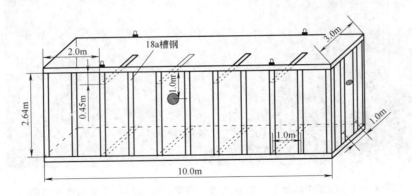

图 4.3-5　单个泥浆箱结构示意图

图 4.3-6　泥浆箱现场预制

（3）泥浆箱安装

泥浆箱根据现场平面形状及尺寸排列，单个泥浆箱之间在箱侧底部位置预留法兰盘，通过安装对应尺寸的球阀与其他箱体连接，实现箱体之间选择性的互通。泥浆箱箱体法兰连接结构和球阀连接见图 4.3-7、图 4.3-8，现场泥浆箱连接见图 4.3-9、图 4.3-10。

2. 泥浆循环系统布置

（1）平整场地

为保证泥浆箱之间能较好地连接，堆放场地需进行机械平整，若土层较软，可做适量混凝土硬化处理。

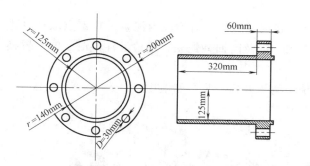

图 4.3-7　箱体法兰连接结构示意图

图 4.3-8　箱体连接球阀

图 4.3-9　地下连续墙施工现场泥浆箱连接布置

图 4.3-10　泥浆箱之间球阀控制开关连接

（2）布置泥浆箱

布置时需对各泥浆箱的水平做好控制，以便相互良好连接，若水平无法纠正，则采用软管连接。

本项目采用 6 个泥浆箱，按功能类别分为以下三类：

待处理泥浆存储池：由两个泥浆箱组成，每个泥浆箱一侧安装一台泥浆净化器用于经过泥浆净化器处理后的回流泥浆存储，在该泥浆池存储检验各项性能指标后，流往泥浆调配池进行对应指标调剂，具体见图 4.3-11。

图 4.3-11　泥浆箱上安装泥浆净化器

泥浆调配池：由一个泥浆箱组成，与泥浆调配机及输送管连接，主要对经过泥浆净化处理后的回流泥浆进行重新调配；造浆主要材料膨润土粉经制浆机与水充分搅拌混合成浆，当达到设计所需的性能指标参数时打开连接阀门，将调配好的泥浆短暂存储于新鲜泥浆存储池中。

优质泥浆存储池：用于短暂存储优质泥浆，保证对新鲜/优质泥浆存储池的及时补充。

3. 槽段泥浆回抽

（1）槽段处设置 1～2 台 3PN 泥浆泵，在成槽过程中对槽段内泥浆进行定点取样并进行性能指标检测，若泥浆不能满足护壁要求，需及时回抽泥浆；槽段灌注混凝土时，置换出的泥浆亦采用 3PN 泵回抽。

（2）回抽的泥浆存放在泥浆循环系统中的待处理泥浆存储池中。

地下连续墙槽段内泥浆回抽见图 4.3-12。

图 4.3-12　地下连续墙灌注混凝土过程中槽段泥浆 3PN 泵回抽泥浆

4. 槽段回抽泥浆净化处理

（1）泥浆净化原理：槽段内回抽的泥浆输送至泥浆循环系统前，通过总进浆管送入泥浆箱上的泥浆净化装置中，先经过泥浆净化器的振动筛进行粗筛，将粒径在 3mm 以上的渣料分离出来，后经水力旋流器进行细筛，脱水后将较干燥的细渣料分离出来，最终净化后泥浆返回至待处理泥浆箱内。

（2）为满足地下连续墙的施工需求，泥浆净化器分别安装两台套，泥浆净化后分离出的废渣主要为粗细颗粒混杂的砂性土。

回抽泥浆经泥浆净化器处理现场操作情况见图 4.3-13。

图 4.3-13　槽段内回抽泥浆经泥浆净化器后分离废渣集中堆放

5. 优质泥浆配制、回抽泥浆性能调配及储存

（1）优质泥浆配制

泥浆配比必须满足相关标准、规则和技术规范的规定。设备采用 XHP900 制浆机，泥浆配制材料主要以膨润土、水为主，CMC、纯碱为辅，施工过程根据具体情况进行调整，泥浆配比（重量比）为膨润土：CMC：纯碱：水＝100：0.28：3.3：700，使用膨润土（粉末黏土）提高相对密度；添加 CMC 来增大黏度。

（2）泥浆性能指标测试

泥浆性能指标测试主要针对泥浆四大性能参数：相对密度、黏度、含砂率、pH 值。在不同地层的施工中，其性能参数具有明显差异，各地层施工泥浆性能指标如表 4.3-1 所示。

地下连续墙成槽泥浆性能指标 表 4.3-1

地层情况	泥浆性能指标							
	相对密度	黏度（s）	含砂率（%）	胶体率（%）	失水量（mL/30min）	泥皮厚（mm/30min）	静切力（Ps）	酸碱度 pH
一般地层	1.05～1.20	16～22	≤4	≥96	≤25	≤2	1.0～2.5	8～10
易塌地层	1.20～1.45	19～28	≤4	≥96	≤25	≤2	3～5	8～10

（3）优质泥浆调配

针对泥浆性能指标测试所测的数据分析，对各性能参数做出针对性调整：泥浆调配采用专用的泥浆调配机完成；添加造浆原材料：采用优质膨润土，按一定比例混合搅拌充分后泵入泥浆箱储存；添加外加剂：CMC（羧甲基纤维素）可增加泥浆黏度；碳酸钠（Na_2CO_3）、氢氧化钠（NaOH）可调整泥浆 pH 值，pH 值宜为 8～10。

泥浆调配制浆机及现场泥浆调制情况见图 4.3-14、图 4.3-15。

图 4.3-14 泥浆调配制浆机现场调制泥浆　　　图 4.3-15 泥浆调配后进入优质泥浆储存箱

（4）优质泥浆储存

泥浆调配满足使用要求后，即存放于泥浆箱内。调配泥浆储存见图 4.3-16。

6. 净化泥浆废渣装袋及循环利用

（1）净化泥浆废渣装袋

经泥浆净化器处理的泥浆分离出的浆渣主要为粗、细粒的砂土，呈颗粒状，性状较松散，含水量较高，现场专门安排人员用编织袋装袋并集中堆放。

（2）净化泥浆废渣循环利用

废渣装袋后可用于槽段钢筋网片工字钢接头两侧回填，以防止灌注时槽身混凝土绕渗，节省了废渣外运的费用和专门购砂用于灌注槽段混凝土时防绕渗的费用。

具体泥浆净化废渣装袋处理和槽段混凝土灌注时砂袋防绕渗回填情况见图4.3-17。

图4.3-16　槽段内回抽泥浆经泥浆净化器　　　　图4.3-17　泥浆净化处理后砂袋用于
后分离砂性土装袋堆放　　　　　　　　　　槽段网片两侧防绕渗回填

7. 优质泥浆循环至槽段内护壁

成槽过程中，当泥浆性能不能满足要求时，采用换浆调配槽段内泥浆，即从槽段内回抽泥浆进入待处理泥浆箱内；同时，为满足槽段内孔壁稳定，须从优质泥浆储存箱内及时将同等数量的泥浆泵入槽段内。

4.3.7　质量控制

1. 严格控制导墙施工质量，重点检查导墙中心轴线、宽度和内侧模板的垂直度，拆模后检查支撑是否及时、正确。

2. 抓斗成槽时，严格控制垂直度，如发现偏差及时进行纠偏；液压抓斗成槽过程中选用优质膨润土针对地层确定性能指标配制泥浆，保证护壁效果。

3. 抓斗抓取泥土提离导槽后，槽内泥浆面会下降，此时应及时从泥浆系统中回抽优质泥浆补充，保证泥浆液面满足护壁要求。

4. 严格按施工要求配制泥浆，认真督促检查成槽过程中的泥浆质量，检测成槽垂直度、宽度、厚度及沉渣厚度是否符合要求。

5. 为提高泥浆指标及性能，采用泥浆净化器对槽段内回抽泥浆进行净化分离处理。

6. 置入槽段钢筋网片后，在钢筋网片工字钢接头二侧下入泥浆净化处理后的砂袋，并予以密实，以防止槽段灌注混凝土时绕渗而影响相邻槽段成槽施工。

7. 在灌注槽身混凝土前，保持泥浆比重1.05～1.15，确保槽段稳定。

8. 灌注混凝土时，上返的泥浆应及时回抽至泥浆系统进行待处理。

4.3.8　安全措施

1. 施工现场所有机械设备（吊车、泥浆净化器、3PN泵）操作人员必须经过专业培训，熟练机械操作性能，经专业管理部门考核取得操作证后上机操作。

2. 机械设备操作人员和指挥人员严格遵守安全操作技术规程，工作时集中精力，谨慎工作，不擅离职守，严禁酒后操作。

3. 现场吊车起吊作业时，派专门的司索工指挥吊装作业，无关人员撤离影响半径范围。

4. 现场工作面需进行平整压实，防止泥浆箱储存泥浆后承重下陷。

5. 安装在泥浆箱顶部位置的泥浆净化器、3PN泵应固定，防止松动坠落。

6. 泥浆箱上作业平台应设置安全防护栏，防止人员坠落。

7. 地面应设置多处上下楼梯，以方便人员上下泥浆箱操作，并设置安全扶手。

8. 夜间作业，泥浆箱平台应设置足够的照明设施。

4.4 地下连续墙超深硬岩成槽综合施工技术

4.4.1 引言

地下连续墙作为深基坑最常见的支护形式，在超深硬岩成槽过程中，传统施工工艺一般采用成槽机液压抓斗成槽至岩面，再换冲孔桩机圆锤冲击入岩、方锤修槽；当成槽入硬质微风化岩深度超过 5m 时，冲击入岩易出现卡钻、斜孔，后期处理工时耗费大，冲孔偏孔需回填大量块石进行纠偏，重复破碎，耗材耗时耗力，严重影响施工进度。

近年来，前海交通枢纽地下综合基坑项目地下连续墙工程，针对施工现场条件，结合实际工程实践，开展了"地下连续墙超深硬岩成槽综合施工技术"研究，通过采用潜孔锤钻机预先引孔降低岩体整体强度，大大提升了冲击破岩的施工效率，再结合利用改进后的镶嵌截齿液压抓斗修槽等技术，达到快速入岩成槽的施工效果，取得了显著成效，并形成了新工法。

4.4.2 工艺特点

1. 破岩效率高

本工艺岩石破碎分两步进行：先是利用小型潜孔锤钻机进尺效率高和施工硬质斜岩时垂直度好的特点，对坚硬岩体进行预先引孔，使岩体"蜂窝化"，降低岩石的整体强度；再采用冲孔桩机冲击破岩，进尺效率提升 5～8 倍，降低了焊锤修锤的劳力和材料损耗，减少回填块石纠偏纠斜，大大提高了工作效率。

2. 利用改进液压抓斗修槽质量好

本工艺通过对传统液压抓斗进行改进，卸除液压抓斗原有的抓土结构，重新制作截齿板和新增定位垫块，通过液压装置使抓斗进行密闭张合，充分发挥出截齿对槽壁残留齿边的破除和抓取，确保了修槽满足设计要求。

3. 现有设备利用率高

本工艺针对地下连续墙超深硬岩成槽传统施工工艺中液压抓斗在抓取上部土层后设备长期闲置的现象，提出改进液压抓斗，保持设备持续投入后期修槽，提高设备的利用率。

4. 无须更新大型施工设备

本工艺通过充分利用小型潜孔锤钻机,改进液压抓斗等施工设备的优点,实现了快速破岩的施工效果,无须更新高成本的旋挖机硬岩取芯或双轮铣破岩等大型施工设备。

5. 综合施工成本低

本工艺相比传统冲孔桩机直接冲击破岩成槽的施工工艺,大大缩短了成槽时间,进一步地减少了成槽施工配套作业时间和大型吊车等机械设备的成本费用;相比大型旋挖机、大直径潜孔锤破岩成槽的施工工艺,在成槽施工成本上体现了显著的经济效益。

4.4.3 适用范围

1. 适用于成槽入硬岩或硬质斜岩深度超5m的地下连续墙成槽施工;硬岩是指单轴抗压强度大于30MPa的岩体,斜岩是指岩层层面与水平面夹角大于25°的岩体。

2. 适用于工期紧的地下连续墙硬岩成槽施工项目。

4.4.4 工艺原理

本工艺包括槽底岩石的预先引孔、冲击锤岩体破碎成槽、改进后的液压抓斗修槽等关键技术。

1. 岩石破碎机理

(1) 预先引孔

本工艺利用潜孔锤钻机在硬岩中进尺速率高、垂直度好的优势和特点,再采用定位导向板来确定孔位间的平面布置,对拟破碎的岩体进行预钻直径为110mm的小直径钻孔,使岩体"蜂窝化",降低岩石的整体强度。

潜孔锤钻机入岩钻孔、定位导向板结构见图4.4-1～图4.4-3。

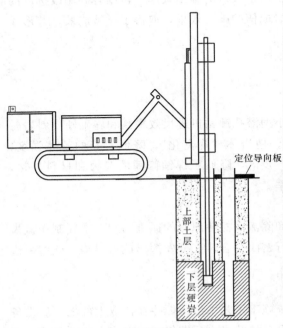

图 4.4-1 预先引孔施工示意图

图 4.4-2 预先引孔定位导向板结构引孔施工

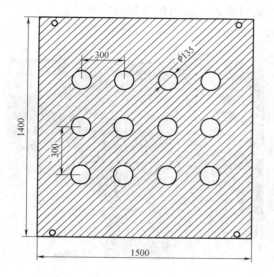

图 4.4-3 预引孔钻孔位置布置图及引孔效果

（2）硬岩冲击破碎

槽底硬岩在预引孔后，利用冲孔桩机冲击重锤自由下落的冲击能破碎岩体，因岩体已呈"蜂窝"状，在"蜂窝"处容易出现应力集中，硬岩整体强度被大幅度缩减，达到快速破岩的效果。硬岩冲击破岩见图 4.4-4。

图 4.4-4 施工现场采用冲孔桩机破碎"蜂窝状"岩体

（3）斜岩冲击破碎

如槽底岩石为斜岩面时，则采取回填硬质块石找平槽底面后，利用冲锤自由下落的冲击能破碎岩体；冲击时，应控制好冲锤落锤放绳高度；修孔时，需反复回填、冲击，直至达到槽底硬岩全断面入岩深度满足设计要求。

2. 抓斗修槽

（1）改进液压抓斗

为更好地发挥抓斗的能力，本工艺采用专门研发的改进液压抓斗，在抓斗四周镶嵌硬合金截齿，提升抓斗破除槽壁的残留岩体齿边的能力，达到快速修槽的效果。改进的液压抓斗见图 4.4-5。

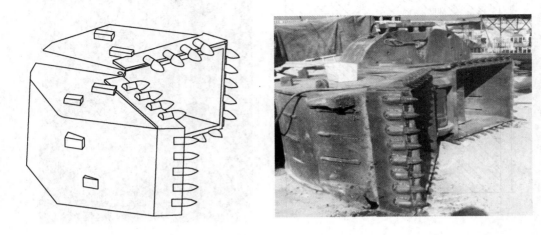

图 4.4-5　改进完成的液压抓斗设计图和实物图

（2）液压抓斗修槽

本工艺液压抓斗完成修槽主要是依靠原有液压抓斗上定位导向板和新加的定位垫块对抓斗进行导向定位，再通过液压装置使液压抓斗进行张合，在抓斗张合的过程中，镶嵌在抓斗上的截齿对槽壁的残留齿边岩体进行破除和抓取。具体见图 4.4-6。

4.4.5　施工工艺流程

地下连续墙超深硬岩成槽综合施工工艺流程见图 4.4-7。

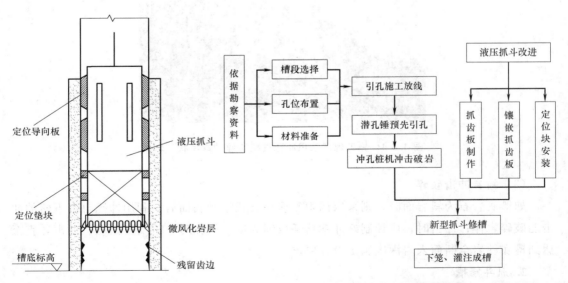

图 4.4-6　改进后的液压
抓斗修槽原理示意图

图 4.4-7　地下连续墙超深硬岩成槽综合施工工艺流程图

4.4.6 操作要点

1. 潜孔锤预先引孔

（1）按照孔位设计布置图制作定位导向板，将其固定在作业面上，采用小型潜孔锤钻机预设套管定位，确保孔位的空间位置，具体见图4.4-8。

（2）若在完成岩体上部土层抓取后再进行预先引孔，需在定位导向板下方设置2～3m的导向筒对套管预设进行导向，导向筒与导向板之间采用焊接连接，套管直径比导向筒直径小20～50mm，防止套管上部因槽中泥浆紊流引起的晃动，对套管定位起到保护作用，确保预设套管的垂直度。具体见图4.4-9、图4.4-10。

图4.4-8 施工现场将定位导向板固定在作业面上预设定位套管

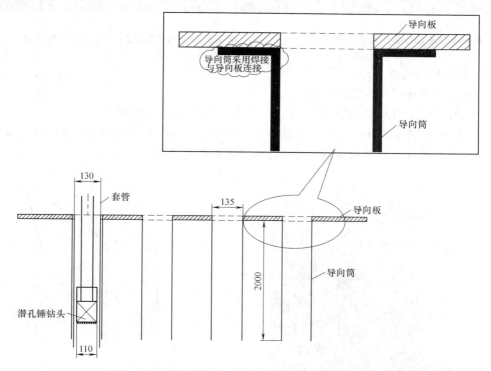

图4.4-9 在定位导向板设置导向筒的结构示意图

2. 冲击破碎

在预先引孔完成后，应先采用液压抓斗对岩体上部土层进行抓取，再投入冲孔桩机开始岩体冲击破碎。正式冲击破碎前，还应提前完成冲击主、副孔位的布置，并在导墙上做好标记，以便桩机就位准备，保证冲击效率。

如槽底硬岩为斜岩时，则先向槽中对应位置回填适量块石找平，再采用冲锤低锤重击，开始进行冲击破碎工作。有必要时，采用反复回填、冲击，直至入槽满足设计要求。

预先引孔后冲孔桩机冲击破岩见图 4.4-11。

图 4.4-10　潜孔锤钻机破岩引孔施工　　　图 4.4-11　预先引孔后冲孔桩机冲击破岩

3. 液压抓斗改进

（1）改装液压抓斗的抓取结构

1）将液压抓斗原有的抓土结构卸除，重新制作新的抓取结构。

2）以 4cm 钢板作为截齿镶嵌胎体（图 4.4-12），镶嵌角度选择 36°（见图 4.4-13），制作 6 个液压抓斗与槽壁或岩石接触边缘长度对应的抓齿板。

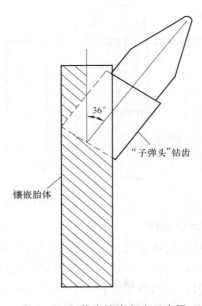

图 4.4-12　厚 4cm 钢板胎体上镶嵌截齿　　　图 4.4-13　截齿镶嵌角度示意图

（2）增设定位平衡垫块

1）本工艺为确保修槽质量，在液压抓斗上增设定位垫块，使之与液压抓斗上部原有的双方向（X 方向：平行于地下连续墙轴线方向；Y 方向：垂直于地下连续墙轴线方向）定位导向板协同工作，调整液压抓斗在槽中的空间位置，具体见图 4.4-14、图 4.4-15。

2）将制作完成的抓齿板焊接在与之对应的抓斗边缘上，将两相邻的抓齿板处于同一片面，以确保最优的修槽效果。具体见图 4.4-16。

（3）抓斗修槽

在冲孔桩机冲击破岩至设计槽底标高后，采用改进后的新型液压抓斗进行修槽，对槽壁残留齿边岩体进行破除和抓取。具体见图 4.4-17、图 4.4-18。

图 4.4-14 液压抓斗上部 Y 方向定位导向板

图 4.4-15 液压抓斗上部双方向定位导向板

图 4.4-16 镶嵌截齿的改进抓斗现场加工

4.4.7 主要机械设备

本工艺所涉及设备主要有成槽机、空压机等，详见表 4.4-1。

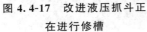

图 4.4-17　改进液压抓斗正　　　　　图 4.4-18　施工现场正使用液压抓斗进行修槽
　　　　　在进行修槽

地下连续墙超深硬岩成槽综合施工工艺主要机械、设备表　　　　表 4.4-1

序　号	设备名称	型　号	备注
1	潜孔钻机	KG935	预先引孔施工
2	泥浆泵	3PN 泵	泥浆循环
3	冲孔桩机	ZK6	冲击成槽
4	成槽机	GB46	抓取土层、修槽清槽
5	截齿抓斗		改进后的截齿抓斗,修槽
6	电焊机	ZX-700	焊接、加工
7	空压机	LG16/13	预先引孔施工
8	吊车	25t、50t	吊放泥浆箱及泥浆泵

4.4.8　质量控制措施

1. 严格控制引孔施工质量,重点检查导向板位置定位,确保施工时无较大位移;预设套管时,应严格控制下钻速度;若遇土层较厚时,应在导向板下方设置相应长度的导向筒。

2. 预先引孔时,严格控制垂直度,在钻进岩石硬度变化接触面时,应适当减小钻压;在钻进过程中,若发现偏差应及时采取相应措施进行纠偏。

3. 引孔完成施工后,需对孔中泥浆进行简易除砂处理,保证后序冲孔桩机冲击破岩的效率。

4. 冲孔桩机冲击破岩时,需根据冲孔位置校正冲孔桩机位置,注意协调各冲孔间的位置关系;在冲击过程中,若遇斜岩时,因采取"低锤重击"的方式冲击,采取措施后效果仍不理想时,应回填适量块石对该斜岩面进行冲击破碎。

5. 改进抓斗修槽时，在对槽壁岩体进行破除后，应对孔中残留岩体进行抓取后再将抓斗提起；

6. 为保证成槽尺寸符合设计要和钢筋网片吊装顺利，在加焊定位垫块时，需注意抓斗斗体的外形尺寸符合地下连续墙设计墙厚。

7. 在抓斗修槽过程应随时观察成槽机可视化数字显示屏，分析和了解液压抓斗在槽中的空间位置，及时通过液压抓斗上的定位导向板可选择性双方向顶推进行液压抓斗的位置调整，以确保修槽质量。

8. 在液压抓斗修槽完成和抓取孔底岩块后，为保证最终成槽质量后，应进行清孔，调整槽中泥浆指标符合混凝土灌注标准。

4.4.9　安全措施

1. 施工现场所有机械设备（吊车、泥浆净化器、3PN泵）操作人员必须经过专业培训，熟练机械操作性能，经专业管理部门考核取得操作证后上机操作。

2. 机械设备操作人员和指挥人员严格遵守安全操作技术规程，工作时集中精力，谨慎工作，不擅离职守，严禁酒后操作。

3. 现场吊车起吊作业时，派专门的司索工指挥吊装作业，无关人员撤离影响半径范围。

4. 夜间作业，预先引孔施工处应设置足够的照明设施。

5. 机械设备发生故障后及时检修，严禁带故障运行和违规操作，杜绝机械事故。

6. 施工现场操作人员登高作业，要求现场操作人员做好个人安全防护，系好安全带；电焊、氧焊特种人员佩戴专门的防护用具（如防护罩）。

7. 制作抓齿板和增设定位垫块时焊接由专业电焊工操作，正确佩戴安全防护罩。

8. 在进潜孔锤引孔时，应注意钻机作业平台有无坑洞，更换和拆卸钻具时，前后台工作人员应做好沟通，切勿单人操作。

9. 在日常安全巡查时，应对冲孔桩机钢丝绳以及用电回路进行重点检查。

10. 在冲击过程中，若遇冲锤憋卡现象，切勿使用冲孔桩机提升卷扬强行起拔。

第 5 章　基坑岩石开挖新技术

5.1　岩石静爆孔钻凿降尘施工技术

5.1.1　引言

近年来，随着城市建设的飞速发展，开山造地、混凝土构筑物拆除及岩石、矿山的开采急剧增加，为保护周边建（构）筑安全，静态爆破应运而生。静态爆破是在人工造孔后利用静态破碎剂对被破碎物进行缓慢地加载直至其开裂破碎，再用风镐、挖掘机、炮机将其解小破除以达到开采、开挖、拆除目的。由于静态爆破具有爆破过程中不产生振动、噪声小，避免了常规爆破施工产生的飞石，操作安全简单，对周边环境影响小，因而使用广泛。但在静爆前期钻凿静爆孔时，一般采用简易的人工手提式钻凿机，在钻凿静爆孔时会产生大量的粉尘，而目前所采用的降尘设施效果差，对现场操作人员身心健康和周边环境影响大，现场文明作业条件差。

2012 年 2 月，沙头角梧桐路边检住宅楼边坡治理工程位于深圳市盐田区沙头角梧桐路，场地内大量岩石需采用静爆挖除。因周边邻近住宅、校舍、市政道路、门店等，环保要求极高，在保证岩石静爆施工进度前提下，必须保证静爆产生粉尘量排放达标。现场静爆孔钻凿时，前期采用远射程风送式喷雾剂进行静爆孔处降尘，由于此设备距离静爆孔存在一定射程距离，且受风向、风力、天气等因素影响，致使静爆孔处的粉尘四处飘逸，现场安全文明施工条件差，大气环保排放不达标，现场操作工人长时间处于粉尘中作业，也招致周边居民投诉不断，致使现场施工时常停工整改，现场静爆作业进展缓慢。面对现场粉尘污染处理难、施工环保投诉多的困局，如何制订安全可行、快捷经济的静爆孔钻凿降尘技术，成为工程项目部急需解决的技术难题。

针对本项目现场条件、设计要求，结合实际工程项目实践，开展了"岩石静爆孔钻凿降尘施工技术研究"，自主创新研发了一种新型降尘设备，经过一系列现场试验、工艺完善、机具调整，以及现场总结、工艺优化，最终形成了完整的施工工艺流程、技术标准、操作规程，顺利解决了岩石爆破钻凿降尘难题，创新研发的新型降尘设备通过外接的吸气软管直接在静爆孔孔口抽吸粉尘，并经降尘设备的三级降尘系统处理，达到分级降尘目的，既简便又安全，既经济又环保，取得了显著成效，实现了施工安全、文明环保、便捷经济的目标，达到预期效果。

5.1.2　工程应用实例

1. 项目简介

沙头角梧桐路边检住宅楼边坡治理工程场地边坡点以现有梧桐路为坡脚，拟建一栋住宅楼，设两层地下室，需在现有坡体的基础上开挖坡高约 3～36m。场地边坡点以现有梧桐路为坡脚，西侧坡脚为盐田党校，最近距离仅约 10m；南侧坡脚为梧桐路，本工程坡脚、梧桐路以南为梧桐海景苑住宅小区，施工场地距离小区围墙约 25m。见图 5.1-1。

图 5.1-1　施工场地周边环境及边坡平面位置

2. 边坡支护设计

本工程主要采用"锚杆＋框架梁、锚杆＋柔性防护网"的支护方式，并进行喷播植草。项目治理针对边坡岩（土）质条件进行设计加固，上部岩土层设计采用非预应力框架梁加固坡面，下部中（微）风化岩层采用框架面板和柔性防护网护坡处理相结合的支护形式。

场地用地红线面积为 5207.58m²，加固边坡坡脚总长 99.5m，土石方工程约 103902.9m³，其中边坡西侧、南侧因靠近党校及住宅小区 25m 范围内的石方采用静爆施工，岩石静爆工程量约 12000m³，需静爆石方量占整体土石方工程量的 11％。

边坡场地平面布置见图 5.1-2。

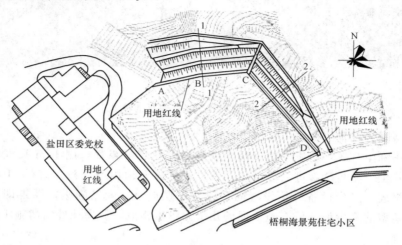

图 5.1-2　边坡支护及施工平面位置示意图

3. 场地地质情况

根据现场钻探、边坡地段的地层可划分为第四系坡积层（Q^{dl+el}）、侏罗系凝灰熔岩（J），现将边坡岩土层的主要特征及分布情况分述如下：

（1）坡残积（Q^{dl+el}）

砂质黏性土：褐黄色、夹灰褐色，以粉黏粒为主，局部夹含较多碎石块，仅局部分布。

（2）侏罗系凝灰熔岩（J）

强风化凝灰熔岩：灰褐、灰黑色，原岩结构大部破坏，仅局部分布，层厚 0.60～3.90m。

中风化凝灰熔岩：青灰色，原岩结构较清晰，全场分布，层厚 0.60～3.20m。

微风化凝灰熔岩：青灰色，原岩结构清晰，层厚 14.20～34.00m。

4. 施工情况

（1）远射程风送式喷雾剂效果差

针对静爆孔钻凿产生的粉尘，采用的是购置专利设备——远射程风送式喷雾剂专利设备进行降尘施工。由于该降尘设备是采用远射程风送式降尘，喷射水雾范围小，最大水平辐射范围不超过 50m，且受风向、风力大小、大气湿度影响大，静爆孔处的粉尘依旧四处蔓延，现场使用效果较差；钻孔作业工人周身处于粉尘包围之中，不利于工人身心健康；由于降尘效果不甚理想，频频引发周围居民的投诉；只能放缓现场岩石静爆进度，以减少静爆时粉尘产生量。

现场降尘情况见图 5.1-3。

(a)   *(b)*

图 5.1-3　远射程风送式喷雾剂降尘

（2）新型降尘设备的应用

针对现场降尘难题，研发了新型降尘设备，新型降尘装置采用 15m 吸气软管吸取静爆孔凿岩处粉尘，粉尘全部进入该降尘设备。吸气软管由内壁光滑、直径 ϕ100mm 的 PE 塑料管材质组成。降尘设备无须设置固定或特定摆放点，随钻随吸，即走即用，十分便捷。采用了新型的降尘设备后，施工现场几乎无粉尘飘散，静爆孔处钻凿施工工人作业环境有极大改善。

新型三级布袋降尘设备见图 5.1-4，现场施工降尘效果见图 5.1-5。

图 5.1-4 三级布袋降尘设备

图 5.1-5 新型分级降尘装置现场降尘效果

5.1.3 工艺特点

1. 降尘效果好

（1）降尘装置的进口与吸气软管连接，将吸气软管直接放置于静爆钻孔处，钻孔凿岩过程中产生的粉尘在孔口直接被吸入该装置，在粉尘产生源头直接将产生的粉尘吸纳，避免了粉尘在空气中扩散污染后再进行二次降尘，降尘效果好。

（2）针对吸入降尘装置的粉尘按粒径大小进行了分级处理，粗粒与细粒粉尘直接可直接排放至地面，便于一次性直接排放或者重新利用；对于粉粒粉尘则是采用专用布袋收集，集中处理。

2. 综合成本低

（1）制作、维修成本低：该装置制作材料包括主要为离心通风机、旋流器、角铁架、塑料软管、布袋以及一些五金连接件，所用的原材料价格低，采购方便，降尘装置整体制作简便；使用过程中正常维修和保养简便、快捷。

（2）使用成本低：本降尘设备使用时，一台设备可同时供 2～3 台钻凿岩钻机使用，单机作业综合效率高，且单机作业功率为 3kW，使用成本低。

3. 实现绿色施工

（1）新型降尘设备体积小，占地面积小，自重轻便，便于在场地内移动式安排，可多点、多台、多处布置，施工机动性强。

（2）该装置使用时基本不产生噪声，对周边环境无叠加噪声污染。

（3）设备过滤掉的粉尘实现了按粒径大小分级排放，便于集中处理。

（4）采用本装置进行降尘时，现场不需使用洒水措施，避免施工场地内积水，有利于现场绿色施工。

4. 操作管理简便

该降尘装置设操作简便，只需将将吸气软管放置于静爆钻孔孔口处，接通电源后操作人员就可按照常规施工方法进行静爆孔钻凿，无需花费更多的精力去操控该装置，不会给钻孔作业添加额外负担。

5.1.4　适用范围

1. 适用于各类静爆破孔钻凿吸尘降尘。

2. 适用于各类岩石或混凝土支撑梁拆除静爆孔钻凿吸尘降尘。

3. 适用于各种直径人工挖孔桩岩石爆破孔钻凿吸尘降尘。

5.1.5　工艺原理

本新型降尘装置内置设计主要有四个组成部分：风动力源、一级颗粒过滤器、二级细粒过滤器、三级粉粒过滤器。装置在工作时，风动力源启动，系统形成有序的流动抽吸力，此时将连接装置的软管放置于静爆钻孔孔口处，可以直接将钻孔钻凿产生的粉尘吸纳，并经过装置内设置的三级降尘设计，分别对粒径从大至小的粉尘颗粒进行一级、二级、三级降尘处理，并将最终的细粉尘纳入专门设计的布袋内集中处理。

降尘装置采用角铁架固定，外形尺寸 1.2m（长）×1.0m（宽）×1.6m（高），重量约 75kg，设置内壁光滑、直径 $\phi100$mm、15m 长 PE 塑料吸气软管。具体降尘装置吸尘原理见图 5.1-6，现场降尘装置见图 5.1-7。

1. 风动力源

风动力源是一个高压离心通风机，通风机通过马达带动叶轮旋转，使叶轮机内部产生负压，外部空气在大气压的作用下进入装置内过滤系统，从而使系统内气体产生定向移动，吸入的颗粒将沿着产生的风流方向移动。为保证离心机的正常运转，离心机的电路系统一定是和叶轮系统是隔离的，从而使电路系统不受粉尘的损害。风动力源电机功率一般为 3kW，可有效处理 2～3 台凿岩机钻孔吸尘作业。

2. 一级粗粒过滤器

一级粗粒过滤器主要由三部分组成，分别是进气管、沉渣箱、出气管。进气管一端连接内壁光滑、直径 $\phi100$mm 的 PE 塑料软管，用来静爆钻凿孔口吸尘；进气管另一端与一级粗粒过滤器相连。在风动力源产生的吸力作用下，将岩石静爆钻孔过程中产生的夹杂有大量碎石的粉尘，通过吸气软管进入一级颗粒过滤器；由于同时吸入的颗粒自身的自重与粒径大小各异，粗颗粒会直接通过沉渣箱下落至自动阀门处，而细颗粒粉尘及粉颗粒粉尘

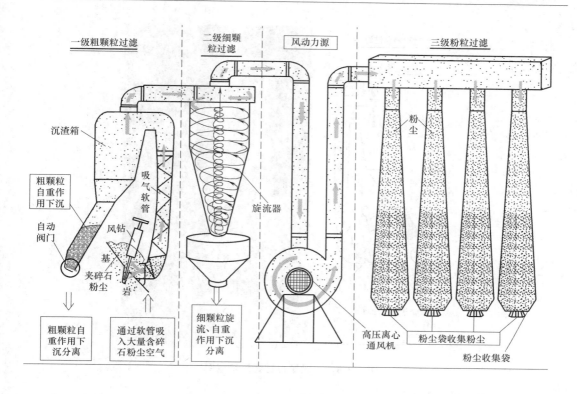

图 5.1-6　新型岩石静爆孔钻凿降尘装置原理图

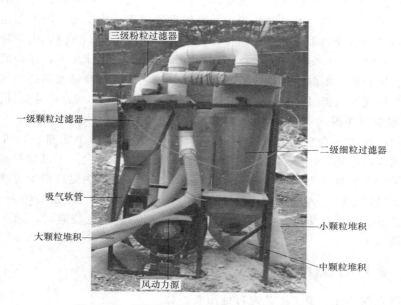

图 5.1-7　新型岩石静爆孔钻凿降尘装置实物图

则会通过沉渣箱的出气管直接进入二级细粒过滤器，实现对不同重力的颗粒实现一级初步分选。一级粗粒过滤器中的粗颗粒粉尘在自动阀门处堆积到一定重量时，设置的自动阀门会打开，粗颗粒粉尘就直接下落至地面。具体见图 5.1-8。

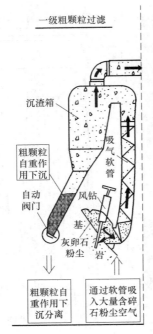

图 5.1-8　一级颗粒过滤器示意图

3. 二级颗粒过滤器

二级细粒过滤器主要由进气口、旋流器、出气口组成。二级颗粒过滤器的进气口即为一级过滤器的出气管，经一级过滤的粉尘由二级进气口进入旋流器。旋流器是由上部筒体和下部锥体两部分组成的非运动型分离设备，其分离原理是离心沉降，由于颗粒间存在粒度差，其受到的离心力、向心浮力大小不同，在重力和离心力作用下，较粗的颗粒向下沉淀而排出，较细的粉尘则向上运动进入三级过滤装置。二级颗粒过滤器的出气口与离心通风机相连，并将成为三级过滤器的进气口。二级过滤器见图 5.1-9，旋流器见图 5.1-10。

4. 三级颗粒过滤器

三级粉粒过滤器一端连接通风机的出气管，另一端连接 5 个帆布袋，帆布袋上窄下宽，经过前两级的筛选，能够到达三级粉粒过滤器的为极细粉尘，三级粉粒过滤器中不能直接排放而采用布袋将其收纳，防止粉尘飘散造成二次污染。为提高粉尘过滤效率，设置五个布袋，通过铁质的气体过渡箱的进气管与出气布袋相连接。布袋高约为 1.6m，五个布袋不相互连通。五个布袋可承纳约 50kg 重粉尘，当布袋接近装满时，卸下布袋集中处理。具体见图 5.1-11。

5.1.6　施工工艺流程

岩石静爆孔钻凿降尘施工工艺流程见图 5.1-12。

5.1.7　工序操作要点

1. 施工准备

（1）根据现场地形条件，在有临空面位置选择静爆作业面，确保静爆作业实施效果。

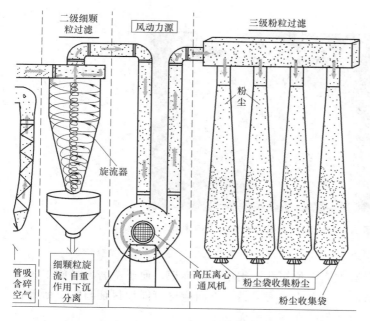

图 5.1-9　二级、三级颗粒过滤器示意图

图 5.1-10　旋流器实物图

图 5.1-11　三级粉粒过滤器及布袋示意

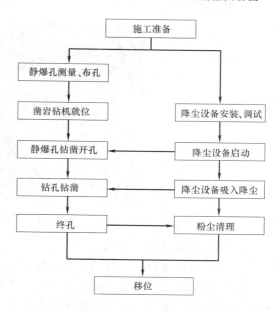

图 5.1-12　岩石静爆孔钻凿降尘施工工艺流程图

（2）检查静爆作业面情况，尽量满足多台凿岩机同时作业，以提高降尘设备的效果和功效。

（3）检查现场施工用电是否畅通，施工用电线布设是否合理、安全可靠。

（4）检查凿岩机、空压机运行情况。

（5）检查施工人员持证上岗情况。

（6）对静爆孔钻凿工、降尘设备操作工、电工等人员进行现场安全技术交底。

具体现场情况见图 5.1-13。

图 5.1-13　项目土石方开挖、爆破现场

2. 静爆孔测量、布孔

（1）由爆破技术人员按参数准确定位布孔，用白石灰标记，便于凿岩人员施工。

（2）布眼首先确定至少有一个以上临空面，钻孔方向应尽可能地保证与临空面平行。

（3）静爆孔同一排钻孔尽可能保持在一个平面。

具体现场布孔见图 5.1-14。

图 5.1-14　现场静爆凿岩打孔

3. 降尘设备安装与调试

（1）降尘设备制作完成后运至现场使用。

（2）新型降尘设备制作后选择合适的摆放点安装就位，安放前进行场地清理平整，保持摆放点平稳，安装位置确保降尘设备与钻凿孔距离在 15m 范围内。降尘设备使用前检查降尘平台稳定性、风管是否完好、接头是否牢靠。

（3）一级颗粒过滤器的进气口是由柔韧性较好的轻质软管构成，该轻质软管便于工人在施工过程中移动。一级颗粒过滤出气管由硬质 PVC 管构成，因该管不需移动，因此选择采用更加耐用的硬质 PVC 管，制作时保证进气管高度低于出气管高度。PVC 管直径为 ϕ110mm。

（4）二级细粒过滤器主要由旋流器、进气管、出气管组成，旋流器由铁皮焊接而成，进气管和出气管均为硬质 PVC 管，制作时保证进气管高度低于出气管高度。PVC 管直径

为 $\phi 110mm$。

（5）风动力源由高压离心通风机、进气管、出气管组成，高压离心通风机必须要设置相应的保护隔离措施，使电路系统与叶轮系统隔离，防止粉尘进入，从而延长通风机使用时间。

（6）三级粉粒过滤器是由进气管、气体过渡箱、出气布袋组成，进气管就是风动力源的出气管，因到达该级别过滤装置的粉尘颗粒很小，故使用布袋即可将其过滤掉。

新型分级降尘设备安装见图 5.1-15。

图 5.1-15 新型分级降尘设备

4. 静爆钻孔钻凿开孔

（1）使用前，对凿岩钻机进行检查装置气密性，并清理是否有残余粉尘，保证钻机正常使用。

（2）本工程采用 YT-28 型手提钻机打孔，钻孔直径 43mm，钻孔深度约为 2～3m。

（3）一台降尘设备可协同 2～3 台凿岩机同时施工，现场共配置 4 台降尘装置对凿岩机钻孔降尘进行分区、分片作业。

（4）钻孔施工完毕后，对各孔实际孔深、孔距、排距等进行测量记录。并将孔内和孔口余渣清理干净，用编织袋塞住孔口，防止杂物进入钻孔内。

岩石静爆孔钻凿现场见图 5.1-16、图 5.1-17。

图 5.1-16 岩石静爆孔凿岩机打孔

图 5.1-17 静爆孔现场钻凿

5. 降尘设备吸入降尘

（1）将降尘设备的一级吸气软管放置在静爆孔处，先启动凿岩机，然后再启动降尘设备，将吸气软管对准钻凿孔口，在施工过程中不断注意保证对准。

（2）为保证降尘效果，作业时控制一级 $\phi100mm$ 吸气软管长度在 15m 范围内；当需要增长吸气软管长度到 20m 时，则可将吸气软管直径改为 $\phi75mm$。

（3）定时清理吸气软管内壁附着的粉尘，一级、二级颗粒堆积孔处集中堆放的固体颗粒堆积物也需定量清理外运。

（4）每隔 2 小时用棍子敲打三级颗粒过滤器的帆布袋，每天清理布袋中的粉尘 2 次，对清理的粉尘进行集中处理。

（5）当静爆钻孔移位时，由操作人员及时移动吸气软管至下一钻孔口。

一级、二级、三级降尘情况见图 5.1-18～图 5.1-20。

图 5.1-18　一级（大）颗粒过滤堆积

图 5.1-19　二级（中）细粒过滤堆积

6. 终孔、粉尘清理

（1）当钻凿孔满足设计深度后即可终孔。

（2）在终孔或间歇停机时间，检查一级、二级及三级布袋排量，集中进行清理。

降尘布袋清理情况见图 5.1-21。

图 5.1-20　三级粉粒堆积于布袋内

图 5.1-21　布袋放空，排运小颗粒粉尘

5.1.8 材料与设备

1. 材料

本工法所使用材料分为工艺材料和工程材料。

（1）工艺材料：主要是制作降尘设备所需的材料，包括：角铁架、旋流器、高压离心通风机、PE塑料软管、PVC管、布袋等。

（2）工程材料：主要是静态膨胀剂等。

2. 设备

（1）主要机械设备选择

1）凿岩钻机：由于凿岩钻机主要用于岩石静爆孔钻凿，钻凿孔径较小，钻孔深度在3m以内，选用手持式YT-28型号进场即可满足施工要求。

2）空压机：空压机的选用与钻孔直径、钻孔深度、岩层强度、岩层厚度等有较大关系，空压机提供的风力太小，静爆孔钻进速率低；空压机提供风力太大，则容易造成动力浪费，且容易磨损钻具。空压机选用开山牌螺杆压缩机，一台空压机带动2台凿岩钻机。

3）降尘设备：降尘设备作为现场静爆孔钻凿降尘的主力施工机械，降尘设备为自主研发设计，根据现场施工场地范围，选择适当长度、适宜孔径的PE吸气软管；同时根据现场施工用电情况，确定每台降尘设备配置的吸气软管数量。

（2）主要机械设备配套

岩石静爆孔钻凿降尘施工工法所需机械、设备按单机配备，其主要施工机械设备配置及其规格参数见表5.1-1。

岩石静爆孔钻凿主要机械设备配置　　　　　表 5.1-1

机械、设备名称		型号尺寸	规格容量	数量	备　注
手持式凿岩机		YT-28	$\phi34-\phi42$	2台	钻凿静爆孔
空压机		LGY-5/8	30kW	1台	
分级降尘设备	旋流器	FXG-75	30kW/380V	1台	降尘
	高压离心通风机	9-19-4A		1台	

5.1.9 质量控制

1. 项目部指派专人负责岩石静爆孔粉尘排放监控，实行现场同步降尘质量管理，保证降尘质量和实施效果。

2. 静爆孔钻凿施工人员必须持证上岗，钻凿孔完成后质检员现场验收，以保证钻凿孔施工质量。

3. 定期检查降尘设施的质量状况和三级降尘装置相互间的连接情况，防止降尘作业过程中发生外漏。

4. 静爆作业前，对静爆方案进行优化设计，做到合理布设静爆孔，最大限度减少静爆孔数量。

5. 定期组织人员将三级降尘装置处理的废渣粉尘及时外运集中处理。

6. 六级以上大风天气不进行静爆孔施工作业，以免处理后的粉尘被大风吹刮而污染空气。

7. 定期派专人采用目测或相关仪器检测施工现场粉尘指标，确保符合规定要求。

5.1.10 安全措施

1. 机械设备操作人员必须经过专业培训，熟练机械操作性能，经专业管理部门考核取得操作证后上机操作。

2. 进场的挖掘机、凿岩机、泥头车必须进行严格的安全检查，机械出厂合格证及年检报告齐全，保证机械设备完好。现场机械操作人员必须先进行安全技术交底，并持证作业，挂牌负责，定机定人操作。挖掘机要有合格证，操作员持证上岗，泥头车有两牌两证，并登记备案。

3. 凿岩机使用前，检查风钻零部件是否齐全完好，且及时注入润滑油，进行试转。作业中，保持钻机液压系统处于良好的润滑。施工现场所有设备、设施、安全装置、工具配件以及个人劳动保护用品必须经常检查，保持良好使用状态，确保完好和使用安全。

4. 现场用电由专业电工操作，持证上岗；电器必须严格接地、接零和使用漏电保护器。现场用电电缆架空 2.0m 以上，严禁拖地和埋压土中，电缆、电线必须有防磨损、防潮、防断等保护措施；电工有权制止违反用电安全的行为，严禁违章指挥和违章作业。

5. 爆破人员必须经过审查和专业培训、考试合格，有爆破员作业证方可作业。爆破作业各工序应按安全操作规程和作业指导书进行操作，防止事故发生。专职安全员应组织定期进行安全生产大检查，发现隐患时应立即整改。

6. 从事静爆作业人员必须进行技术培训，做到持证上岗，无关人员禁止进入静爆作业区。

7. 雷雨天、暴雨天、大雾天、七级以上台风天禁止钻凿作业。

8. 空压机作业区应保持清洁和干燥。

9. 空压机的进排气管较长时，加以固定，管路不得有急弯。开启送气阀前，将输气管道连接好，并通知现场有关人员后方可送气；在出气口前方，不得有人工作或站立。

5.2 岩石水平斜孔无尘钻凿静爆施工技术

5.2.1 引言

在城市及周边环境条件复杂地段进行深基坑岩石开挖中，严禁采用明爆作业。静态爆破具有不产生振动、操作安全简单、周边环境影响小，因而使用广泛。在静爆前，钻凿静爆孔时一般采用简易的人工手提式钻凿机，在钻凿静爆孔时会产生大量的粉尘，而目前所采用的降尘设施效果差，对现场操作人员身心健康和周边环境影响大，现场文明作业条件差。如何对静爆孔钻凿时产生粉尘的源头直接处理，成为解决岩石静爆钻孔降尘的施工难题，急需在施工工艺、机械设备和技术措施等方面寻找突破口。

2012 年以来，"沙头角梧桐路边检住宅楼边坡治理工程"、"万科云城（一期）1～3 栋基坑石方开挖工程"施工，针对以上岩石静爆孔钻凿时存在的降尘效果差的施工难题，开展了"岩石水平斜孔无尘钻凿静爆施工技术研究"。不同于简易的手持凿岩钻机只能施工竖直钻凿孔，"岩石水平斜孔无尘钻凿静爆施工技术"创新地采用气腿式便携凿岩钻机同步孔内注入清水降尘钻凿法，一方面除了竖直静爆孔以外，还可实现水平及斜孔的静爆孔钻凿；另一方面，钻凿静爆孔时孔内同步注入清水，直接从源头处治理了静爆孔施工时产生的粉尘，顺利解决了钻凿岩石静爆孔时的扬尘治理难题，取得显著社会和经济成效，实现了质量可靠、施工安全、文明环保、便捷经济的目标，达到预期效果。

5.2.2 工程应用实例

1. 万科云城（一期）1～3栋工程

（1）工程概况

拟建万科云城项目位于西丽留仙洞片区，属于政府规划的留仙洞总部基地的中心部分。项目总用地面积为67128.93m²，基坑深度8.37～11.48m，土层采用土钉支护，岩层爆破开挖方式，其中大约有11万方石方需要爆破。

根据钻探揭露，场地内地层自上而下依次为：素填土层、填石层、第四系坡积层、下伏基岩为早白垩世粗粒花岗岩。基坑开挖范围内分布微风化花岗岩层，且层顶埋藏浅，开挖范围内均可见。微风化花岗岩饱和抗压强度为50～90MPa，为坚硬岩，岩体较完整。

（2）施工情况

2015年11月起，万科云城工程开始大体量岩层的破碎开挖运除工作，为基础施工做准备。由于场地附近居民住宅小区及在建工程，对施工环保和振动控制要求高，禁止直接使用炸药爆破的方式进行岩石清除工作。

本项目施工难点主要表现在：岩层埋藏浅、体量大、岩石硬度高；周边市政道路与居民住宅，炸药爆破方式施工限制；开发商住宅项目、工期紧、任务重。

（3）岩石静爆降尘情况

由于场地面积大、爆破石方工程量大、工期紧张，在进行爆破施工时，必须确保不因粉尘问题给工程正常施工造成困扰，因此在爆破施工前，充分了解行情、走访其他类似工程，学习和了解情况，采用了"岩石水平斜孔无尘钻凿静爆施工技术"，在场地内投入凿岩钻机进行钻凿静爆孔并降尘。在施工过程中，基本实现了无尘静爆，降尘效果显著。

现场施工情况见图5.2-1～图5.2-3。

2. 沙头角梧桐路边检站住宅楼边坡治理工程

（1）工程概况

沙头角梧桐路边检住宅楼边坡治理工程，场地位于深圳市盐田区沙头角梧桐路盐田党校东侧、梧桐路以北，其边坡点以现有梧桐路为坡脚。场地拟建一栋住宅楼，设两层地下室，施工需在现有坡体的基础上开挖坡高约3～36m。场地用地红线范围面积5207.58m²。

本工程主要采用"锚杆＋框架梁"和"锚杆＋柔性防护网"的支护方式，并进行喷播植草。项目治理针对边坡岩（土）质条件进行设计加固：上部为岩土结合层，设计采用非预应力框架梁加固坡面；下部大部分为中（微）风化岩层，采用框架面板和柔性防护网护

图 5.2-1　岩层竖直临空面钻凿水平静爆孔

图 5.2-2　岩石平面无临空面钻凿水平斜孔静爆孔

图 5.2-3　静态爆破后基坑底情况

坡处理相结合的支护形式。加固边坡坡脚总长 99.5m，边坡支护面积约 2340m²，土石方工程约 103902.9m³，其中岩石静爆工程量约 12000m³，占总方量的 11%。

（2）施工情况

根据梧桐山边坡现场地质条件、支护结构和场地周边环境情况，采用一种气腿式便携凿岩钻机，可在角度 0°～90°范围内进行钻孔，钻孔过程中同步通过钻杆将外接清水注入孔底降尘，使钻岩时不产生任何粉尘飘散，达到无尘静爆目的，静爆钻孔完成后灌装静爆药剂进行岩石胀裂，采用挖掘机开挖即可。

施工现场情况见图 5.2-4、图 5.2-5。

图 5.2-4　项目现场基岩出露情况

图 5.2-5　现场静爆水平钻孔钻凿

5.2.3 工法特点

1. 静爆孔钻凿降尘效果好

本工法静爆孔成孔钻凿时同步注入清水，使粉尘与注入的清水在钻孔底部结合，静爆孔钻凿过程中粉尘一旦产生即被水吸附，从根本上解决扬尘治理的难题，现场处于无尘施工的良好状态，实现绿色施工。

2. 实现水平及斜孔钻凿

使用气腿式便携凿岩钻机可在岩面 0°～90° 场地作业面上进行静爆孔钻凿，可钻凿水平孔及斜孔，实现了水平孔及斜孔静爆破岩的目的，弥补了传统施工方法只能钻凿竖直钻孔的不足。

3. 可多工作面施工

使用气腿式便携凿岩钻机操作时单机占用面积小，可大范围、多工作面布设钻机同时施工，有利于加快进度，提升作业效率。

4. 劳动强度低

本工法所用气腿式便携凿岩机轻便灵活，操作简便，易于施工人员掌握，无须花费更多的时间和精力管理设备，可以在稳定架设好钻机后让其自动钻孔，劳动强度低。

5. 节约施工成本

采用钻孔时同步注入清水达到降尘效果，清水成本低，可利用基坑内收集水或利用现场的循环水，以达到节约施工成本的目的。

6. 安全文明施工效果好

气腿式便携凿岩机产生的噪声较小，对周围的噪声污染轻；同时，钻机操作轻便，安全性能高，便于场地内灵活移动安排，施工机动性强，便于现场施工管理，有利于实现安全文明施工。

5.2.4 适用范围

1. 适用于边坡支护、深基坑硬质岩层等，需要多作业面的静爆开挖。
2. 适用于各种水平、倾斜角度硬质岩层的静爆开挖。

5.2.5 工艺原理

通过带有风、水联动装置的气腿式便携凿岩钻机完成任意角度岩面的静爆孔钻凿，钻进同时孔内同步注入清水降尘，实现无尘作业。

1. 水平孔及斜孔静爆钻孔

本工法所采用的气腿式凿岩机，可进行任意角度的静爆孔钻凿，包括钻凿水平孔、斜孔，而且无须临空作业面要求，弥补了传统基坑底爆破孔只能在提供了施工临空面后才能钻凿垂直钻孔的不足，采用该设备可以高效地在倾斜岩面甚至是水平岩面上钻凿水平、倾斜静爆钻孔。气腿式凿岩机任意度钻孔原理图见图 5.2-6、图 5.2-7。

2. 钻凿时钻孔内同步注入清水降尘，实现无尘绿色作业

本工法采用的气腿式便携凿岩机带有风水联动冲洗装置，将注水软管连接在凿岩钻机的机身注水口，使清水顺着钻杆、钻头注入孔内，在空压机的带动下形成高压水汽混合

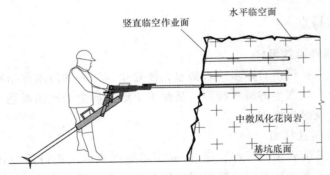

图 5.2-6　施工水平静爆孔

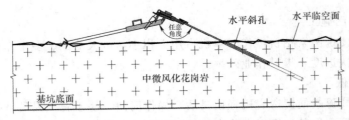

图 5.2-7　施工水平面斜孔静爆孔

物，喷射到钻孔底，直接吸附孔底源头处的产生粉尘和岩屑，最后孔内的粉尘和岩屑都随着水流从钻孔口溢流而出。整个过程从源头处解决了静爆孔钻凿时的扬尘治理难题，真正实现静爆孔钻进无尘作业。降尘原理见图 5.2-8。

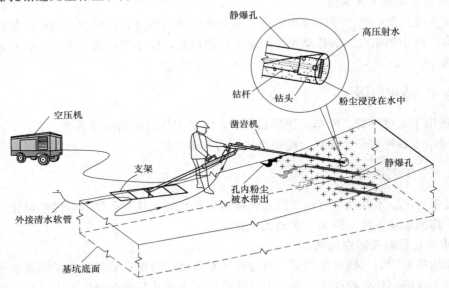

图 5.2-8　气腿式便携凿岩钻机结合清水注底无尘钻孔作业

3. 利用水平临空面达到静爆破岩

当施工水平及斜孔静爆钻孔时，往孔内灌注静爆药剂，直接利用现有水平临空面（或近水平的缓坡临空面）致裂岩体，从而达到水平斜孔静爆破岩的目的，弥补了传统基坑底爆破孔只能在提供了施工临空面后才能打垂直临空面的爆破钻孔的不足。具体见图 5.2-9。

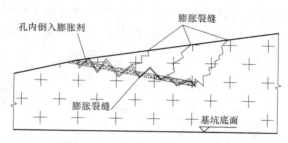

图 5.2-9 孔内注静爆剂静爆破岩

5.2.6 施工工艺流程

岩石水平斜孔无尘钻凿静爆施工工艺流程见图 5.2-10。

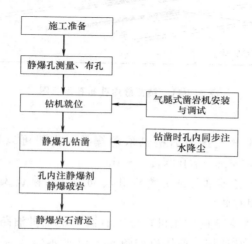

图 5.2-10 岩石水平斜孔无尘钻凿静爆施工工艺流程图

5.2.7 工序操作要点

1. 施工准备

（1）对静爆作业面周边建筑物、地下管线、岩石破碎情况进行调查。

（2）检查静爆作业面情况，尽量满足多台凿岩钻机同时作业，以提高施工效率。

（3）设置现场水源供应点，位置适合多台机同时使用，采用软管与凿岩机连接，配足软管长度。

（4）检查施工人员持证上岗情况。

（5）对静爆孔钻凿工、装药工、电工等操作人员进行现场安全技术交底。

2. 静爆孔测量、布孔

（1）由爆破技术人员按参数准确定位布孔，用白石灰标记，便于凿岩人员施工。

（2）在平面上布钻孔时，首先要确定至少有一个以上临空面（自由面），钻孔方向应尽可能做到与临空面（自由面）平行。

（3）钻凿岩石时，同一排静爆孔尽量保持在一个平面上，以保持静爆破裂面的有效形成。

183

（4）采用气腿式凿岩钻机钻凿静爆孔时，为了更好地发挥水平斜孔的静爆破岩效果，一般采用矩形布置；布孔尺寸一般为：1.2m（纵向）×0.3m（横向），钻孔孔深为 3～4m。静爆孔现场布孔如图 5.2-11、图 5.2-12 所示。

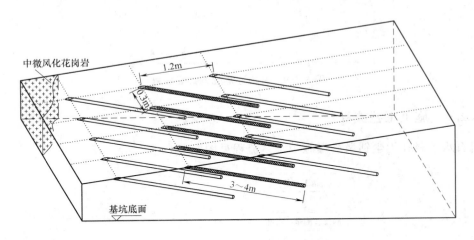

图 5.2-11　钻凿静爆孔布孔示意图

3. 钻机就位

（1）采用 YT-28 气腿式便携凿岩机钻取静爆孔，支腿可以自由伸缩，长度控制在 1.8～3.5m，钻孔直径 ϕ45mm，钻孔深度 3～4m。

（2）开钻前检查钻机各零部件的完整性和转动情况，检查风路、水路是否完好、畅通，各连接接头是否紧固有效。

（3）使用型号为 LGY-5/8 的空压机，施工前检查空压机油路、电路、气路系统的各项性能是否良好，确保正常使用。空压机如图 5.2-13 所示。

图 5.2-12　静爆孔布置

图 5.2-13　空压机（一台空压机可配 5～6 台凿岩机）

（4）注水软管直接与气腿式便携凿岩钻机相连，防止水管缠绕、打结以及受车辆、杂物碾压，保证注水均匀、水压充足。

（5）检查钻机钎杆是否弯曲、中心孔有无堵塞，若发现此类情况应进行处理或更换；检查钻机钎头是否锋利、合金片是否缺损或脱落，不合格者及时更换。

（6）钻机与空压机在预设钻孔位置安装就位，安放前进行场地清理平整，保持摆放点平稳，使钻孔点与钻机距离适宜。

（7）静爆钻孔前先采用压缩空气吹出风管内的水分和杂物，保证钻机正常使用。

（8）一台空压机可配置 5～6 个凿岩钻机同时作业，连续作业。

现场凿岩钻机见图 5.2-14。

图 5.2-14　空压机送风管凿岩机连接

4. 静爆孔钻凿

（1）钻孔时把钻机操纵阀开至慢速运转位置，待孔位稳固并钻进 20～30mm 后再把操纵阀手把转换至中速运转位置钻进，当钻进约 50mm 且钻头不会脱离孔口时再快速钻进，退钎时应慢速徐徐拨出。

（2）钻孔过程中同步注入清水，防止钻凿时粉尘飘散。

（3）在钻孔过程中，要经常检查风管和水管的连接是否牢固，有无脱扣现象，如接头不紧应停钻处理好后再开始工作。

（4）钻孔人员禁止正对孔口位置，禁止骑在气腿上钻孔，防止断钎伤人。

（5）钻孔深度在 2m 以上时，先采用短钎杆钻孔，待钻至 1m 深度后再换长钎杆。

（6）工作面平整的钻孔位置事先凿毛，防止开孔时炮眼移位。

（7）钻孔施工完毕后，技术人员对各孔实际孔深、孔距、排距和孔倾角进行测量记录。

钻凿完成的静爆孔如图 5.2-15，凿岩钻机钻头（钢钎头）见图 5.2-16，现场钻凿见图 5.2-17。

图 5.2-15　岩石水平斜孔凿静爆孔成孔

图 5.2-16　凿岩钻机钻头（钢钎头）

图 5.2-17　岩石平面无临空面钻凿水平斜孔静爆孔

5. 孔内注静爆剂破岩

（1）根据当天施工天气温度情况，选择合适的时间点进行灌药，最佳温度为 10～20℃。

（2）静爆剂按规定配合比，由专人负责在铁制容器里搅拌均匀。

（3）加膨胀剂：

1）倾斜的静爆孔，可在药剂中加入 22%～32%（重量比）的水（具体加水量由颗粒大小决定）拌成流质状态（糊状）后，迅速倒入孔内并确保药剂在孔内处于密实状态；用药卷装填钻孔时，应逐条捅实；粗颗粒药剂水灰比调节到 0.22～0.25 时静态破碎剂的流动性较好，细粉末药剂水灰比在 32% 左右时流动性较好。

2）水平方向的静爆钻孔，可用比钻孔直径略小的高强长纤维纸袋装入药剂，按一个操作循环所需要的药卷数量，放在盆中，倒入洁净水完全浸泡，30～50 秒药卷充分湿润、完全不冒气泡时，取出药卷从孔底开始逐条装入并捅紧，密实地装填到孔口，即"集中浸泡，充分浸透，逐条装入，分别捣实"；也可将药剂拌和后用灰浆泵压入，孔口留 5cm 用黄泥封堵保证水分药剂不流出。

3）岩石刚开裂后，可向裂缝中加水，支持药剂持续反应。

4）每次装填药剂，都要观察确定。

5）药剂反应的快慢与温度有直接的关系，温度越高，反应时间越快，反之则慢。实际操作中，控制药剂反应时间太快的方法有两种，一种是在拌合水中加入抑制剂，另一种方法是严格控制拌和水、干粉药剂和岩石的温度。夏季气温较高，破碎前应对被破碎物遮挡，药剂存放低温处，避免曝晒；将拌合水温度控制在 15℃ 以下，药剂（卷）反应时间

图 5.2-18　搅拌静爆膨胀剂

图 5.2-19　静爆孔内灌入膨胀剂

过快易发生冲孔伤人事故，可使用延缓反应时间的抑制剂；抑制剂放入浸泡药剂（卷）的拌和水中，加入量为拌合水的 0.5%～6%；冬季加入促发剂和提高拌和水温度，拌和水温最高不可超过 50℃，反应时间一般控制在 30～60 分钟较好。

现场搅拌静爆膨胀剂见图 5.2-18，静爆孔内灌入膨胀剂见图 5.2-19。

6. 爆破岩石清运

（1）完成静爆破岩后，岩体呈裂隙碎块状。水平静爆破岩后效果情况见图 5.2-20。

（2）较破碎的岩块可用挖掘机开挖装车清运，对于较大块岩体先用破碎机将其解小、破除。

图 5.2-20 水平静爆破岩后效果

5.2.8 主要机械设备

本工艺现场施工主要机械设备按单机配备，主要施工机械、设备配置见表 5.2-1。

主要施工机械、设备配置　　　　　　　　　　表 5.2-1

机械、设备名称	型号	规格容量	数量	备 注
气腿式凿岩机	YT-28	φ45mm	5～6 个	钻凿静爆孔
螺杆压缩机	LGY-5/8	30kW	1 台	1 台压缩机可配备 5～6 台凿岩机同时作业
注水软管	软管	10mm	若干	送水降尘
履带式反铲挖掘机	PC200	0.8m³	1 台	挖石、解石、装石外运
履带式炮机	EC240	1.5m³	1 台	
泥头车	福田欧曼	10m³/台	若干	石方外运

5.2.9 质量控制

1. 材料质量控制措施

（1）仓库设置在干燥通风处。

（2）静爆剂材料入库时提供有出厂合格证及检验合格证；材料购入后，标示清楚并储存在仓库指定地点，不可随意乱放。

（3）仓库指定专人管理，化学品仓库安装通风设备，消防设备、设施。

（4）材料领用由各保管人员开取领用申请单，各所需使用本单进行领取，领用量原则上是各生产单位一天的使用量，由各部门化学品管理进行人员分装作业。

2. 静爆质量控制

（1）做好工序质量验收关，水平斜孔的间距、深度和倾角符合设计。

（2）孔距与排距布置：孔距与排距的大小与岩石硬度有直接关系，硬度越大时，孔距与排距越小，反之则大；静爆孔水平向间距一般为 $0.3m \times 1.2m$ 网格形布置，遇硬岩可适当减小间距，遇软岩可适当增大间距。

（3）钻孔：钻孔直径与破碎效果有直接关系，钻孔过小不利于药剂充分发挥效力；钻孔太大，易冲孔。使用直径为 $38 \sim 42mm$ 的钻头，钻孔内余水和余渣用高压风吹洗干净，孔口旁应干净无土石渣，装药深度为孔深的 100%。

（4）静爆剂配制和装填：严格按配合比配制静爆药剂，搅拌均匀，并按量装填，雨天严禁装药，保证静爆效果。

（5）静爆后，采用挖掘机开挖装车外运，对于个别静爆后较大的岩块采用炮机现场解炮后外运。

5.2.10　安全措施

1. 机械设备操作人员和指挥人员严格遵守安全操作技术规程，杜绝"违章指挥、违规作业、违反劳动纪律"的"三违"作业，工作时集中精力，小心谨慎，不擅离职守，不得疲劳作业，不得带病作业，严禁酒后操作。

2. 进场的挖掘机、凿岩钻机、泥头车必须有严格的安全检查，机械出厂合格证及年检报告齐全，保证机械设备完好。现场机械操作人员必须先进行安全技术交底，并持证作业，挂牌负责，定机定人操作。挖掘机有合格证，泥头车有两牌两证，并登记报安监站备案。

3. 施工现场用电由专业电工操作，持证上岗，其技术等级应与其承担的工作相适应；现场配备标准化电闸箱并设置明显标志，所有使用的电器设备必须符合安全规定，严格接地、接零和使用漏电保护器。

4. 施工现场所有机械、设备、线路、安全装置、工具配件以及个人劳动保护用品必须经常检查，保持其良好的使用状态，确保完好和使用安全，一旦发现缺损、破旧、老化等问题须及时检修或更换，严禁带故障运行，杜绝机械设备安全事故。

5. 气腿式便携凿岩钻机使用前加注润滑油进行试运转，作业中保持钻机液压系统处于良好的润滑状态，以免发生钻凿安全事故。

6. 凿岩钻机操作工人必须佩带相关防护用具，无关人员禁止进入静爆作业区。

7. 静爆工作人员必须经过审查和专业培训、考试合格，有爆破员作业证方可作业；静爆作业各工序应按安全操作规程和作业指导书进行操作，防止事故发生。

8. 专职安全员应定期组织安全生产大检查，发现隐患时立即整改。

9. 对于不可避免的飞石，设置安全防护排架以防对周边建筑物、道路和行人造成安全威胁。

10. 雷雨天、暴雨天、大雾天、七级以上台风天、黄昏与夜晚禁止静爆孔钻凿作业，在钻孔施工过程中遇到雷雨、狂风天气时应立即停止作业，做好现场安全防护措施并迅速撤离工作区；暴风雨后须进行一次全面检查，发现问题及时处理。

5.3 硬岩"绳锯切割＋液态二氧化碳制裂"综合施工技术

5.3.1 引言

在基础工程深基坑、高边坡、承台土石方开挖过程中，经常遇到高硬度、大面积岩体的破除施工，传统炸药爆破方式振动大、危险性高，在城市中心区、地铁影响范围，或周边有重要建（构）筑物时禁止采用；而静态爆破费用高，且其静爆药剂受天气影响，药剂反应时间长，影响施工效率。如何提高破岩效率，降低破岩费用，安全环保等，急需在施工工艺、机械设备、技术措施等方面寻找突破口。

近年来，通过惠州博林腾瑞基坑开挖、万科云城基坑土石方开挖、梅林隧道联络线岩石开挖等多个工程项目的实践，开展了硬质岩体"绳锯水平切割＋液态二氧化碳竖向制裂"综合爆破施工技术研究，总结提出了硬质岩体"绳锯水平切割＋液态二氧化碳竖向制裂"综合爆破施工工法，即：在预爆岩体的开挖底标高位置的水平方向，采用绳锯法预先切割岩体，形成硬岩底部破裂自由面；然后竖向上在需爆裂的岩体外缘钻凿制爆孔，并在制爆孔内安放液态二氧化碳制裂管，将制裂管接线、引爆，激发液态二氧化碳气化膨胀产生高压使硬岩爆裂，并形成了相应的施工新技术，取得满意成效。

5.3.2 工程应用实例

1. 深圳万科云城基坑开挖项目

万科云城项目位于西丽留仙洞片区，东至石鼓路及石鼓花园、南至打石一路、西至创科路、北至兴科路。项目总用地面积为 67128.93m²，基坑深度 8.37～11.48m，岩层出露浅，岩层开挖采用爆破开挖，岩石开挖深度 7～10m，主要为中、微风化花岗岩，平均抗压强度达到 88.5MPa，岩石方量约 60000m³。

基坑岩层分布及开挖情况见图 5.3-1，岩体水平钻凿绳锯孔见图 5.3-2，绳锯水平切割见图 5.3-3，制裂管现场安装见图 5.3-4，岩体制裂效果见图 5.3-5。

图 5.3-1 场地岩体分布及施工开挖现场

图 5.3-2 潜孔锤水平
钻凿绳锯孔

图 5.3-3　绳锯水平切割　　　　　　　图 5.3-4　制裂管现场安装

图 5.3-5　岩体制裂效果

2. 梅林隧道联络线岩石开挖

（1）工程概况

梅林隧道联络线连接深圳北站和梅林隧道正线，联络线单线隧道长 958.185m，下穿深圳市司法局第二强制隔离戒毒所、深圳 CID 警犬基地和金龙路。爆破岩体为微风化花岗岩，平均硬度超过 66MPa。

（2）施工情况

梅林隧道正线联络线，施工过程中遇到局部硬质岩体，范围约 30m 延米，硬度高，工期紧；采用本工艺，30 天左右顺利完成。

隧道内硬岩制裂管安装及爆裂效果见图 5.3-6、图 5.3-7。

5.3.3　工艺特点

1. 操作安全可靠

本工法制裂管工作原理为物理爆破，设备由工厂成套生产，质量有保证；制裂管充装过程由仪器控制，避免人为操作过失。

2. 无污染、实现绿色施工

整个施工过程中扬尘少、无飞石，不产生有毒气体，不危害工人健康，覆盖措施少，振动小，周边环境影响小，可实现绿色施工。

图 5.3-6　隧道内硬岩及制裂管安装

图 5.3-7　爆破后效果

3. 施工进度快

本工法不同于炸药爆破引起飞石、扬尘、有毒气体，每次需要控制爆破范围；不同于药剂静爆，每次爆破断面小，爆破方量少。新工艺根据施工区域确定爆破范围，可以一次进行大体量的岩体爆破，每次爆破方量平均在 $100\sim500m^3$。

4. 综合成本低

本工法一套二氧化碳制裂系统设备可使用 3000 次以上，使用成本低；组装、充装、安装和爆破操作简单、快速，爆破准备时间短，提高工作效率，使用材料为市面较低价格且安全的二氧化碳，综合成本低。

5. 不属于明爆产品

本工法属于物理爆破，起爆无火花，不使用炸药，管理简便；设备简单，安全可靠，组装、填充、运输和安装过程安全可靠，无须处理哑炮。

5.3.4　适用范围

1. 适用工期紧、场内有大量岩体需要破除、周边环境复杂或存在重要建（构）筑物禁止明爆的场地。

2. 适用于各种硬质岩石类地质均可使用。

5.3.5　工艺原理

硬质岩体"绳锯水平切割＋液态二氧化碳竖向制裂"综合爆破施工技术主要分为两部分，即：水平向绳锯分割预裂岩体与本体、竖向液态二氧化碳制裂管爆破岩体。

1. 水平钻孔，绳锯水平切割预裂岩体

依据岩体开挖设计标高，在二个方向上贯穿钻绳锯孔，采用绳锯法将预裂岩体在水平方向上进行全断面切割，使之在水平面上与硬岩本体分离，创造水平方向的一个自由破裂面，使之与实际存在的临空面共同作用，提高岩体破裂的效果。水平钻孔采用气动潜孔锤钻机，根据设计标高在岩体下部水平向钻直径 90mm 钻孔，先钻长孔、后钻短孔，两孔贯通，穿绳锯，先用绳锯切割预破裂岩体与本体，每次切割范围按 $70m^2$ 左右确定水平钻孔位置。潜孔锤绳锯孔施工见图 5.3-8，绳锯切割施工见图 5.3-9。

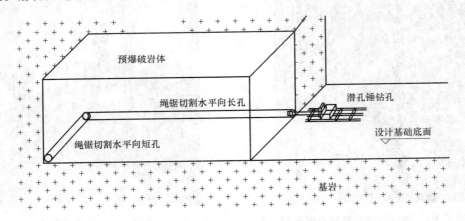

图 5.3-8　潜孔锤水平钻绳锯孔示意图

2. 竖向钻孔，液态二氧化碳制裂管安装制裂爆破

完成水平面绳锯切割后，在预裂岩体竖向断面钻凿制裂孔，并在制爆孔内安放液态二氧化碳制裂管，将制裂管接线、引爆，激发液态二氧化碳气化膨胀产生高压使预裂硬岩破碎。预破裂岩体竖向制裂孔垂直于水平钻孔，钻孔直径 90mm，深度至水平钻孔标高，安装制裂管制裂破碎岩体。

预裂岩体竖向制裂孔钻凿见图 5.3-9。

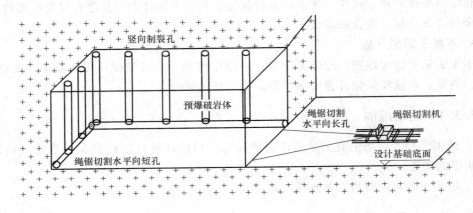

图 5.3-9　预裂岩体竖向制裂孔钻凿示意图

5.3.6　施工工艺流程

硬质岩体"绳锯水平切割＋液态二氧化碳竖向制裂"综合爆破施工技术施工工艺流程见图 5.3-10、图 5.3-11。

5.3.7　工序操作要点

1. 施工准备

（1）施工前对施工场地地质条件、作业环境、工程量、周边布局、工期要求、气候条

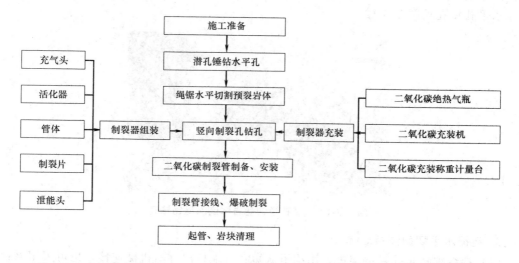

图 5.3-10 硬质岩体"绳锯水平切割＋液态二氧化碳竖向制裂"综合爆破施工流程图

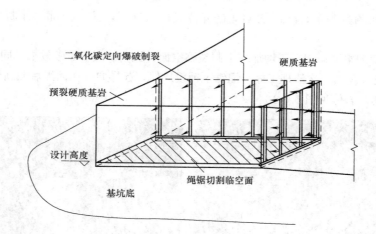

图 5.3-11 硬质岩体"绳锯水平切割＋液态二氧化碳竖向制裂"综合爆破工序图

件及硬岩分布，岩面标高、设计图纸详细调查分析研究。

（2）根据现场施工条件合理布置钻孔位置、绳锯切割范围、制裂管破裂岩体区域，挖掘机清理场地，合理布置流水施工，根据工期要求配备足够的施工机械设备和作业人员。

（3）现场专设液态二氧化碳充装区域，专人管理。

2. 潜孔锤钻水平钻孔

（1）根据岩体性质、体量、岩体高度、预爆破岩体重量、地形坡度、设计标高，确定依次破碎区域范围，撒灰线。根据实践使用工效总结，每次分割岩体在 70m² 左右，与制裂管制裂结合功效最优。

（2）每次爆破采用长条形区域设置，用气动潜孔锤沿设计标高面水平引直径 90mm 钻孔，潜孔锤钻孔采用先打长孔，再打短孔的方式，钻孔时做好定位和水平测量。

（3）根据施工经验长孔控制在 15～18m 为宜，过长容易偏孔，短孔控制在 5m 左右，以利于两个钻孔的贯通。

水平孔钻孔见图 5.3-12。

图 5.3-12　潜孔锤钻凿岩体底部绳锯钻孔

3. 绳锯水平切割预裂岩体

（1）穿绳锯从长孔一端穿进，用钩子从短孔一端拉出并与机械连接，也可采用磁铁方式穿绳锯。

（2）绳锯切割过程中，在已切割绳锯缝位置插入钢钎，防止上部岩体断裂，将绳锯压在岩体中。

（3）绳锯切割主要作用在于增加一个制裂临空面，提高制裂管爆破效果，同时对于基底标高要求高的建筑，免去二次清理工序。绳锯下铺设导轨，起导向并作回绳后截断绳用。

绳锯水平切割岩体见图 5.3-13。

图 5.3-13　绳锯水平切割

4. 竖向制裂孔钻孔

（1）竖向制裂孔钻孔沿着水平钻孔布设，钻孔深度与水平钻孔相交，岩体中空隙较大，制裂效果更好。

（2）制裂孔距离垂直临空面 2.5m 左右，孔壁要求顺直，孔与孔之间距离在 2.5m 左右（主要取决于岩石的硬度以及对制裂后石块大小的要求）。

（3）孔间距应尽量布置合理，以免在制裂过程中损坏充气头及泄能头；横向排孔必须保持在一条直线上，纵向孔深尽量保持一致，不得错排布孔，如孔位置一前一后。

预爆岩体后缘范围竖向制裂钻孔施工见图 5.3-14。

5. 二氧化碳制裂管制备、安装

（1）液态二氧化碳制裂管制备：一根完整的制裂管由充气头、发热活化器、管体、制裂剪切片、泄能头组装完成。单根制裂管各部件组装好后放在充装台上充装液态二氧化碳，每根管液态二氧化碳充装量控制在 $0.85\sim1.0\mathrm{kg}$，组装制裂管前用万用表检测活化器电阻值是否合格，充装完毕后检查制裂管是否漏气，液态二氧化碳充装应在室内专用场地进行。制裂管充装设施及制裂管见图 5.3-15、图 5.3-16。

图 5.3-14　凿岩机竖向制裂孔钻孔

（2）制裂管安装：根据制裂孔深度计算制裂管长度及根数，每个制裂孔内管体为一组，孔口安装连接管，用来各组制裂管接线连接；下管前应清理好孔洞周边碎石，以免在下管过程中碎石掉落卡住制裂管，用盒尺测量孔洞深度，确保孔洞中制裂管位置处于同一高度。将下好的管体扶正，在钻孔内缝隙处缓慢填充碎石粉或石粒等干燥、密度大的回填料，全部回填完毕后用无缝管顺时针敲击连接管最上端使回填料密实，直至回填料无法下沉为止，此方法是为防止制裂时管体窜出，回填料不得加水混合。

图 5.3-15　液态二氧化碳制裂管制备设施

图 5.3-16　已灌装液态二氧化碳的制裂管

6. 制裂管接线、爆破制裂

（1）第一个孔洞的连接管中心接线孔与第二个孔洞连接管外壁相连，第二个孔洞的连接管中心接线孔与第三个孔洞连接管外壁相连，以此类推。

（2）全部连接后，测量制裂线终端电阻，保证电阻在正常范围内的情况下，将制裂线引至安全距离后，连接至起爆器上进行起爆。

制裂管制裂线连接及制裂后效果见图 5.3-17、图 5.3-18。

7. 起管、岩块清理

（1）在起管时可选择挖掘机协助或人工起管。

（2）制裂管制裂岩体后，会有个别尺寸较大岩体需要破碎，采用液压镐将大块岩体破碎后装车外运。由于绳锯预先做了岩体与本体的切割，岩体破裂后底面干净，不用二次清理。

图 5.3-17　制裂管线路连接

图 5.3-18　制裂管制裂效果

岩体爆裂后清运现场具体见图 5.3-19。

图 5.3-19　岩体爆裂后清运现场

5.3.8　主要配套机械设备

本工艺现场操作涉及的主要机械设备配置见表 5.3-1。

主要机械设备配置表　　　　　　　　　表 5.3-1

名　称	型号、尺寸	产　地	备　注
水平向轻型潜孔钻机	XQ100B	河北	钻孔
空压机	PES600	河北	钻孔
金刚石串珠绳锯机	MTB55B	桂林	切割
竖向潜孔钻机	HCR1200-ED II	日本	钻孔
制裂管	790mm	河北	制裂
二氧化碳充装机	1220×590×1110mm	河北	充装
液压接头旋紧机	1240×645×1320mm	河北	制裂管连接
挖掘机	PC220	湖南	挖运
挖掘机	CAT240	江苏	破除

5.3.9　质量控制

1. 潜孔锤水平引孔时做好钻机定位测量工作，用水平尺测量钻机钻进角度，预裂岩体顶部放置一把台尺做导向作用，避免孔洞打偏。

2. 做好顶部钻孔定位工作，钻孔间距过远，岩体达不到制裂效果，在阴阳角处适当加密制裂管间距。

3. 制裂管充装液态二氧化碳时，根据充装台计量装置做好记录，避免漏充或者过充。

4. 制裂管连接勤用万用表测试，测试电阻是否满足要求，避免使用过程中有制裂管不能爆破。

5. 二氧化碳绝热气瓶内压力不得为 0，应在液态二氧化碳用完前及时重新灌装，重新灌装后气瓶压力过低会出现无法充装的现象，打开增压阀升压至 $1800\sim2400kPa$ 即可。

6. 二氧化碳充装称重计量台要放置在平整的地面上，首次使用时，需用六角扳手松开底部三个传感器保护螺丝，否则无法使用；若需要更换放置地点，在搬运前应紧固底部三个传感器保护螺丝，以免对计量台造成损坏。

7. 活化器应做到严格管控，设专人负责出库入库记录，在安装前应测量电阻，电阻正常方可安装。

8. 制裂管在使用过程中要轻拿轻放，严禁扔、摔制裂管，摔碰等易引起充气头坏扣情况。

9. 在现场使用制裂管过程中应注意保护充气头、泄能头丝扣，沾上泥砂等应使用刷子、布进行清理，若清理不干净很容易损坏丝扣。

10. 充气前要校验二氧化碳充装称重计量台的精度。

11. 制裂管安装后回填必须是细石粉，不能放土等湿滑物。

12. 根据作业环境需要，选择使用经爆破认证的工具（导线、万用表、制裂器等）。

13. 如果二氧化碳制裂管长时间不使用，应将设备及活化器放置于干燥的地方，将设备的金属部分做防锈处理，注意旋紧充气头进/排气阀门顶针，以防生锈，妥善保管。

14. 二氧化碳绝热气瓶应放置在通风良好、避免阳光直接照射的阴凉处，在日常使用时只需打开出液阀即可，其余阀门严禁随意打开；定期检查二氧化碳绝热气瓶压力情况并保证气瓶内有压力，二氧化碳绝热气瓶与制冷压力泵、二氧化碳充装称重计量台之间连接的充气管路要用保温材料包裹住，以减少二氧化碳在流动中的损耗。

15. 充气头连接孔拧螺丝时应顺直安装螺丝，否则易出现滑扣等情况；充气头与泄能头连接时，不得错扣强行旋紧；充气头在充装过程中，若出现充气开关处漏气，用六角扳手压紧充气头旋紧螺母即可；若出现接线孔处漏气，应拆下充气头用 12mm 或 13mm 套筒压紧充气头内部旋紧螺母；若充气头丝扣有轻微损坏时，用锉刀修复。

16. 检查空气压缩机油位表并每周排除压缩机罐内污水，检查液压旋紧机内液压油有无损耗、有无脏污并一年更换一次新的液压油。

17. 在组装开始之前，应首先检查充气头和泄能头两面的丝口、管体内丝口及安装活化器和制裂片的管口是否有脏物、生锈斑点、腐蚀磨损和严重的划痕，若有损坏应及时进行维修或更换，以防漏气，用空气压缩机气嘴清理干净，然后用干净的抹布擦干净；检查活化器是否有破损、漏药，将万用表调至 200Ω 档测量活化器电阻阻值是否在 2.0Ω 以内。

18. 若施工过程中水平孔打偏、存在标高差、两个水平孔不能贯通，则需要增加竖向钻孔，在竖向上使两个水平孔贯通，穿绳锯时从长孔穿入，由竖向贯通孔将绳锯勾住，导入短孔穿出。

5.3.10　安全措施

1. 机械设备操作人员和指挥人员严格遵守安全操作技术规程，杜绝"违章指挥、违规作业、违反劳动纪律"的"三违"作业，工作时集中精力，小心谨慎，不擅离职守，不得疲劳作业，不得带病作业，严禁酒后操作。

2. 在室内充装二氧化碳过程中应尽可能保持低温环境，有条件可装空调；二氧化碳比空气重，应保证室内空气流通，最好在地面附近设通风孔。

3. 液态二氧化碳在充装过程中气化形成干冰，会吸收周围大量热量，使金属管体表面变得特别冷，因此在充装、释放二氧化碳时要佩戴手套防止直接接触皮肤引发冻伤。若在制裂完成后有未起爆的制裂管，此时制裂管内活化器可能已经被激发并造成管体发热，检查时应断开与制裂器之间的连接并谨防烫伤。用万用表检测线路是否依然导通，若导通则清除故障后重新连接再次尝试制裂；若不是线路问题，应打开泄气孔放掉管内二氧化碳气体，拆除所有管体后逐个检查管体的线路连接、是否漏气、是否没打开制裂片等，根据故障情况安排是否继续施工操作。

4. 二氧化碳绝热气瓶属高压容器，在运输、装卸、使用中要谨慎操作，严谨磕碰，避免高温环境。

5. 二氧化碳充装机接线前要确保电闸已经处于关闭状态，充装完置于组装架上的管体，其两端的充气头、泄能头不要承重受力；防止静电（不触碰接线孔金属），严禁提前接连起爆器；在运输和操作时要谨慎操作，防止磕碰；如果充装好的管体不慎掉落、磕碰，虽然不会被激发制裂，但可能会破坏任意一端的丝扣力量松动而导致漏气；防止高温暴晒制裂管而漏气。

6. 回填时应尽量选择密度大的材料，回填密实度要高，水平面如有尘土时应先洒水保持地面湿润，以免制裂时扬尘；填孔时孔内有积水、回填后密实度不达标时不允许制裂。

7. 只能在二氧化碳制裂管放置好并立刻准备激发时才将制裂线连接上，不使用时保持制裂线的末端两极短接；设备长期不使用时需设专人定期维护保养，严格按设备说明书谨慎操作。

8. 严格禁止露天空地起爆，以防管体内高压气体使定压切割片飞出上千米远；不能起爆一根没有固定的二氧化碳制裂管，必须用相应的设施固定；不得在制裂面正前方制裂，必须在侧面并能清楚观察到制裂作业现场的位置，随时注意躲避危险情况。

9. 现场卸料（主要指破裂的岩块）前，检查卸料处附近是否有人，以避免将人员砸伤。

10. 导管对接时，注意手的位置，防止手被导管夹伤。

11. 遇恶劣天气，如下雨天等，或能见度低，不允许制裂。

5.4　基坑硬岩绳锯切割、气袋顶推开挖施工技术

5.4.1　引言

基坑开挖施工常遇到岩层埋藏浅、硬度高需进行大量硬岩层的破碎挖除工作，传统炸

药爆破方式振动大，危险性高，对周边扰动大且在市区内禁止实施；静态爆破方式费用高、工期长、粉尘大。如何提高基坑硬质岩体开挖效率、降低施工费用且保证绿色环保安全是基坑硬岩开挖领域急需解决的问题。

近年来，多个基坑开挖工程项目其特点均为硬岩开挖量大、周边建筑和管线环境条件复杂，严禁采用明爆开挖。针对此类项目的岩石开挖特点，于2016年开发了《硬质岩体"绳锯水平切割＋液体二氧化碳竖向制裂"综合爆破施工技术》，经过数个项目的应用，取得了良好效果。但在此工法的应用过程中，由于液体二氧化碳竖向制裂爆破会产生一定程度的振动，对周边环境条件敏感区如地铁、邻近管线及建（构）筑物时，被限制使用。为此，在原工法的基础上，进行了升级和改进，开展了"基坑硬质岩体绳锯切割、气袋顶推开挖综合施工技术"研究，通过采用潜孔锤钻凿绳锯孔，利用绳锯将待破除岩体沿水平向、侧向切割分块，然后在绳锯切割缝安放气袋，气袋经空压机充气后膨胀将待破除岩石向外顶推，岩石沿裂隙发生破碎。该项技术经多个项目实践，成效显著，已形成完整的施工工法，取得了显著的社会效益和经济效益，大大拓宽了原有工法的使用范围。

5.4.2 工程应用实例

1. 工程概况

拟建惠州博林腾瑞项目基坑支护工程位于惠州市惠阳区，大亚湾区比亚迪南门，龙海三路南侧，场地四周地下外墙线（基础外边缘）与红线距离较近，且存在包含煤气管道在内的多种管线、周边分布多栋住宅民房。现场基岩类型为中风化砂砾岩，厚层状构造，岩体较完整，基本质量等级为Ⅳ类。

2. 施工情况

项目于2016年6月开工，2017年2月完工。施工后期采用"基坑硬质岩体绳锯切割、气袋顶推开挖综合施工工法"，取代了"绳锯水平切割＋液体二氧化碳竖向制裂"工艺，完成石方量开挖8万多 m^3，施工过程实现了安全文明，取得良好的社会效益和经济效益。

具体施工现场情况见图5.4-1～图5.4-4。

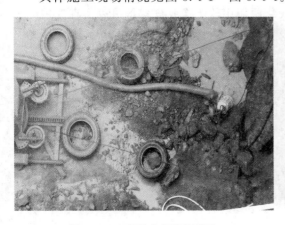

图5.4-1　绳锯水平切割岩体

图5.4-2　绳锯侧面切割岩体

图 5.4-3　顶推气袋

图 5.4-4　顶石气袋安装及顶推

5.4.3　工艺特点

1. 安全可靠

用于岩石顶推的充气气袋经正规工厂加工并具有产品合格证，施工过程中采用控制台严格控制气袋的加压速率和压强大小，气袋水平推力分级逐步提升，全过程属静力破碎，操作安全可靠。

2. 绿色施工

绳锯通过摩擦对岩石进行切割，过程中可持续注水润滑降噪，无粉尘污染；气袋顶推通过空压机充气膨胀，整个过程匀速加压，属于静力破碎，现场作业环境良好，且对周边环境影响小。

3. 施工效率高

通过充气气袋对待破除岩石进行顶推，使岩石在推动过程中沿裂隙发生破坏，减少了下一步挖掘机破碎的难度和工程量，每次可顶推岩石方量约 $50m^3$，大大提高了施工效率。

4. 综合成本低

本工法采用的顶推充气气袋价格经济，气袋两侧用轮胎橡胶皮保护可以实现气袋的多次重复利用；气袋以普通空压机充气，机械设备简单，费用价格低。

5. 使用无条件限制

本工艺完全为物理膨胀，不属于爆破作业，膨胀过程均匀无飞石、无粉尘、无噪声，无需经公安部门备案审批；气袋的运输、储存、使用无任何条件限制，管理简易方便。

5.4.4　适用范围

1. 适用于基坑、边坡、矿山等硬质岩石，硬岩是指单轴抗压强度大于 30MPa 的岩体。

2. 适用于大型混凝土拆除。

3. 适用于周边环境复杂或存在重要建（构）筑物、禁止明爆的工程项目。

5.4.5 工艺原理

本工艺原理主要表现为两部分：一是采用绳锯沿设计标高对岩体进行水平及竖直切割，使待破除岩体与本体脱离，形成临空面；二是将气袋置于绳锯竖向切割缝内，采用空压机对气袋进行充气，气袋膨胀将待破碎岩石顶推出去并沿裂隙破碎。

1. 绳锯切割形成预裂岩石临空面

采用气动潜孔锤，在岩体下部水平向及内壁竖向钻凿直径 90mm 绳锯孔，各孔贯通、穿绳锯，先使用绳锯切割待破除岩体底部（图 5.4-5），再分别切割岩体的两个内侧面（图 5.4-6），使之与原岩分离，形成 11mm 临空面间隙。

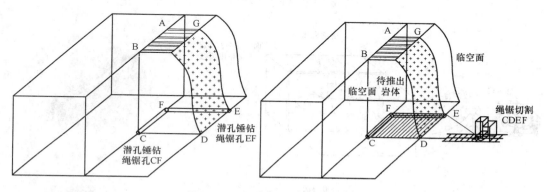

图 5.4-5 绳锯水平切割 CDEF 面

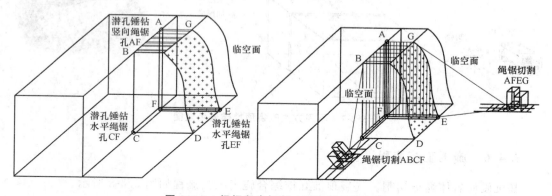

图 5.4-6 绳锯竖直切割 ABCF 及 AFEG 面

2. 气袋充气顶推

顶推气袋采用国外进口高分子材料，以先进专业技术制作，厚度为 7mm。

放置气袋前，先在绳锯切割自由面两侧放置保护橡胶皮垫，以防止气袋膨胀过程中被尖锐的岩石刺破；然后选择最佳省力点将气袋置入待破除岩石与原岩的竖向绳锯切割缝中，通过空压机不断地向气袋中输送空气，控制台压力表控制在 0.3~0.4MPa 范围内，气袋内气压不断增加膨胀，在两侧岩石水平方向形成 50~200t 的顶推力，将待破除岩石向外推出。

为最大限度发挥气袋的顶推效果，当单个气袋效果不佳时，可采用 2 个气袋共同顶推，通过多个气袋、多点布置增加顶推推力，从而增加单次岩石顶推量。采用两个气袋叠加放置可以将最大顶推行程增加至 2m。

不同方式的气袋顶推情况如图 5.4-7 所示。

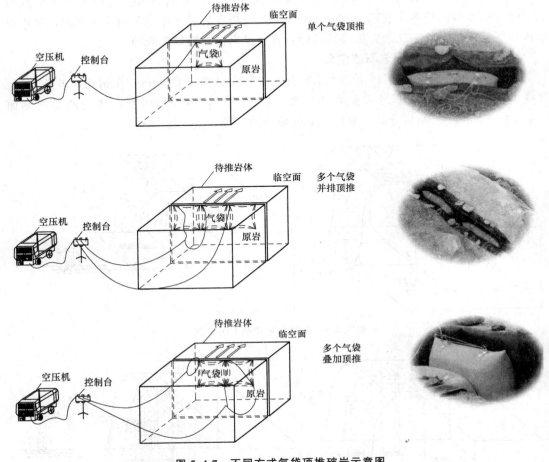

图 5.4-7　不同方式气袋顶推破岩示意图

5.4.6　施工工艺流程

基坑硬质岩体绳锯切割、气袋顶推开挖综合施工工艺流程如图 5.4-8 所示。

5.4.7　工序操作要点

1. 施工准备及潜孔锤竖直、水平方向钻绳锯孔

本工艺工序过程中的施工准备工作，及潜孔锤竖直、水平方向钻凿绳锯孔操作要点同 5.3.7。

2. 绳锯水平、竖直方向切割岩体

（1）从长孔一端将绳锯穿进，用钩子从短孔一端拉出并与机械连接，也可采用磁铁方式穿绳锯。

（2）绳锯切割过程中，在已切割绳锯缝位置插入钢钎，防止上部岩体断裂，将绳锯压在岩体内。

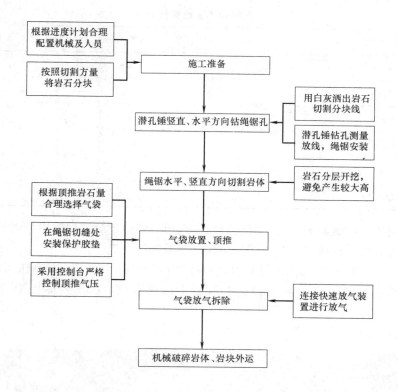

图 5.4-8　基坑硬质岩体绳锯切割、气袋顶推开挖综合施工工艺流程图

（3）绳锯机械下铺设导轨，起导向并作回绳后截断绳用。

绳锯水平、竖直方向切割岩体如图 5.4-9、图 5.4-10 所示。

图 5.4-9　绳锯水平切割岩体

图 5.4-10　绳锯竖直方向切割岩体

3. 气袋放置、顶推

（1）为保证气袋膨胀的作用力足以将岩石推出，首先应选用适当尺寸的气袋。单个气袋技术参数指标如表 5.4-1 所示。

（2）如单点单个气袋顶推效果不佳时，可采用 2 个及以上气袋配合使用，气袋顶推距离可达 1.3～2.0m。多个气袋共同使用需保证气袋共同发挥作用，气袋需重叠安装；采用控制台操作同时充气，保障气袋进气压力平衡，避免气袋相互挤压造成损坏。

气袋技术参数指标表　　　　　　表 5.4-1

规格（长×宽）	顶推力（t）	顶推距离（m）	重量（kg）
1m×1m	50	0.6	4.2
1m×1.5m	75	0.65	5.8
1m×2m	100	0.66	7.5
1.5m×1.5m	115	0.85	9.2
1.5m×2m	150	0.94	10.8
2m×2m	200	1.1	13.8

（3）气袋置入待破除岩石与原岩的竖向绳锯切割缝中需放置橡胶皮垫进行保护，胶垫伸出缝外通过石头压住固定，防止保护垫掉落在绳锯切割缝中。

（4）将气袋、控制台、空压机连接好后启动空压机供气，压力表值控制在 0.3~0.4MPa。

（5）当岩石被推开 5~10cm 后，在石缝中加填石块，顶住岩体反推力，减轻气袋压力。

气袋及气袋顶推现场情况见图 5.4-11~图 5.4-14。

图 5.4-11　顶推气袋

图 5.4-12　顶石气袋安装

图 5.4-13　双气袋并列顶推

图 5.4-14　双气袋叠加顶推

4. 岩石分层切割、分层开挖

为保证待切割破除岩体上部及后部原岩的稳定性，绳锯切割顶推后进行分层顶推开挖，分层厚度为 2～3m，根据破除岩石的岩性及完整性可适当调整分层厚度。从上至下，完成上一层岩石破除后再进行下一层岩石的破除，施工过程中做好后缘岩体的监测工作。

图 5.4-15 顶推后挖掘机破除

5. 气袋放气拆除

（1）气袋膨胀推出待破岩石后关闭进气阀。

（2）连接气袋快速放气装置，快速放气。

（3）气体完全排放出来后，取出气袋及橡胶保护垫。

5.4.8 主要配套机械设备

本工艺施工涉及主要配套机械设备见表 5.4-2。

主要机械设备配置表

表 5.4-2

名　称	型号、尺寸	产地	备注
水平向轻型潜孔钻机	XQ100B	河北	钻凿绳锯孔
竖向潜孔钻机	HCR1200-EDII	日本	钻凿绳锯孔
金刚石串珠绳锯机	MTB55B	广西	切割岩体
气袋	1m×1m 及各种型号	天津	规格见表 5.4-1
空压机	PES600	河北	气袋充气
控制台	1m×0.4m	河北	调节气压
挖掘机	CAT240	江苏	破除岩块
挖掘机	PC220	湖南	挖运岩块

5.4.9 工序质量控制

1. 潜孔锤水平钻孔时做好钻机定位测量工作，用水平尺测量钻机钻进角度，待推岩体顶部放置一把台尺做导向作用，避免孔洞打偏需二次钻孔。

2. 若施工过程中水平孔打偏，存在标高差不能贯通，则需要增加竖向钻孔使其连通，穿绳锯时从长孔穿入，由竖向贯通孔将绳锯勾住，导入短孔穿出。

3. 绳锯切割顺序为"先底面、后侧面"，避免因侧面切割后底面切割时岩石断裂压住金刚绳。

4. 土石方开挖宜自上而下分层分段依次进行，确保施工作业面不积水，在挖方的上侧不得弃土、停放施工机械。

5. 雨期施工前，应对施工现场原有排水系统进行检查、疏浚或加固，并采取必要的防洪措施。

6. 开挖基坑时，应合理确定开挖顺序、分层开挖深度，确保施工时人员、机械和相邻建（构）筑物或道路的安全。

5.4.10　安全措施

1. 现场施工作业人员进入工地前都应接受三级安全教育及相应的安全技术交底，掌握相关安全注意事项、法律法规及项目安全文明生产的各项规定。

2. 机械设备操作人员和指挥人员应严格遵守安全操作技术规程，杜绝"违章指挥、违规作业、违反劳动纪律"的"三违"作业，工作时集中精力，小心谨慎，不擅离职守，不得疲劳作业，不得带病作业，严禁酒后操作。

3. 潜孔锤钻孔过程中应保证机械设备安放在平稳位置，避免钻孔过程中的机械抖动造成失稳侧翻。

4. 绳锯设备应安放在平稳位置作业，且下铺轨道。

5. 绳锯切割过程中切不可随意用手触碰串珠金刚绳，避免因金刚石转动造成人身伤害。

6. 绳锯切割过程中，切割缝附近设置警戒带，避免人员进入，防止金刚绳因故断裂造成人身伤害。

7. 空压机、控制台及气袋连接过程中严格检查各连接口及高压胶管、气袋是否正常，避免因高压气管及气袋在膨胀过程中出现破坏情况。

8. 气袋安放前必须对绳锯切割缝进行清洗且加设保护胶垫，确保气袋膨胀过程的安全。

9. 气袋固定点需选在后缘岩体上，且保证位置稳固，确保在气袋膨胀过程中不掉落。

10. 启动空压机，气流均匀稳定后打开阀门给气袋供气，供气过程中时刻注意控制台仪表值，避免应充气过多导致气袋无法承受而炸裂。

11. 使用控制台严格控制气袋气压，若气袋达到额定压力后仍然无法将待破除岩石推出，不可随意增加气袋压力，避免气袋压力过大发生破裂。

12. 当两个或多个气袋叠加使用时，必须保证气袋重叠安放，且配套控制台同时充气，保障两个气袋进气压力的平衡，避免气袋相互挤压和偏心受力造成破坏。

13. 气袋顶推过程中，所有操作人员应与气袋保持至少 3m 的安全距离，以防气袋因故突然爆裂对施工人员造成人身伤害。

14. 完成岩石顶推后，连接快速放气装置对气袋进行放气，对高压胶管进行固定，防止气袋放气过程中喷射出的高压气体对施工人员产生伤害。

15. 待破除岩体被推出一段距离后采用挖掘机进行破碎清运，无关人员应保持适当的安全距离，避免岩石破除过中产生的石渣飞溅伤人。

16. 气袋顶推过程中，派专人操作空压机充气量，随时观察气袋充气效果和操作台充气压力值，严格控制压力阀值不大于规定值。为保证施工过程安全，在进行岩体切割分块时，需严格计算后缘岩体受力，避免因岩体切割造成后缘岩体的失稳。

17. 为保证在绳锯切割及顶推工作后岩石的整体稳定性，需在施工过程中对后缘岩体进行岩面位移监测和内部位移监测。前者为使用经纬仪、水准仪或全站仪、激光测距仪等在岩面上布置测网或针对某些特定岩面位置，采用工程测量的方法观测岩面上测点的位移及其随时间的变化；后者为使用多点位移计和倾斜仪，在岩体内多点布置，测量岩体水平位移和测定滑移体/滑移面位置，确保在待破岩石切割后实时监控后缘岩体的稳定性；同时，派专门人员进行顶推过程中的巡视巡查，并将无关人员清除施工现场。

5.5 地下管廊硬质基岩潜孔锤、绳锯切割综合开挖技术

5.5.1 引言

目前，为适应城市建设发展的需要，各大城市正在大规模进行地下管廊开发，通常情况下市政管廊基础一般埋深 4～8m，平面上呈狭长条形分布。在地下管廊施工过程中，经常遇到硬质岩层的开挖。对于硬质岩层开挖方法，通常采用炸药爆破或静态爆破方式进行开挖。对于地下管廊建设处在人口密集的城市中心区，禁止使用炸药爆破施工；而采用静态爆破虽然产生振动小，但其钻凿静爆孔数量多、噪声大、粉尘污染环境，同时静爆药剂反应时间长且在雨天无法施工，造成综合费用高、开挖工期长。为此，需要探索一种绿色、高效、安全、经济的地下管廊硬质基岩开挖工艺。

2017 年广东惠州博林腾瑞项目地下排水管廊开挖项目施工，在工程场地内存在大量硬质岩体需要进行破除，但爆破过程产生的大量粉尘扩散严重污染了周边环境，危害到现场施工和管理人员的身心健康，且场地邻近居民区，对环保要求较高，项目无法正常施工。面对此类工程的施工难点，如何制订高效、环保、经济的施工方案，成为工程项目部急需解决的技术难题。

针对上述工程项目的设计要求、现场地质条件和周边环境限制，开展了"地下管廊硬质基岩绳锯切割开挖技术研究"，首次将方形潜孔锤和绳锯切割开挖技术应用于地下管廊硬质基岩的开挖中，形成一套独创的方形潜孔锤平面钻凿、绳锯纵向切割形成全空间自由面，再结合凿岩机械破碎的硬岩开挖施工方法。经过一系列现场试验、机具调整和工艺完善，不断优化和总结本施工技术，最终形成了完整的施工工艺流程、技术标准和操作规程，顺利解决了地下管廊硬质基岩开挖难题，取得显著成效，实现了质量可靠、施工安全、文明环保、便捷经济的目标，达到预期效果。

5.5.2 工程应用实例

1. 工程概况

博林腾瑞临时排水工程，场地位于位大亚湾新荷大道和龙海三路之间，左右为龙山六路和社区道路，与深圳坪山距离 6km。本项目是博林腾瑞地产项目的附属的雨污排水工程，主要位于整个地产项目南侧，整个开挖长度 242m，开挖深度 3～8m。

2. 排水工程设计

本工程是博林腾瑞地产项目附属雨污管道工程，其主要目的使小区雨污管道与整个市政管网相连接。具体设计图纸见图5.5-1。项目东西两侧为高层住宅，距离较近，要求施工时产噪声小，粉尘污染少。

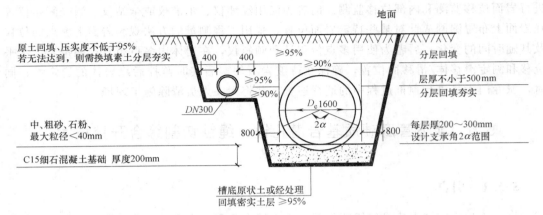

图 5.5-1　管道基槽开挖、管道基础及其铺设剖面图

3. 施工设计要求

根据设计要求，本工程需在现状坡面的基础上向下开挖3～8m，形成平整的管道基础平面。勘察开挖后的管道基槽主要为中、微风化岩质，需进行大量的爆破清除工作。

4. 施工情况

本项目硬岩开挖采用了方形潜孔锤平面上分段连续搭接钻凿，形成平面的临空面；再采用绳锯纵向切割，最后再对岩块进行机械破碎后装车外运。机械破碎清理后基础底面，不需二次清理就可进行管廊的现场施工，给后续施工提供良好的工作面，加快了整个工程的施工速度，具有良好的经济和时间效益。现场的施工情况见图5.5-2。

图 5.5-2　绳锯切割开挖后现场施工情况

5.5.3 工艺特点

1. 环保、绿色施工

施工过程中，采用金刚石绳锯切割，产生的粉尘极少，且整个过程中无噪声污染，对周边的环境影响极小，可以在人口居住密集、噪声敏感等地区施工。

2. 操作简便、劳动强度低

本工艺所用方形潜孔锤破岩能力强，操作简便；所使用的金刚石串珠绳锯机只要把金钢绳穿入水平和竖直钻孔，接通电源开机即可，无须花费更多的时间和精力管理设备，对施工作业无添加任何额外负担，在稳定架设好切割机后让其自行切割，工人只需在一旁实行旁站，劳动强度大大降低。

3. 安全文明施工效果好

金刚石串珠绳锯机切割产生的噪声较小，对周围的噪声污染轻；金刚石串珠绳锯机重量轻、体积小、占地面积少，操作轻便，安全性能高，便于场地内灵活移动安排，可大面积、多工作面布置，施工机动性强，便于现场施工管理。

4. 综合成本低

相比于静爆、明爆施工技术，绳锯切割方法不需要走审批流程，节省了大量的时间。同时也不需要特殊技术工人来施工，普通工人经培训即可上岗。整个费用与其他施工技术比，综合成本节省。

5.5.4 工艺原理

本项新技术提供了一种新的管廊基础硬质岩层开挖的施工技术，其主要包括两方面的内容：

1. 采用方形潜孔锤钻凿竖向临空面

潜孔锤的工作原理是以压缩空气为循环动力的一种风动冲击工具（能量转换装置），它所产生的冲击功和冲击频率可以直接传给潜孔锤钻头，然后再通过钻杆旋转驱动，形成对孔底地层的脉动破碎能力，同时利用冲击器排出的压缩空气对钻头进行冷却和将破碎后的钻屑排出环空返出地面，从而实现孔底冲击旋转钻进的目的。方形潜孔锤在平面搭接连续钻进，形成平面上的临空面具体见图 5.5-3。

2. 采用绳锯切割机进行接触面切割

绳锯切割的工作原理是金刚石绳索在液压马达驱动下绕切割面高速运动研磨切割体，完成切割工作。由于使用金刚石单晶作为研磨材料，故此可以对石材、钢筋混凝土等坚硬物体进行切割。切割是在液压马达驱动下进行的，液压泵运转平稳，并且可以通过高压油管远距离控制操作，所以切割过程中不但操作安全方便，而且振动和噪声很小，被切割物体能在几乎无扰动的情况下被分离。切割过程中高速运转的金刚石绳索靠水冷却，并将研磨碎屑带走。

绳锯切割机纵向切割见图 5.5-4、图 5.5-5。

根据方形潜孔锤的钻凿和绳锯切割原理，以及相关工程的实践，形成一套完整的地下硬质基岩绳锯切割开挖工序，形成了如图 5.5-6 工艺原理图。

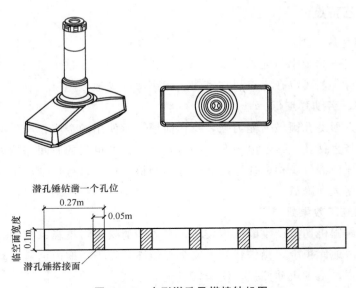

图 5.5-3 方形潜孔及搭接钻机图

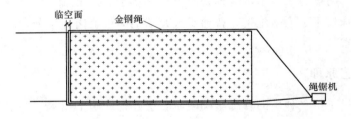

图 5.5-4 绳锯切割机纵向切割

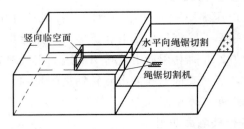

图 5.5-5 管廊底部岩体水平向绳锯切割

5.5.5 适用范围

适用于城市管廊硬岩开挖，各类深基坑岩石开挖，以及基础硬岩承台的开挖施工。

5.5.6 工艺流程

1. 施工工艺流程

经现场试验、总结、优化，确定出地下管廊硬质基岩绳锯切割开挖施工工艺流程如图 5.5-6 所示。

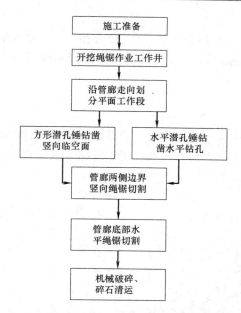

图 5.5-6 地下管廊硬质基岩绳锯切割开挖施工工艺流程图

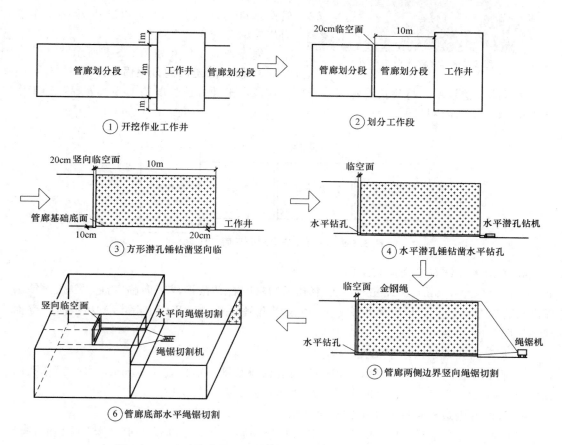

图 5.5-7 地下管廊硬质基岩绳锯切割开挖施工工序形象流程图

2. 工序形象流程图

根据方形潜孔锤的钻凿和绳锯切割原理，以及相关工程的实践，形成一套完整的地下硬质基岩绳锯切割开挖工序，形成了如图5.5-7工序形象流程图。

5.5.7　工艺操作要点

1. 施工准备

（1）对作业面周边建筑物、地下管线、岩石破碎情况进行调查。

（2）检查现场施工用电是否畅通，施工用电线路布设是否合理、安全可靠。

（3）检查施工人员持证上岗情况。

（4）对钻凿工、电工等人员进行现场安全技术交底。

图 5.5-8　绳锯作业工作井

2. 开挖绳锯作业工作井

（1）工作井主要为管廊基础硬岩开挖提供工作面，工作井的深度比管廊基础底标高位置深约20cm，工作井宽度比管廊断面一侧外延各1m。

（2）为便于工作井的顺利形成，现场开挖起序点可由岩层埋深较大位置开始，可沿管廊基础土层段先开挖，以减少开挖工作井时岩层的开挖量。

绳锯作业工作井如图5.5-8所示。

3. 沿管廊走向划分平面工作段

为提高开挖效率，将狭长管廊划分开挖工作段，平面分段长度约10m。管廊基础工作段划分平面。工作段见图5.5-9。

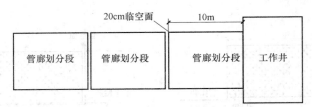

图 5.5-9　沿管廊走向划分平面工作段

4. 方形潜孔锤钻凿竖向临空面

分段处采用100mm×270mm方形潜孔锤钻具咬合钻凿形成竖向临空面，潜孔锤钻凿深度与管廊基础底标高位置深约10cm。方形潜孔锤钻机、方形潜孔锤钻头和竖向临空面现场情况见图5.5-10、图5.5-11。

5. 水平潜孔锤钻凿水平钻孔

管廊底水平方向绳锯孔采用XQ100B型潜孔锤钻机，钻孔直径90mm，水平绳锯孔的深度与竖向临空面相通。管廊底水平潜孔锤钻孔施工见图5.5-12。

6. 管廊两侧边界和底面水平向绳锯切割

（1）将绳锯贯穿预先打设的水平孔和分段竖向临空面，用绳锯切割岩体，使预开挖段岩体与岩石分离。

(*a*)　　　　　　　　　　　　　(*b*)

图 5.5-10　潜孔锤钻机及方形潜孔锤钻头

图 5.5-11　竖向临空面现场形　　　图 5.5-12　管廊开挖基础底水平绳锯孔潜孔锤钻机钻凿
　　　　　　成过程

（2）利用管廊基础底两侧的潜孔锤水平钻孔以及分段潜孔锤方形钻头钻凿的空槽，将其完全贯通，形成一个完整水平绳锯切割工作面，并实施分段开挖岩石底部绳锯切割，将开挖段的岩体底面与本体分离。

管廊两侧边侧竖向绳锯切割和底边界水平向绳锯切割现场情况见图 5.5-13、图5.5-14。

7. 机械破碎、碎石清运

在完成需挖除的岩石与母岩脱离后，采用挖掘机进行机械破碎，碎石清运，在完成上

图 5.5-13　管廊边界竖向绳锯切割施工现场作业　　　图 5.5-14　水平向绳锯切割现场情况

述工作后，就会形成光滑平整的工作面，方便了后期管道施工。

机械破碎、碎石清运现场情况见图5.5-15。管廊开挖完成情况见图5.5-16。

图5.5-15　机械破碎、碎石清运现场情况　　　　图5.5-16　管廊开挖完成

8. 管廊施工

管廊按设计要求开挖形成后，即进行管廊施工。现场管廊施工见图5.5-17。

图5.5-17　管廊分段铺设施工

5.5.8　主要配套机械设备

本工艺现场施工主要机械设备按单机配备，主要施工机械、设备配置见表5.5-1。

主要施工机械、设备配置　　　　　　　　　　　　　　　表5.5-1

机械、设备名称	型号尺寸	规格容量	备　注
潜孔锤水平钻机	XQ100B	ϕ90mm	钻水平孔
金刚石串珠绳锯机	MTB55B	55kW	绳锯切割
潜孔锤钻机	KY100	194kW	
履带式反铲挖掘机	PC200	0.8m³	挖石、装石外运
履带式反铲挖掘机	EC240	1.5m³	
泥头车	福田欧曼	10m³/台	石方外运

5.5.9 安全、环保措施

1. 机械设备操作人员和指挥人员严格遵守安全操作技术规程，杜绝"违章指挥、违规作业、违反劳动纪律"的"三违"作业，工作时集中精力，小心谨慎，不擅离职守，不得疲劳作业，不得带病作业，严禁酒后操作。

2. 进场的挖掘机、凿岩钻机、泥头车必须有严格的安全检查，机械出厂合格证及年检报告齐全，保证机械设备完好。现场机械操作人员必须先进行安全技术交底，并持证作业，挂牌负责，定机定人操作。挖掘机有合格证，泥头车有两牌两证，并登记报安监站备案。

3. 施工现场用电由专业电工操作，持证上岗，其技术等级应与其承担的工作相适应；现场配备标准化电闸箱并设置明显标志，所有使用的电器设备必须符合安全规定，严格接地、接零和使用漏电保护器。现场电缆、电线应架空 2.0m 以上，严禁拖地和埋压土中，严禁随意绑在钢筋或其他金属支架上，且必须有防磨损、防潮、防断等保护措施；电工有权制止违反用电安全的行为。

4. 施工现场所有机械、设备、线路、安全装置、工具配件及个人劳动保护用品必须经常检查，保持其良好的使用状态，确保完好和使用安全，一旦发现缺损、破旧、老化等问题须及时检修或更换，严禁带故障运行，杜绝机械设备安全事故。

5. 凿岩钻机使用前加注润滑油进行试运转，作业中保持钻机液压系统处于良好的润滑状态，以免发生钻凿安全事故。

6. 凿岩钻机操作工人必须佩戴相关防护用具，无关人员禁止进入作业区。

7. 雷雨天、暴雨天、大雾天、七级以上台风天、黄昏与夜晚禁止静爆孔钻凿作业，在钻孔施工过程中遇到雷雨、狂风天气时应立即停止作业，做好现场安全防护措施并迅速撤离工作区。

5.6 基坑岩石开挖方法及优化选择

5.6.1 引言

广州、深圳地区部分区域基岩埋藏较浅，随着越来越多的深大基坑的建设，在基坑开挖过程中经常遇到深基坑底部进入中、微风化花岗岩层中，岩石开挖成为施工中的难题，且受周边环境、环保要求、施工进度、施工安全等限制，破除方法的不同对造价、工期影响差别较大。如何解决基坑工程中岩石破除问题，需在施工工艺、机械设备、技术措施等方面进行优化选择。

本节结合广深地区基坑工程施工情况，分析了的多种岩石破除施工技术，综合论述了在不同环境和不同施工方法下各自的施工特点，提出了综合优化选择的方法。

5.6.2 基坑开挖岩石破除施工技术

结合岩土工程岩石破除施工实践，对于岩石破除方法，主要有明爆、静爆、液压劈裂机破除、圆盘锯切割、绳锯水平切割＋液态二氧化碳竖向制裂综合爆破等常用的五种。

1. 明爆

（1）工艺原理

明爆是化学爆炸物的一种，炸药被引爆后以极快的速度燃烧，并且在这一过程中产生大量高温气体，这些高温气体体积迅速膨胀并施加压力在岩体上，达到破除岩石的目的。

（2）施工优、缺点

1）优点：费用低、效率高，各种岩体均可以破除。

2）缺点：不仅需要请有爆破资质的专业爆破公司进行爆破作业，且审批爆破手续严格，安全风险高，振动大、粉尘多，且周边有重要建（构）筑物时，使用受到限制。

（3）工程实例

沙头角梧桐路边检住宅楼边坡治理工程，位于深圳市盐田区沙头角梧桐路盐田党校东侧、梧桐路以北，场地边坡点以现有梧桐路为坡脚，在现状坡面的基础上向下开挖约 3.00～36.00m，由于开挖后的边坡主要为中、微风化岩质边坡，需要进行大量的爆破施工，工程量约 94945.4m³。靠近盐田区委党校部分岩体采用静态爆破，其余部位采用炸药爆破。

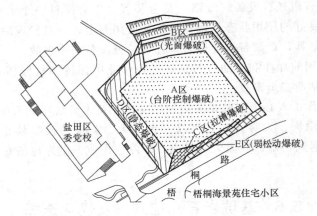

图 5.6-1　爆破施工水平区域划分图

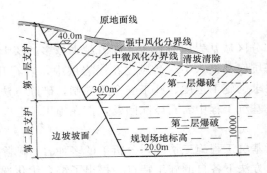

图 5.6-2　爆破及支护施工垂直区域分层示意图

2. 静爆

（1）工艺原理

将硅酸盐和氧化钙之类的固体加水搅拌，放入钻孔中，发生水化反应，硬化升温，体积膨胀，把岩石胀裂。

（2）施工优缺点

1）优点：无振动、无噪声、环境友好，周边有重要建筑物对振动有限制时采用，环境适应能力强。

2）缺点：受作业环境是否干燥和降雨影响较大，费用高、时间长、功效低。

（3）工程实例（同上例）

图 5.6-3　药剂静爆后效果

图 5.6-4　明爆、静爆施工场地

3. 液压劈裂机破除

（1）工艺原理

液压劈裂机主要由液压泵站和劈裂器（棒）两大部分组成，120~150MPa 超高压油泵站输出的高压油驱动油缸产生巨大推动力（1300~1500t），并推动劈裂棒上的活动活塞向外运动，从而使活塞产生的作用力作用于被分裂体孔壁，岩石在巨大的作用力下按预定方向裂开。

（2）施工优缺点

1）优点：粉尘少、无振动、无噪声、环境友好、设备简单、操作方便、安全性能高、维修保养便捷，成本低。可以预先精确的确定分裂方向，分裂形状以及需要的部分尺寸，分裂精度高。

2）缺点：单机效率低、一般多台同时使用，需要液压镐配合二次分解，场地宽阔、工程量较小、临空面较多时采用。

（3）工程实例

深圳龙岗清林径饮水调蓄工程位于深圳市龙岗区龙城街道北部，毗邻东莞市与惠州市，坝址距深圳市区约 30km，工程由水库扩建工程、取水工程、输水工程三部分组成，工程开挖范围部分基坑边坡分布岩石，开挖时预先采用液压劈裂机破碎。

施工现场见图 5.6-5~图 5.6-8。

4. 圆盘锯切割

（1）工艺原理

采用硬岩切割施工技术，将大块硬岩切缝，再利用炮机将大块岩石凿成碎块。采用经过改装履带式石材切割机，利用挖掘机液压系统和皮带驱动圆盘锯，保留淋水装置，一方

图 5.6-5 液压劈裂器水平方向作业

图 5.6-6 液压劈裂机垂直方向作业

图 5.6-7 液压镐配合液压劈裂机破岩

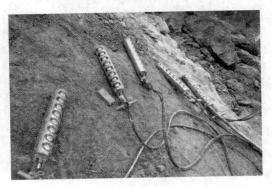

图 5.6-8 液压劈裂器

面水冷散热，一方面降尘；圆盘锯直径可达 1200mm，最大切割深度 470mm，分段、分层、分块切割岩体。

（2）施工优缺点

1）优点：即可以水平、竖向切割，也可以斜向切割，适应岩面起伏较大场地；噪声小、无粉尘、无振动；机械简单，操作方便，劳动强度低。

2）缺点：功效仍需有较大提升。

（3）工程实例

广州市轨道交通九号线广州北站项目，位于花都区灰岩地区，京广铁路和武广客运专线保护范围内，施工振动控制严格，基坑长度 539m，标准段宽度 24.9m，开挖面积 13741.8m²，开挖深度 16.09～18.53m，基坑范围内存在大面积硬岩。

具体见图 5.6-9、图 5.6-10。

5. 绳锯水平切割＋液态二氧化碳竖向制裂综合爆破

（1）工艺原理

水平向绳锯分割预裂岩体与本体、竖向液态二氧化碳制裂管爆破岩体。首先用绳锯按设计标高对岩体进行水平切割，使需要破裂岩体与本体脱离，增加临空面；然后再在竖向钻制裂钻孔，并向孔内安放液态二氧化碳制裂剂，将各孔制裂剂串联后，通过微电流将制裂管中的气化器加热，产生的高温超过液态二氧化碳临界温度，液态二氧化碳瞬间气化膨胀并产生高压，作用在岩体上，从而达到爆破的目的。

图 5.6-9 挖掘机带圆盘锯

图 5.6-10 基坑中圆盘锯实际应用

（2）施工优缺点

1）优点：绿色环保、施工进度快、安全可靠、管理方便，不需办理爆破施工手续。

2）缺点：机械设备较多，需对操作人员进行专业培训。

（3）工程实例

万科云城项目位于深圳市南山区西丽留仙洞片区，东至石鼓路及石鼓花园、南至打石一路、西至创科路、北至兴科路。项目总用地面积为 67128.93m²，基坑深度 8.37～11.48m，岩石破除深度 7～10m，土层采用土钉支护，岩层爆破开挖方式，基岩为微风化花岗岩，饱和单轴抗压强度平均 88.5MPa，破除方量约 60000m³。

5.6.3 基坑开挖岩石破除施工技术对比分析

1. 适用范围

（1）明爆：工程量大、周边环境无限制时使用。

（2）静爆：周边有重要建（构）筑物，对振动控制要求严格时采用。

（3）液压劈裂机破除：适用于工程量较小，有多个临空面的岩石场地或孤石破除。

（4）圆盘锯切割：周边有重要建（构）筑物，振动控制严格，工程量较小时采用。

（5）绳锯水平切割＋液态二氧化碳竖向制裂综合爆破：适用于大范围硬岩破除，工期紧、周边有重要建（构）筑物，炸药爆破禁止施工的场地。

在以上五种施工技术中，明爆、静爆使用范围较广，优缺点明显；液压劈裂机主要针对破除大块孤石时采用效果好；圆盘锯切割较静爆费用低、效率高；绳锯水平切割＋液态二氧化碳竖向制裂综合爆破适用各种岩石地层开挖，应用前景广阔。

2. 机械设备配置

（1）明爆：凿岩机。

（2）静爆：凿岩机。

（3）液压劈裂机破除：凿岩机、液压劈裂机、油压泵、液压镐。

（4）圆盘锯切割：挖掘机、圆盘切割机、破碎机。

（5）绳锯水平切割＋液态二氧化碳竖向制裂综合爆破：凿岩机、绳锯切割机、液态二氧化碳充装设备、制裂管。

在以上五种施工方案中，方案（5）机械设备最多，配套系统也较复杂，操作人员需要培训上岗；方案（1）、（2）机械设备配置最简便，也较常见；（3）设备配置较多，操作人员需要培训；（4）机械设备简单、操作方便。

3. 施工效率

在以上五种施工方案中，采用炸药爆破平均每日可完成 $200\sim600\text{m}^3$，采用静态爆破平均每日可完成 60m^3 左右，采用液压劈裂机破除单机平均每日可完成 40m^3，采用圆盘锯切割施工单机平均每日可完成 40m^3，采用绳锯水平切割＋液态二氧化碳竖向制裂综合爆破施工，单套设备平均每日可完成 $150\sim200\text{m}^3$ 岩石破除。

4. 经济效益分析

在以上五种施工方案中，炸药爆破最为经济，静态爆破费用最高，液压劈裂机与圆盘锯破除费用较高，采用绳锯水平切割＋液态二氧化碳竖向制裂综合爆破，综合经济效益明显。

5.6.4 岩土工程中岩石破除施工方法优化选择

岩石破除施工方案应确保可行、经济、安全、效率，应该主要把握以下几点：

1. 岩石破除施工方法较多，优化选择的原则是权衡利弊综合选择，每一种施工方法都应与周边环境条件、工程量大小、进度要求、价格、安全文明施工、环境保护等相适宜。

2. 当岩石破除方量大、野外作业，周边环境无限制时优先采用炸药爆破。

3. 当周边有重要建（构）筑物，禁止施工振动时，采用静态爆破。

4. 当工程量较少，临空面较多时或遇孤石时，采用液压劈裂机破除。

5. 圆盘锯切割是对静爆施工的一种补充，费用较静爆低，无粉尘污染，环境友好，劳动强度低。

6. 当破除工程量大、岩石硬度高、工期紧、周边环境限制条件多时，优先采用绳锯水平切割＋液态二氧化碳竖向制裂综合爆破方案。

5.6.5 结语

本节主要介绍的五种岩石破除施工技术各具特色和适用范围，优、劣势显著且优劣互补。在选择和使用时，应遵循因地制宜原则，方案没有最好，只有最适宜，可采用其中一种进行施工，也可分阶段采取多种施工组合方案，使选用的岩石破除施工方案满足可行、经济、进度、安全的要求。

第6章 预应力管桩引孔新技术

6.1 大直径潜孔锤预应力管桩引孔技术

6.1.1 引言

预应力混凝土管桩因桩体强度高、施工速度快、现场管理简单、便于现场文明施工等优点，已被广泛应用于珠三角地区的桩基础工程中。随着预应力管桩应用的普及，以及深圳地区场地地层的特殊性，预应力管桩施工经常遇到难以穿越的复杂地层，如深厚填石层、坚硬岩石夹层、孤石等，此时需要进行引孔施工，而采用常规方法引孔效果不佳，成为预应力管桩应用的一大困难和障碍。

目前，针对预应力管桩引孔方法包括：钻孔引孔法、冲孔引孔法、长螺旋引孔法等工艺。对于坚硬岩石夹层而言，长螺旋引孔效果差，而回转钻进和速度慢、效率低、时间长，而冲孔破岩能力强，但冲孔采用泥浆循环施工，冲孔时间相对较长，且往往冲孔最小直径不小于600mm，引孔直径偏大，对现场文明施工不利。另外，常规的引孔均采用的取土方法，使得预应力管桩桩侧摩阻力受到一定程度的损失。

经过现场通过各种引孔工艺的试验，总结出采用"大直径潜孔锤引孔技术"，即采用潜孔锤钻进穿过坚硬岩石夹层后，将管桩顺利沉入持力层。大直径风动潜孔锤钻进能充分发挥潜孔锤破岩的优越性，引孔速度快，引孔直径与预应力管桩相匹配，能一次性快速完成引孔，为预应力管桩在硬岩夹层引孔施工提供了良好途径。

6.1.2 工程应用实例

1. 工程概况

深圳龙岗家和盛世花园二期预应力管桩工程项目位于深圳市龙岗中心城，总占地面积约13600m²，总建筑面积约140501m²，基础设计采用直径500mm锤击预应力管桩，2010年2月开始基坑开挖，2010年3月进行预应力管桩施工。

2. 桩基础设计

基础设计采用直径500mm预应力管桩，桩端持力层为石炭系砂岩。

3. 硬岩夹层分布情况

在基坑开挖至坑底标高后进行。施工过程中，发现中风化砂岩夹层，造成管桩施工困难。经钻孔探明，中风化砂岩夹层厚度不均，夹层厚度在1.10~11.90m间。场地地层分布见图6.1-1。

4. 预应力管桩引孔施工及验收情况

经充分论证，决定采用大直径潜孔锤引孔技术，进场一台引孔桩机，配备30m³/min

钻孔地质柱状图

钻孔编号：___17___					钻孔深度：_25.00_(m)
孔口标高：_____(m)					钻探日期：2010.04.04～04.04

地层编号	时代成因	层底标高(m)	层底深度(m)	分层厚度(m)	柱状图 1:200	岩土名称及其特征
①	Q^ml	9.00	9.00	-3.47		人工填土：灰黑色、褐黄色等杂色，主要成分为黏性土混砖块碎石，粒径3～20cm不等，稍湿，松散状态
②₃						中风化砂岩夹层：褐黄色，主要成分为黏性土混强—中风化岩碎块，碎石含量50%左右，粒径1～8cm不等
②₁	Q^ml	-13.5 -16.90	13.5 16.90	11.90 3.40		黏性土：褐黄色、褐红色，以黏性土为主，含少量强风化砂岩碎块，湿，可塑—硬塑状态
③	C	-25.00	25.00	8.10		石炭系砂岩：褐黄色、灰色，岩芯多呈碎块状，裂隙发育，但岩性较硬金钻进困难

钻孔地质柱状图

钻孔编号：___19___					钻孔深度：_25.00_(m)
孔口标高：_____(m)					钻探日期：2010.04.04～04.04

地层编号	时代成因	层底标高(m)	层底深度(m)	分层厚度(m)	柱状图 1:200	岩土名称及其特征
①	Q^ml	-2.40	2.40	2.40		人工填土：灰黑色、黄色，主要成分为黏性土混砖块碎石等，粒径3～20cm不等，稍湿，松散状态
②₃		-3.5	3.5	1.0		中风化砂岩夹层：褐黄色、灰色，岩芯多层碎石块，裂隙多发育但岩性较硬，合金钻进困难
②₁	Q^ml	-16.30	16.30	12.8		黏性土：褐黄色、褐红色，以黏性土为主，含少量强风化砂岩碎块，湿，可塑—硬塑状态
③	C	-26.00	26.00	9.70		石炭系砂岩：褐黄色、灰色，岩芯多呈碎块状，裂隙发育，但岩性较硬合金钻进困难

图 6.1-1　场地钻孔地质柱状图

空压机、直径450mm潜孔锤，每天实际完成引孔12孔，最大引孔深度18m。在后期预应力管桩施工过程中，锤击管桩顺利穿越中风化硬岩夹层。完工后经静载荷试验、小应变测试，全部满足设计要求。

现场潜孔锤引孔施工见图 6.1-2，现场潜孔锤引孔机与锤击管桩配合施工见图 6.1-3。

图 6.1-2　大直径潜孔锤引孔施工现场

图 6.1-3　预应力管桩机紧随引孔机施工

6.1.3　工艺特点

1. 施工速度快

风动潜孔锤破岩效率高，引孔速度快，一根桩长15～20m的桩，一般成桩时间40～

60分钟，一天可完成12～15根。

2. 工艺简单

潜孔锤钻具在空压机、钻机电机带动下，在钻具旋转过程中，同时潜孔锤钻头振动下沉破岩，钻进时对桩周地层产生一定的挤密效应，同时岩渣被空压携至孔口，工艺相对简单，钻进操作方便。

3. 引孔效果好

采用风动潜孔锤钻进，挤密作用使得引孔孔型较规整；同时，根据预应力管桩设计桩径大小，选择相应大小的潜孔锤钻具，引孔直径满足管桩施工，为预应力管桩施工创造条件。

4. 引孔设备相对简单

引孔机械设备主要为引孔机、空压机和大直径潜孔锤，引孔机采用液压自行系统，不需要另配吊车移位。

5. 造价相对低

潜孔锤引孔工艺简单、引孔速度快，其造价较低，是钻孔或冲击桩机引孔的40%左右。

6.1.4 适用范围

1. 适用于穿越中风化和微风化基层夹层，其上部对于黏性土、粉土、砂土、中粗砂、砾石等同样具备较好的引孔效果；对于孔口易塌孔地层，在孔口设置护筒护壁施工。

2. 适用于直径ϕ500mm、ϕ600mm、ϕ800mm预应力管桩引孔施工。

6.1.5 工艺原理

大直径潜孔锤在空压机的作用下，以压缩空气为动力介质驱动其工作，潜孔锤冲击器带动潜孔锤钻头对硬岩进行超高频率破碎冲击；同时，空压机产生的压缩空气也兼作洗井介质，将潜孔锤破碎的岩屑携出孔内；潜孔锤钻头根据预应力管桩的设计桩径进行合理选用，以达到引孔效果，满足预应力管桩的顺利成桩。

大直径潜孔锤引孔及施工原理示意见图6.1-4，现场引孔施工见图6.1-5。

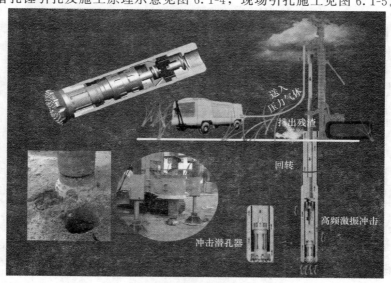

图6.1-4 大直径潜孔锤在硬岩引孔工艺原理图

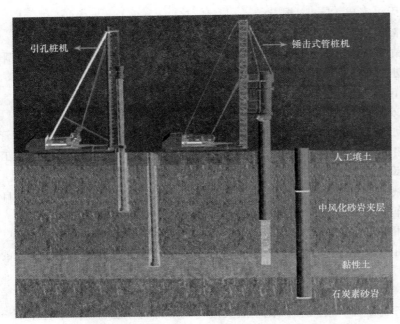

图 6.1-5　大直径潜孔锤在硬岩引孔工艺原理图

6.1.6　施工工艺流程

大直径潜孔锤在硬岩中引孔施工工艺流程如图 6.1-6 所示。

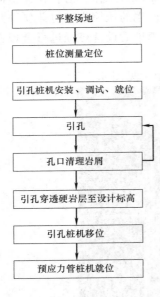

图 6.1-6　大直径潜孔锤在硬
岩引孔工艺流程图

6.1.7　操作要点

1. 场地平整

（1）施工前，对施工场地进行平整，以便桩机顺利行走。

（2）对局部软弱部位换填，保证场地密实、稳固，确保桩机施工时不发生偏斜。

2. 桩位测量定位

（1）接收测量控制点、基准线和水准点及其书面资料，并与监理工程师共同校测其测量精度。

（2）测点放样前，认真做好内业准备工作，校正仪器设备，拟定施测方案。

（3）桩位测量完成后，提交监理工程师复核，无误后交现场使用。桩位测量误差严格控制在规范要求和设计要求范围内。

3. 桩机安装、就位、调试

（1）设备吊装由专人指挥，做到平稳，轻起轻落，非作业人员撤离作业范围。

（2）引孔钻机就位后，采用液压系统调平，用水平尺校正水平度，确保始终保持桩机水平。

（3）设备安装就位后，将潜孔锤钻头对准桩位，保持与桩位中心重合，再将桩机调平，确保施工中不发生偏斜和移位。

（4）桩机安装完成后，进行现场验收。

（5）桩机设备使用前进行检修，并进行试运转。

大直径潜孔锤引孔桩机安装见图 6.1-7，潜孔锤钻机机座液压移动装置见图 6.1-8。

图 6.1-7　大直径潜孔锤引孔桩机安装　　　图 6.1-8　潜孔锤桩机机座液压移动装置

4. 引孔

（1）桩机就位后，首先将潜孔锤钻头对准桩位并调好垂直度。

（2）下放潜孔锤，启动空压机，进行潜孔锤跟管钻进。

（3）引孔过程中，控制潜孔锤下沉速度，派专人观察钻具的下沉速度是否异常；若出现异常情况应分析原因，及时采取措施。

（4）引孔过程中，派专人从相交垂直方向同时吊二根垂线，校核钻具垂直度。

（5）沉管过程中，派专人做好现场施工记录，包括：引孔桩号、桩径、桩长、孔底地层情况、施工时间等。

潜孔锤钻进吹渣见图 6.1-9，引孔施工时吊线校核潜孔锤钻具垂直度见图 6.1-10。

5. 孔口清理岩屑

（1）引孔过程中，空压机产生的压缩空气兼作洗井介质，将潜孔锤破碎的岩屑携出孔内并堆积在孔口，现场派专人不间断进行孔口岩渣清理。

（2）清理出的岩屑呈颗粒状，按平面布置集中堆放或外运。

潜孔锤岩渣引孔孔口堆积岩渣情况见图 6.1-11，孔口人工清理岩渣见图 6.1-12，潜孔锤引孔完成后孔口情况见图 6.1-13。

6. 引孔穿透硬岩层

（1）引孔过程中，注意观察钻进速度和孔口岩屑排出情况，按设计要求的引孔深度控制引孔标高位置，具体见图 6.1-14。

（2）引孔满足预应力管桩沉桩要求后，即停止引孔，拔出钻具。

（3）拔出钻具时，空压机正常工作，边锤击、边旋转、边上拔，使孔内岩屑顺利排出，

图 6.1-9 潜孔锤钻进吹渣

图 6.1-10 施工时吊线校核潜孔
锤钻具垂直度

图 6.1-11 潜孔锤引孔孔口堆积岩渣

图 6.1-12 孔口人工清理岩渣

图 6.1-13 潜孔锤完成引孔

同时防止钻具上拔时卡钻。

226

图 6.1-14 潜孔锤岩渣引孔孔口排渣情况

7. 预应力管桩机就位与施工

（1）引孔分片进行，当完成预定片区引孔施工后，即可进行预应力管桩施工。具体见图 6.1-15。

（2）预应力管桩施工时，应控制施工速度，监控桩管垂直度，防止桩管偏斜。

图 6.1-15 潜孔锤引孔与预应力管桩机施工现场

6.1.8 设备机具

1. 设备机具选择

（1）根据场地地层条件选择引孔钻机。

（2）为方便施工，钻机选用 D408-90m 打桩机，钻机包括主机架、旋转电机、液压行走装置等，全套钻机功率约 110kW，具体见图 6.1-16。

（3）根据引孔穿越硬岩岩性，选择 30m³/min 风量空压机，具体见图 6.1-17。

（4）潜孔锤钻头根据预应力管桩设计直径合理选择，即：当预应力管桩设计桩径为 ϕ500mm，选择潜孔锤直径 ϕ450mm，实际孔直径 480～500mm；如管桩设计桩径为 ϕ600mm，则使用 ϕ550 的潜孔锤，实际孔直径 580～600mm。潜孔锤钻具及潜孔锤钻头见图 6.1-18、图 6.1-19。

（5）钻具选择大直径钻杆，一是增大锤击力，二是减小引孔时钻具与孔壁间的环状间隙，防止塌孔发生。

图 6.1-16　潜孔锤桩机安装、调试

图 6.1-17　潜孔锤引孔空压机

图 6.1-18　大直径潜孔锤引孔钻具

图 6.1-19　大直径潜孔锤引孔钻头

2. 设备机具配套

大直径潜孔锤引孔施工机械设备配套见表 6.1-1。

大直径潜孔锤引孔施工机械设备配套表　　　　　　　　表 6.1-1

序号	机械设备名称	机械设备型号	备　注
1	引孔钻机	D408-90m 型	110kW，引孔，自动移位
2	空压机	30m³/min	潜孔锤动力
3	潜孔锤	φ450、550mm	破岩
4	钻具	φ400、500mm	钻杆

6.1.9　质量控制

1. 桩位偏差

（1）引孔桩位由测量工程师现场测量放线，报监理工程师审批。

（2）钻机就位时，认真校核潜孔锤对位情况，如发现偏差超标，及时调整。

2. 桩身垂直度

（1）引孔钻机就位前，进行场地平整、密实，防止钻机出现不均匀下沉导致引孔偏斜。

（2）钻机用水平尺校核水平，用液压系统调节支腿高度。

（3）引孔时，采用二个垂直方向吊垂线校核钻具垂直度，确保满足设计和规范要求。

3. 引孔

（1）引孔深度严格按设计要求，以满足预应力管桩设计桩长。

（2）引孔过程中，控制潜孔锤下沉速度；派专人观察钻具的下沉速度是否异常，钻具是否有挤偏的现象；若出现异常情况应分析原因，及时采取措施。

（3）引孔终孔深度如出现异常（短桩或超长桩），及时上报设计、监理进行妥善处理，可采取超前钻预先探明引孔地层分布。

（4）引孔时，由于钻具直径相对较大，引孔过程中钻杆与孔壁间的环状孔隙小，对孔壁稳定有一定的作用；但在提钻时，由于风压大，对孔壁稳定有一定的破坏作用，此时应控制提升速度，防止引起孔壁坍塌。

（5）对于孔口为砂性土，引孔容易造成孔壁不稳定，此时可采取重复回填、成孔挤密措施。

（6）引孔时，派专人及时清理孔口岩渣，防止岩渣二次入孔，造成孔口堆积、重复破碎，防止埋钻现象发生。

4. 塌孔、斜孔的处理措施

（1）引孔过程中，如出现严重塌孔时，可慢慢拔出钻具，采用黏土回填至塌孔段以上2.5m处，重新进行引孔。

（2）提拔钻具过程中，如出现塌孔现象，则可采取慢速提拔，边振动边上拔，然后再进行重复引孔。

（3）对于引孔中出现的垂直度偏差较大的斜孔，则采取回填重新引孔。

6.1.10　安全措施

1. 机械设备操作人员必须经过专业培训，熟练机械操作性能，经专业管理部门考核取得操作证后上机操作。

2. 机械设备操作人员和指挥人员严格遵守安全操作技术规程，工作时集中精力，谨慎工作，不擅离职守，严禁酒后操作。

3. 检查机具的紧固性，不得在螺栓松动或缺失状态下启动。作业中，保持钻机液压系统处于良好的润滑。

4. 引孔前，以桩机的前端定位，调整导轨与钻具的垂直度。

5. 当外机移位时，施工作业面保持基本平整，设专人现场统一指挥，无关人员撤离作业现场，避免发生桩机倾倒伤人事故。

6. 机械设备发生故障后及时检修，严禁带故障运行和违规操作，杜绝机械事故。

7. 现场所有施工人员按要求做好个人安全防护，爬高作业时系好安全带，特种人员佩戴专门的防护用具。孔口清理人员佩戴防护镜，防止孔内吹出岩屑伤害眼睛。

8. 现场用电由专业电工操作，持证上岗；电器必须严格接地、接零和使用漏电保护器。现场用电电缆架空2.0m以上，严禁拖地和埋压土中，电缆、电线必须有防磨损、防潮、防断等保护措施。电工有权制止违反用电安全的行为，严禁违章指挥和违章作业。

9. 所有现场作业人员和机械操作手严禁酒后上岗。

10. 施工现场所有设备、设施、安全装置、工具配件以及个人劳动保护用品必须经常检查，确保完好和使用安全。

11. 对已施工完成的引孔，采用孔口覆盖、回填泥土等方式进行防护，防止人员落入孔洞受伤。

6.2　预应力管桩螺旋挤土引孔技术

6.2.1　引言

随着预应力管桩应用的普及，以及深圳地区场地地层的特殊性，预应力管桩施工中经常遇到难以穿越的复杂地层，如：致密砂层、砂砾层、卵石层，以及较硬岩质的强风化层等。

为解决预应力管桩施工中复杂地层的穿越困难和障碍，此时需要进行辅助引孔，引孔一般采用常规的钻孔（回转钻进、长螺旋钻进）、冲孔工艺。实际引孔施工中，回转钻进和冲击成孔均存在成孔直径偏大、施工速度慢、泥浆护壁使得现场文明施工管理困难、引孔成本高等问题；当采用长螺旋引孔时，受地下水位的不利影响，容易造成塌孔，且长螺旋在卵石层、砂砾层中钻进困难。另外，常规的引孔均采用的取土方法，使得预应力管桩桩侧摩阻力受到一定程度的损失。而大直径潜孔锤引孔更适合于对深厚硬岩或孤石的引孔，其需要配备空压机等辅助设备。

为了寻求更快捷、有效的引孔新工艺新方法，节省投资，加快施工进度，保证预应力管桩的施工质量，将螺旋挤土成孔技术运用于预应力管桩引孔施工中，较好地解决了预应力管桩在复杂地层施工中引孔施工难题，取得了较好的成效。

螺旋挤土成孔采用"上部为圆柱形、下部为螺丝型"组合钻具，超低钻速运转，全过程实现挤土钻进，保证了预应力管桩桩侧摩托阻力不受损失，且施工时噪声低、无振动、无泥浆污染和弃土，适用于黏性土、粉土、砂土及软土，并能有效穿过卵石层、砂砾层和强风化层岩层，自 2005 年以来，运用"螺旋挤土成孔技术"在预应力管桩施工中引孔，已在深圳平湖企业城、深圳市莹展电子科技有限公司宿舍和仓库、深圳市龙岗体育新城安置小区、东莞市金达照明员工宿舍、东莞三元里商业大厦、广东龙门江湾大酒店商业大厦等数十个预应力管桩项目引孔施工中应用，创造了良好的经济效益和社会效益，具备广泛推广价值，为预应力管桩引孔施工提供了良好途径。

6.2.2　工程应用实例

1. 深圳平湖综合企业城预应力管桩引孔工程

（1）工程概况

平湖综合企业城总占地面积约 50000m²，总建筑面积 158321.2m²，基础设计采用直径 500mm 静压预应力管桩。2009 年 6 月进行预应力管桩施工。

（2）桩基础设计

基础设计采用直径 500mm 预应力管桩，桩端持力层为强风化细砂岩。

（3）硬岩夹层分布情况

预应力管桩施工过程中，发现强风化细砂岩夹层，造成管桩施工困难。经钻孔探明，强风化细砂岩夹层厚度不均，夹层厚度在 1.2～5.1m。

（4）预应力管桩引孔施工情况

经分析论证，引孔采用螺旋挤土桩机，进场一台引孔桩机，配备一台引孔桩机，每天实际引孔 10 孔，最大引孔深度 18m，施工工期 24 天完成全部引孔任务。在后期预应力管桩施工过程中，静压预应力管桩顺利穿越硬性夹层。

施工现场引孔情况见图 6.2-1。

图 6.2-1 现场引孔施工现场情况

2. 莹展电子科技（深圳）有限公司 7 号宿舍、8 号仓库预应力管桩工程

（1）工程概况

莹展电子科技（深圳）有限公司 7 号宿舍、8 号仓库位于深圳龙岗区坑梓镇龙田同富裕工业区莹展工业园内。

（2）桩基础设计

该工程桩基础设计为预应力管桩，管桩直径 500mm，桩长不小于 16m，桩数 250 根；工程于 2009 年 10 月开工，工期 50 天。

（3）地层分布情况

本工程场地主要地层为：人工填土、中细砂、砂质黏性土、强风化砂砾岩、中（微）风化砂砾层，中细砂夹层对预应力管桩施工造成较大影响。

图 6.2-2 螺旋挤土引孔施工中

（4）预应力管桩引孔施工情况

施工过程中，部分场地分布中细砂夹层较厚，夹层厚度 1.5～3.8m，共 140 根预应力管桩需要预先引孔。引孔采用螺旋挤土引孔技术，开动 1 台引孔桩机，施工时间约 12 天，顺利完成引孔任务。

施工现场引孔情况见图 6.2-2。

6.2.3 工艺特点

1. 施工速度快

螺旋挤土桩机效率高，引孔速度快，一根 15～20m 的桩，一般成桩时间 40～60 分钟，一天可完成 12～18 根左右。

2. 地层适用性强

螺旋挤土成孔可适宜于软土、黏性土、砂性土、砂层、卵石层、粒径小于 200mm 的砂砾层和块状强风化岩层，对地层的适应性强。

3. 工艺简单

螺旋挤土桩机在钻机电机带动下，在钻具钻进过程中，对桩周地层产生挤密效应，将岩土体挤压至桩孔周边的土体中，工艺相对简单，钻进操作方便。

4. 引孔效果好

采用螺旋挤土成孔，对桩孔周边土层产生一定的挤密作用，挤密效应使得引孔孔形较规整，且有利于提高预应力管桩桩侧摩阻力。

5. 设备简便

引孔机械设备主要为步履式桩架、液压系统和钻杆；桩机采用液压自行系统，不需要另配吊车移位；运输、拆、装方便，能下基坑，能打边桩、角桩。

6. 环保、节能

引孔时采用挤土成孔，无泥浆污染、无振动、无噪声、无环境污染，可实现 24 小时不间断作业，施工功率小于 90kW。

7. 造价相对低

螺旋挤土引孔工艺简单、引孔速度快，其施工成本相对较低，是采用冲击钻机、回转钻机引孔的 30%～40%。

6.2.4　适用范围

1. 螺旋挤土引孔技术适用于软土、黏性土、砂性土、砂层、卵石层、砂砾层、软硬夹层和强风化岩层等。

2. 适用于直径 $\phi 400mm$、$\phi 500mm$、$\phi 600mm$ 预应力管桩引孔施工。

3. 不受地下水的影响。

4. 一般地层引孔深度 18～22m，边桩施工工作距离 0.5m，角桩施工的工作面距离 1.6m。

6.2.5　工艺原理

螺旋挤土成孔采用有专门装置的三点支撑自行式螺旋挤土灌注桩机螺旋钻进，其钻具在动力系统的作用下，对其施加大扭矩及竖向力，借助钻具下部长约 5m 段特制的粗螺旋挤扩钻头，以 2～5 转/min 慢速钻进，将桩孔中的土体挤入桩周，形成圆柱形或螺旋形的桩孔。

螺旋挤土成孔的动力系统是采用特制的以三环减速机为主的两级减速机组，双 33kW 直流电机同步技术，扭矩达 180～200kN/m，还可加压 200～300kN，具有较强的穿透能力。成孔过程中，通过动力头工作电流的工作情况，从每次下钻时不同土体对钻具产生的摩擦阻力（电流 A）的变化，掌握是否钻至持力层和持力层的深度情况，从而确定引孔深度和位置，引孔深度以穿过复杂地层底部后即可提钻。

螺旋挤土成孔采用的钻具大小根据预应力管桩的设计桩径进行合理选用，以保证引孔直径，以满足预应力管桩顺利施工。

6.2.6　施工工艺流程

螺旋挤土成孔技术在预应力管桩施工中引孔施工工艺流程如图 6.2-3 所示。

6.2.7　施工准备

1. 资料及现场准备

（1）收集引孔区场地岩土工程勘察报告，掌握引孔桩位地层分布。

（2）清除场内妨碍施工的障碍物和地下隐蔽埋设物。

（3）做好施工用水、电、道路及临时措施。

2. 施工机具、材料准备

（1）正式施工前，桩机进行试运转，通过人机界面检查每个机电系统的运转是否正常。

（2）检查钻具，对磨损部分进行修补。

（3）调垂直钻杆，检查钻头阀门是否正常，关好阀门，预紧钢丝绳。

3. 技术准备

（1）按有关标准、规范和设计文件编制专项施工方案，并报监理审批。

（2）根据施工要求做好图纸会审和交底工作。

（3）接收并复核测量控制点坐标、水准基点高程，办理复核、移交手续。

4. 劳动力准备

（1）主要作业人员：螺旋挤土桩机操作工、测量人员、记录员、杂工等。

（2）机械操作人员必须经过专业培训，并取得桩机工资格证书；主要作业人员已经过安全培训，并接受了质量、安全技术交底。

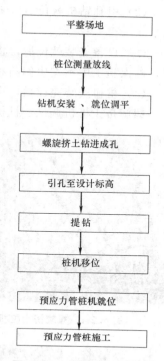

图 6.2-3　螺旋挤土成孔技术在预应力管桩施工中引孔工艺流程图

6.2.8　操作要点

1. 场地平整

（1）对施工场地进行平整处理，修筑临时道路，以确保运输车辆通行，保证设备入场就位。

（2）对局部软弱部位换填，保证场地密实、稳固，确保桩机施工时不发生偏斜。

2. 桩位测量定位

（1）根据场地控制点坐标，按照施工图纸给定的坐标，进行桩位测放定位，并用木桩锤入土层做好标记，木桩突出地面 10～20cm，并系上线绳作为标记，在桩位处撒白灰。

（2）测量出的桩点位置、标高记录在册，将控制轴线点引至安全位置予以保护，以便恢复轴线及检查使用。

（3）桩位测量完成后，提交监理工程师复核，无误后交现场使用，桩位测量误差严格控制在规范要求和设计要求范围内。

3. 桩机安装、就位、调试

（1）设备吊装由专人指挥，做到平稳，轻起轻落，非作业人员撤离作业范围。

（2）引孔钻机就位后，采用液压系统调平，用水平仪校正水平度，确保始终保持桩机水平。

（3）设备安装就位后，将螺旋钻头对准桩位，保持钻头与桩位中心重合，再将桩机调平，确保施工中不发生偏斜和移位。

（4）桩机安装完成后，进行现场验收。

螺旋挤土桩机调试、桩机移位、桩机垂直度调平见图6.2-4～图6.2-6。

图6.2-4　螺旋挤土桩机调试

图6.2-5　螺旋挤土引孔桩机移位

4. 钻进

（1）钻头对准桩位点后启动钻机，根据不同的桩径、地层，采取不同的钻速钻进。当预应力管桩桩径为ϕ400mm时，钻具转速为：5转/分钟；当桩径为ϕ500、600mm时，钻具转速为：2～3转/分钟。

（2）开孔时，采用慢速钻进，利于孔口地层挤密，保护孔口稳定。

（3）当动力头工作电流值小于140A时，桩机正常螺旋钻进，钻进到达设计引孔深度终孔。

图6.2-6　引孔桩机用吊锤线调整桩机垂直度

（4）当动力头工作电流值大于140A（如进入到密实性黏土、密实砂层、砂砾层、卵石层、块状强风化岩层）时，钻机螺旋钻进速度较慢，此时采用加压措施：

1）放松主卷扬的上提钢缆。

2）设定旋转速度为2～3转/分钟，同时手动加压，即通过拉紧下拉钢缆使桩机的前支撑或前步履离开地面（最大不高于100mm），钻进至设计深度后收钻。

3）当下钻过程动力头工作电流值大于140A，通过加压方式仍钻进困难，应初步判断可能碰到坚硬块石、漂石或岩石风化球；此时应停止钻进，报告工程业主、设计和监理，共同研究解决方案。

（5）施工过程中应经常注意查看主卷扬钢缆松紧情况，不得过松或过紧。

（6）钻机钻进过程中，派专人做好现场施工记录，包括：引孔桩号、桩径、孔深、孔底地层情况、施工时间等。

螺旋挤土桩机就位、挤土钻进情况见图 6.2-7～图 6.2-9。

图 6.2-7　引孔桩机就位

图 6.2-8　开始引孔

5. 提钻

（1）钻进至设计引孔标高后收钻，按退桩操作按钮，钻具反向旋转，同时调整钻杆上提速度为下钻速度的 1.5～2.0 倍。

（2）提钻过程中，如出现塌孔埋钻现象，则将钻具拔出，回填黏土超过塌孔段 2.0m 以上，重新进行钻进成孔。

（3）当提升过程中动力头工作电流小于 50A 时，钻杆停止旋转，直接提钻具至地面后停机。

螺旋挤土钻机提钻后情况见图 6.2-10，提钻后孔口情况见图 6.2-11。

图 6.2-9　引孔过程中孔口挤土状况

图 6.2-10　引孔钻头拔出孔口状况

图 6.2-11　螺旋挤土引孔完成后孔口

图 6.2-12　引孔完成后预应力管桩施工

6. 预应力管桩机就位与施工

（1）引孔分区、分片进行，以利于预应力管桩分批进行施工。

（2）一般当日完成的引孔，当日完成预应力管桩施工。

（3）当完成的引孔无法及时进行预应力管桩施工时，则对引孔进行回填砂处理。

预应力管桩引孔后施工见图 6.2-12。

6.2.9　设备机具

1. 设备机具选择

（1）引孔机具选用螺旋挤土灌注桩机 JB90/A 型打桩机，采用四条船形轨道步履行走，桩机包括主机架、动力头、操纵室、液压系统及电力系统等，全套钻机功率约 90kW。

（2）主机架的主要结构可分为如下部分：顶部滑轮组、立柱、斜撑、起架装置、操作平台、长短船行走机构、配重等。

（3）根据预应力管桩桩径选择对应的同径短螺旋钻头，以满足预应力管桩引孔的需要。

螺旋挤土钻机和螺旋钻头见图 6.2-13、图 6.2-14。

图 6.2-13　长螺旋引孔桩机

图 6.2-14　短螺旋钻头和钻杆

2. 设备机具配套及机具技术性能指标

螺旋挤土桩机引孔施工机械设备配套见表 6.2-1。

螺旋挤土桩机引孔施工机械设备配套表　　表 6.2-1

机械设备名称	机械设备型号	备　注
引孔钻机	螺旋挤土桩机-90 型	全部工作时 90kW,引孔,自动移位
短螺旋钻头	ϕ400、500、600mm	挤土钻进
钻具	ϕ400、500、600mm	钻杆
发电机组	120kW	自发电

3. 设备机具主要性能指标

螺旋挤土引孔桩机 JB90/A 型步履式桩架主要技术性能指标见表 6.2-2。

螺旋挤土桩机引孔施工机械设备配套表　　表 6.2-2

立柱支承及行走方式		三点支承、步履式
系统控制方式		液控式
额定载荷		400kN
桩架导轨长度		24m＋0.65m
平台回转角度		360°(或每次回转角度为 13°)
立柱回转半径		3.1m
立柱直径		ϕ630mm×10mm/ϕ720mm×8mm
立柱长度		18m,21m,24m,27m,30m,36m
立柱倾斜范围/桩架爬坡能力		前倾 12°,后倾 5°/3°
钻机	螺旋挤土桩机	ϕ600mm 及以下
	最大钻孔深度	30m
主卷扬机 (1 台)	单绳拉力	58kN
	钢丝绳的直径	ϕ21.5
	功率	22kW
副卷扬机 (1 台)	单绳拉力	30kN
	钢丝绳的直径	ϕ16.5
	功率	5kW
行走机构	长船行走速度	0～5.3m/min
	长船行走步距	1.4～2.0m
	短船行走速度	0～5.3m/min
	短船行走步距	0.6m
	长船接地比压	0.0246MPa
	短船接地比压	0.049MPa
	功率	20kW
液压系统	液压系统压力	20MPa
	电机功率	66kW
外形尺寸(长×宽×高)		10m×6m×30m
总质量		约 65t

6.2.10 质量控制

1. 桩位偏差

（1）测量定位、放线、复核工作由测量工程师负责，并对测量仪器定期检查。

（2）施工前，对已放线定位的各桩位置重新复核一次，并请甲方监理验线复核签字认可。

（3）施工过程中，及时校核桩位，采用仪器测放或用钢尺现场量测各相邻桩位相对位置确认；如发现偏差超标，及时调整。

（4）做好测量定位放线的原始资料，形成的定位、放线成果资料用书面形式报监理和甲方复核检查；

（5）钻机就位时，认真校核短螺旋钻头的对位情况，如发现偏差超标，及时调整。

2. 桩身垂直度

（1）钻机就位前，进行场地平整、压实，防止钻机出现不均匀下沉导致引孔偏斜。

（2）钻机用钻杆支架上的掉锤校核水平，用液压系统调节支腿高度。

（3）引孔时，从夹角 90°的两个方向用吊线锤对桩身垂直度进行复核，确保垂直度满足设计和规范要求。

3. 引孔

（1）引孔深度严格按设计要求，以满足预应力管桩设计桩长。

（2）引孔过程中，控制钻杆的钻速；派专人观察钻具的钻速是否异常，钻具是否有偏斜的现象；若出现异常情况应分析原因，及时采取措施。

（3）当动力头工作电流大于 140A 时表示钻尖已进入较硬的土层，靠螺牙在旋转时产生的拉力不能使钻杆形成自攻钻进，此时采用不同步方式；设定旋转速度为 3 转/分钟，同时手动加压使钻杆钻入土中；当钻到设计标高后，停止钻进。

（4）引孔终孔深度如出现异常（短桩或超长桩），及时上报设计、监理进行妥善处理，可采取超前钻预先探明引孔地层分布。

6.2.11 安全措施

1. 施工过程的安全要符合国家现行标准《建筑施工安全检查标准》JGJ 59—2011 的有关规定。

2. 施工机械的使用应符合《建筑机械使用安全技术规程》JGJ 33—2012 的规定。

3. 施工临时用电应符合《施工现场临时用电安全技术规范》JGJ 46—2005 的规定。

4. 机械设备操作人员必须经过专业培训，熟练机械操作性能，经专业管理部门考核取得操作证后上机操作。

5. 作业前，检查机具的紧固性，不得在螺栓松动或缺失状态下启动。作业中，保持钻机液压系统处于良好的润滑。

6. 经常检查各种卷扬机、起重机钢丝绳的磨损程度，并按规定及时更新。

7. 钻进前，利用桩架上的掉锤，调整钻杆的垂直度。

8. 桩机移位时，设专人现场统一指挥，无关人员撤离作业现场，避免发生桩机倾倒伤人事故。

9. 当施工场地范围分布高空管线时，须保持桩机与管线的安全施工距离，或报设计单位调整桩位，避开高空管线对施工的影响。

10. 机械设备操作人员和指挥人员严格遵守安全操作技术规程，工作时集中精力，不擅离职守。

11. 机械设备发生故障后及时检修，严禁带故障运行和违规操作，杜绝机械事故。

12. 现场所有施工人员按要求做好个人安全防护，爬高作业时系好安全带，特种人员佩戴专门的防护用具。

13. 现场用电由专业电工操作，持证上岗；电器必须严格接地、接零和使用漏电保护器；现场用电电缆架空 2.0m 以上，严禁拖地和埋压土中，电缆、电线必须有防磨损、防潮、防断等保护措施；电工有权制止违反用电安全的行为，严禁违章指挥和违章作业。

14. 对已施工完成的引孔，采用孔口覆盖、回填泥土等方式进行防护，防止人员落入孔洞受伤。

6.3 深厚填石层 ϕ800mm、超深预应力管桩施工技术

6.3.1 引言

在超过 10m 以上的深厚填石层施工 ϕ800mm 大直径、超深（50m 左右）预应力混凝土管桩，在施工工艺技术上存在上部深厚填石层穿越困难、超深桩长预应力管桩穿透能力要求高、桩管孔隙水压应力集中造成桩管爆裂等关键技术难题。

随着目前建筑用地日趋紧张，开山填石造地愈见普遍，深厚填石层分布、大直径超深桩已成为场地建（构）筑物桩基础工程施工的难点。而在各种桩基础工程中，预应力管桩以成孔速度快、施工管理简便、质量控制好、工程造价低的优点越来越被广泛利用，尤其是 ϕ800mm 大直径预应力管桩，其可替代相同直径的钻孔灌注桩，其应用前景更为广阔。但对于深厚填石层、大直径、超深预应力管桩面临的施工难题，急需在施工工艺改善、机械设备配套、质量安全措施等方面寻找突破口。

珠海高栏港务多用途码头二期工程位于南水作业区，港区陆域总面积约 18.2 万 m^2，工程建设主要包括：辅建区道路、堆场、地基处理、场地回填、临时护岸及水电、通信、消防等，港区内工程建（构）筑为大跨度钢结构。该项目在港区内进行了大规模的开山填筑堆填，形成了深厚填石层。考虑到上部深厚填石的影响，将桩基础设计为 ϕ800PHC 高强预应力混凝土管桩，平均桩长 46m、最大桩长 52m。预应力管桩施工过程中，综合采用了针对上部深厚填石层的大直径潜孔锤跟管 "3+1" 复合引孔技术、超深超长管桩沉入穿透技术、地下水应力消散等多项新技术，较好地完成了复杂地层条件下管桩基础的施工任务。通过类似项目工程实践，反复研讨和总结，提出了 "深厚填石层大直径 ϕ800mm、超深预应力管桩综合施工工法"，形成了相应的施工新技术。

6.3.2 工程应用实例

1. 预应力管桩基础设计情况

珠海港高栏港务多用途码头二期工程位于珠海市高栏港区南水作业区，项目场地为开

山填筑堆填后形成。港区为大跨度钢结构设计，柱基础采用 ϕ800（PHC）高强预应力混凝土管桩，桩端持力层为强风化花岗岩地层，珠海港高栏港区基岩面起伏大，成桩平均深度 40m，最大深度超过 50m。

2. 项目场地工程地质条件

本工程场地所处原始地貌单元为浅海滩涂地貌，后经附近开山后采用开山石人工堆填整平，场地较平坦。施工范围内各岩土层工程地质特征自上而下为：

（1）人工填土（Q^{ml}）：

填石层，为新近开山填筑堆填，主要由花岗岩块石、黏土、砾砂组成，块石粒径20～1200cm，堆填过程中经过强夯处理，呈密实状，全场分布，层厚 8～11m。

（2）第四系海陆交互相沉积层（Q^{mc}）：

淤泥，深灰、灰黑色，呈饱和、流塑状态，全场分布，层厚 5～11m；

粗砂：灰白、灰褐色，呈饱和、松散、局部稍密状态，层厚 4.20～10.80m；

砾砂：灰白、灰褐色，饱和、中密状态，层厚 4.10～8.90m。

（3）第四系残积砾质黏性土（Q^{el}）：

褐黄、灰白色，呈饱和、硬塑状态，层厚 1.2～9.5m。

（4）燕山期花岗岩（γ^y）：

全风化岩：土黄、黄褐色，原岩基本风化成土状，平均厚度 8.56m。

强风化岩：土黄、灰褐、黄褐色，平均厚度 12.10m，为预应力管桩桩端持力层。

3. 预应力管桩施工情况

（1）施工总体情况

本桩基工程已于 2013 年 6 月开工，2013 年 10 月完工，期间开动 1 台引孔桩机、2 台预应力管桩机，共完成直径 ϕ800mm 预应力管桩 246 根。

由于本项目场地位于深厚填石层之上，总体施工安排为先进行分区分片预先引孔，完成分块区域内引孔作业后，然后再分区分片进行预应力管桩基础施工。

（2）深厚填石层大直径潜孔锤引孔

由于本场地填石层厚、含量大且填石分布不均匀，引孔较为困难。前期采用单孔潜孔锤引孔，引孔未完全清除填石影响，造成预应力管桩施工困难。后采取大直径潜孔锤全护筒跟管钻进引孔，先后采用单桩单孔引孔、单桩三孔品字形引孔方法，但在预应力管桩施工中仍然会造成一定程度的填石阻滞。经过反复试验，最终采取"3＋1"复合引孔技术，解决了深厚填石层难以穿越的难题。

为克服超长桩的穿透能力，我们把原设计的长锥型桩尖改为筒式钢桩尖，较好地解决了残留填石对沉桩的影响，提升了管桩的导向和垂直度控制能力。

由于管桩沉入深度大，场地地下水位高，管桩内封闭的孔隙水压力大，易造成桩管爆裂。我们采取在桩管端开设双向泄水孔，较好地解决了沉桩过程中地下水压力、消散困难的问题，大大减小了沉桩过程的爆管、裂管现象，保证沉桩达到设计深度。

4. 预应力管桩检测及验收情况

经现场小应变动力检测和大应变检测试验，结果显示桩身完整性、桩长、承载力均满足设计要求。工程一次验收合格。

6.3.3 工艺特点

1. 成桩速度快

采用 ϕ580mm 大直径潜孔锤"3＋1"复合钻进快速引孔方法，将预应力管桩桩位范围内的上部填石层最大限度地置换为砂土，使预应力管桩轻易穿透上部填石层，管桩施工工效大幅提升。

2. 成桩质量有保证

采用潜孔锤引孔、筒形钢桩尖和桩管泄水孔等技术，显著提升了桩管的穿透能力，使得管桩顺利达到设计持力层位置，大大减少了桩尖变形、桩管破裂损坏，且有利于超长管桩的垂直度控制，保证了预应力管桩的施工质量。

3. 综合施工成本低

采用潜孔锤引孔速度快、单机综合效率高。一天单机效率可完成 15 个孔，即 5 根桩引孔，施工成本与冲击引孔相比，单机综合成本极大压缩，经济和社会效益显著。

4. 场地清洁、现场管理简化

大直径潜孔锤引孔施工不使用泥浆作业，现场施工环境得到极大的改善，不存在废浆废渣外运及处理困难，大大减少了废弃泥浆储存、外运等日常的管理工作，管理环节得到极大的简化

6.3.4 适用范围

1. 适用地层

本工法适用于预应力管桩穿越填石、硬岩夹层、孤石、基岩等地层施工，填石段厚度30m 以内。

2. 适用桩径

本工法采用"3＋1"复合引孔，可适用于桩径 ϕ800 预应力管桩施工；如采用"4＋1"复合引孔，则可满足桩径 ϕ1000 预应力管桩施工。

3. 适用桩长

本工法适用于预应力管桩桩长 55m 以内。

6.3.5 工艺原理

本项施工技术研究特点主要表现为三部分，一是穿越上部深厚填石层的大直径潜孔锤引孔技术，二是超深超长预应力管桩沉入时的穿透能力和垂直导向技术，三是预应力管桩地下水应力消散及抗浮、防爆技术，这也是本工法三大关键技术点所在。

根据现场地质条件及管桩设计要求，经分析对比，我们采取了综合施工技术，即：针对上部填石层采用大直径潜孔锤引孔穿越，使用筒形钢桩尖提高桩管的穿透力和垂直度，设置专门的双向泄水孔以克服地下水应力集中，达到了满意效果。

1. 填石层穿越——大直径潜孔锤引孔技术

（1）潜孔锤引孔原理

为穿越填石层，我们采用了大直径潜孔锤跟管复合引孔技术。为克服引孔时发生垮孔，专门采用潜孔锤全护筒跟管钻进，在引孔完成拔出潜孔锤后，立刻在护筒内填充砂

土，再起拔钢护筒。

潜孔锤是以压缩空气作为动力，压缩空气由空气压缩机提供，经钻杆进入潜孔冲击器，推动潜孔锤工作，利用潜孔锤对钻头的往复冲击作用达到破岩的目的，被破碎的岩屑随压缩空气携带到地面。由于冲击频率高、冲程低，破碎的岩屑颗粒小，破碎填石引孔效果好。

潜孔锤钻头设置有 4 块可伸缩冲击滑块，可确保钻头破碎工作时钻孔直径比跟管钻进的护筒大，以达到钢护筒全程跟管钻进目的。钢套管的及时跟进，既保护了钻孔，又有效隔开了填石地层中的填石、块石，并及时对钻孔砂土回填进行置换，以保证引孔的效果。

（2）潜孔锤"3＋1"复合分序引孔

为完全避免上部填石对预应力管桩锤击下沉施工的影响，通过单孔、三孔交叉等反复试验和不断探索，我们完善了引孔方案，创造性地设计了"3＋1"复合引孔方案，即：以桩轴线为中心，先在桩位平面位置均匀布置 3 个交叉孔位，分序施工形成交叉品字形，最后在桩轴线处再次以桩中心实施引孔，确保桩轴心处填石层被置换完全。

大直径潜孔锤全护筒跟管"3＋1"复合引孔平面布置见图 6.3-1。

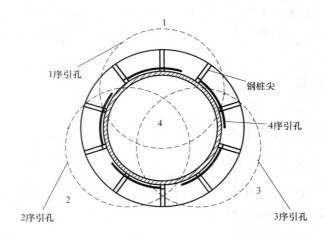

图 6.3-1　潜孔锤全护筒跟管"3＋1"引孔布置图

2. 筒式钢桩尖提升超长管桩的穿透和垂直度导向技术

本项目预应力管桩原设计采用锥型钢桩尖，由于锥型钢桩尖断面通透空间小，受场地内深厚填石层及超长桩身的施工难度的影响大，填石段残留的块石会被卡在桩尖位置，使得预应力管桩锤击下沉受到不同程度的阻滞，严重影响管桩在填石层的穿越能力。另外，在管桩桩长范围内，分布较厚的砂层和砾砂层，如何提升桩管的穿透能力，使管桩施工达到设计的持力层位置，也是大直径、超长桩的一大难题。

针对现场条件，经过现场试验和改进，最终将锥型桩尖改为筒型开口通透钢桩尖。筒型钢桩尖长 1.10m，由厚度 20mm 钢板卷制，在钢桩尖四周设置导向钢板，厚 20mm，夹角 36°。筒型钢桩尖使桩管的穿透能力进一步提升，同时起到管桩底部锤击沉入时的导向作用，也有利于管桩的垂直度控制。

筒式钢桩尖情况见图 6.3-2、图 6.3-3。

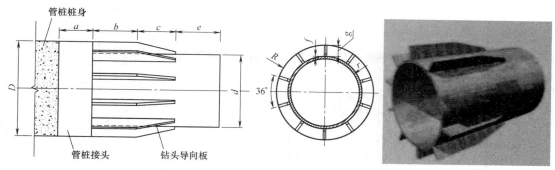

图 6.3-2 筒式钢桩尖穿透能力强、导向性好

图 6.3-3 筒式钢桩尖

3. 预应力管桩桩身应力集中消散、防爆技术

超深预应力管桩在成桩过程中，会遇到地下孔隙水应力集中且产生较大浮力的影响，增加管桩下沉难度，为满足桩管收锤标准，往往造成锤击数过大，容易出现爆管、桩端头开裂，造成所施工的管桩报废。

针对在管桩沉桩过程中受到的地下孔隙水应力集中消散难、桩身抗浮和防爆问题，我们在每节管桩接头位置专门设置了双向泄水孔，以消除孔隙水压力对管桩沉入时的影响，确保管桩顺利下沉到位。

桩管泄水孔直径为 60mm，双向贯通，位置处于桩管端头板附近 1.0～1.2m。具体设置与分布见图 6.3-4。

图 6.3-4 桩管泄水孔设置分布图

6.3.6　施工工艺流程

深厚填石层 ϕ800mm、超深预应力管桩综合施工工法工艺流程见图 6.3-5，施工工艺原理示意图见图 6.3-6。

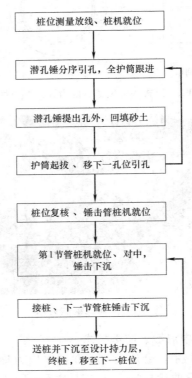

图 6.3-5　深厚填石层 ϕ800mm、超深预应力管桩综合施工工艺流程图

6.3.7　操作要点

1. 测量放线

（1）根据业主提供的基点、导线和水准点，在场地内设立施工用的测量控制网和水准点；

（2）施工前，专业测量工程师按桩位图进行桩位测量定位，并做好桩位标识。

2. 潜孔锤引孔位置布孔

（1）以管桩中心为圆心，按"3+1"复合引孔平面位置布设分序引孔孔位。

（2）引孔采用分序进行，受振动和回填砂土的影响，在前序孔完成后，应对后序孔进行复核。

3. 分序引孔位置布设

"3+1"复合型分序引孔见图 6.3-7～图 6.3-10。

4. 大直径潜孔锤引孔

（1）钻架利用长螺旋钻机塔架较高的钻机改装，更换卷扬，加固机架，保留原钻架自行走部分。潜孔锤引孔钻机见图 6.3-11。

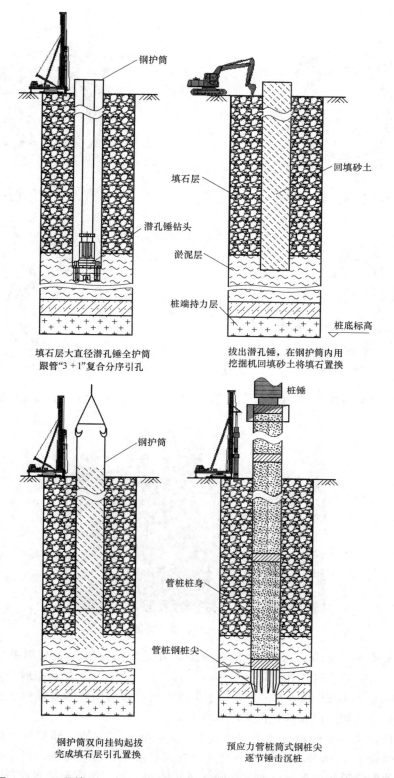

钢护筒

填石层

回填砂土

潜孔锤钻头

淤泥层

桩端持力层

桩底标高

填石层大直径潜孔锤全护筒
跟管"3＋1"复合分序引孔

拔出潜孔锤，在钢护筒内用
挖掘机回填砂土将填石置换

钢护筒

桩锤

管桩桩身

管桩钢桩尖

钢护筒双向挂钩起拔
完成填石层引孔置换

预应力管桩筒式钢桩尖
逐节锤击沉桩

图 6.3-6 深厚填石层 ϕ800mm、超深预应力管桩综合施工工艺原理示意图

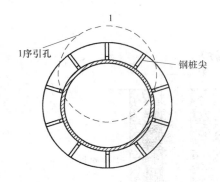

图 6.3-7　1 序引孔平面图

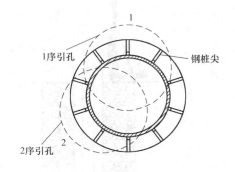

图 6.3-8　2 序引孔平面图

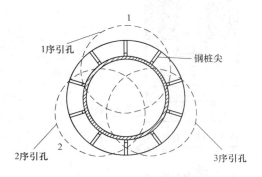

图 6.3-9　3 序引孔平面图

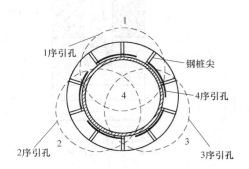

图 6.3-10　4 序引孔平面图

图 6.3-11　引孔潜孔锤桩机

（2）冲击器外径选用 φ420mm，潜孔锤钻头直径 580mm。钻头采用平底可伸缩滑块钻头，钻头在提升状态时，外径较套管内径小约 5cm，在有压工作状态时，其底部设置的 4 个滑动块在压力和冲击器的冲击力作用下向外扩张，破岩的同时带动钢护筒下沉，实现全护筒跟管钻进。如图潜孔锤钻头见图 6.3-12。

（3）钻杆直径为 420mm，六方快速接头。为防止岩屑在钻孔环状间隙中积聚，在钻头外侧均布焊接了 6～8 条 10mm 的钢筋，形成相对独立的通风通道，当 1 个或 2 个通道堵塞时，其他的通道仍可保持畅通，期间的风压随即上升，作用于堵塞通道时，又将其冲

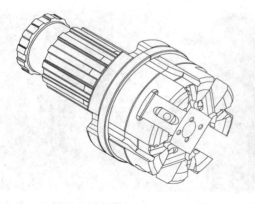

图 6.3-12 潜孔锤引孔钻头

开，始终可保持全部通道的通风、排屑顺畅。

（4）空压机的风压和供风量是大直径潜孔锤有效工作的保证，一定的风压可保证冲击的正常工作，还可保证冲击器、钻头的使用寿命。风量是正常排屑的重要因素，在改进了钻孔的环状间隙的情况下，为确保高能量冲击器的有效工作和正常的排屑，现场采用了 3 台英格索兰 XHP 系列的空压机并联的方式，提供持续、稳定的压力和供风量，以使风量达到 60m³/min。

空压机工作状态见图 6.3-13。

图 6.3-13 三台空压机并联作业

（5）跟管钻进护筒直径 610mm，长 12m，采用 16mm 钢板卷制。钢护筒上部设置若干孔洞，孔洞直径约 10cm，以方便潜孔锤钻进时孔内渣土从孔洞吹出。具体见图 6.3-14。

（6）引孔钻进参数

转速：5～13rpm；风压：1.0～2.5MPa；风量：50～60m³/min。

现场实际"3+1"引孔操作见图 6.3-15。

5. 护筒内回填砂土

（1）引孔终孔

潜孔锤引孔至钻穿填石后终孔，终孔可依据回返至地面的钻渣潜孔锤钻进声响明显判断。

图 6.3-14　引孔桩机和锤击预应力管桩机

图 6.3-15　"3＋1"复合引孔平面布置图及分序引孔

（2）回填砂土

护筒下沉到位后，拔出潜孔锤，及时用砂土进行引孔回填。回填所用的砂土要求以粗砂、黏性土为主，所含最大粒径不得超过 15cm；砂土用小型运输车辆运至现场临时堆放，如最大粒径不能满足要求，则使用前进行筛选。砂土用挖掘机填入孔内。

现场所用砂土及砂土回填情况见图 6.3-16。

6. 护筒起拔

（1）潜孔锤跟管护筒平均长度 12m，以穿透人工填石层为准，以超高风压吹出的渣样及潜孔锤接触地层的声响可进行准确判断。

（2）砂土回填至护筒口后，及时起拔护筒。

（3）护筒采用制作的金属双向倒钩，挂住护筒顶设置的孔洞开口，用钻机的副卷扬起拔。

护筒起拔情况见图 6.3-17。

图 6.3-16　回填砂土引孔后填入钢护筒内

图 6.3-17　双向倒钩钻机副卷扬机起拔钢护筒

7. 管桩沉入

（1）管桩施工机械选择：根据以往的施工经验，施工机械型号选用 HD80 锤。收锤标准为最后三阵、每阵 10 击下沉量不超过 3cm，落距为 2.2m。

（2）桩尖：预应力管桩桩尖采用开口型筒式钢桩尖，钢桩尖与桩端头板焊接。

（3）预应力管桩桩端部泄水孔减压技术：在预应力管桩端头位置专门设置了双向泄水孔，泄水孔直径约 6cm，在厂家制造时预埋钢管与桩管同时生产。双向泄水孔的设置，有效地释放了水压和侧摩阻力，减少了应力集中对桩管的影响，确保了管桩顺利下沉到位。

（4）垂直度控制技术：采用筒式开口型桩尖，钢桩尖较长，能起到了良好的穿透和导向作用，有利于桩管的垂直度控制。同时，管桩施工过程中，采用双向垂直两个方向吊垂直线控制桩管的垂直度；发现偏差，及时进行纠正。

（5）接桩与送桩：本工程管桩较长，最常用配置为单节 14m 长桩管，合理搭配 12m、8m、6m 桩管。

接桩时，下节桩段的桩头高出地面 0.5～1m；接桩前，将下节桩的接头处清理干净，设置导向箍以方便上节桩的正确就位，接桩时上下节桩中心线偏差不大于 2mm，节点弯曲矢高不大于桩段长的 0.1%。焊接时，先在坡口圆周上对称点焊 4～6 点，待上下节桩固定后拆除导向箍，再分层施焊，焊接层数不少于 2 层，第一层焊完后把焊渣清理干净，方能进行第二层施焊。施焊由两个焊工对称进行，焊缝每层检查，不留有夹渣、气孔等缺陷；焊缝做到连续饱满，厚度满足设计要求。焊好的桩接头自然冷却时间不少于 8min，然后再继续锤击。

预应力管桩施工机械见图 6.3-18、图 6.3-19。

图 6.3-18　预应力管桩校核桩位、垂直度　　　　图 6.3-19　预应力管桩焊接接桩

6.3.8　主要机具设备

1. 主要机械设备选择

（1）潜孔锤桩机：对 CDFG18 型长螺旋钻机进行改造，利用其机架和动力，调整了输出转速。钻机包括主机架、旋转电机、液压行走装置等，全套钻机功率约 110kW。改造后的该机底盘高，液压机械行走，可就地旋转让出孔口，整机重量大，机架高（18m）且稳定性好，负重大，过载能力提高。

（2）锤击预应力管桩机：根据桩径、桩长选择 HD80 型锤击预应力管桩机械。

2. 主要机械设备配套

本工法主要施工机械设备配置见表 6.3-1。

预应力管桩施工主要机械设备配置表   表 6.3-1

序号	设备名称	型号	数量	备 注
1	引孔钻机	DCDFG18 型	1 台	110kW,机高 18m
2	锤击桩桩锤	HD80	2 台	预应力管桩锤击沉桩
3	空压机	XHP900	2 台	潜孔锤动力,采取 2～3 台空压机并联方式
4		XHP1170	1 台	供风
5	钻具	ϕ420mm	1 套	六方接头
6	钢护筒	ϕ610δ16mm	1 节 12m	引孔时钢护筒护壁
7	潜孔锤	ϕ580mm	2 个	全断面、伸缩钻头
8	挖掘机	CAT	1 台	引孔后护筒内回填砂土

6.3.9 质量控制

1. 桩位偏差

(1) 引孔桩位由测量工程师现场测量放线,报监理工程师审批。

(2) 钻机就位时,认真校核潜孔锤对位情况,如发现偏差超标,及时调整。

(3) 预应力管桩施工前,再次复核桩位,并进行隐蔽工程验收。

2. 垂直度控制措施

(1) 引孔钻机就位前,进行场地平整、压实,防止钻机出现不均匀下沉导致引孔偏斜。

(2) 钻机用水平尺校核水平,用液压系统调节支腿高度。

(3) 预应力管桩改用筒式开口型桩尖,导向性好,可以较好避开填石的影响;同时,钢桩尖较长,沉入时能起到了良好的穿透和导向作用,有利于桩管的垂直度控制。

(4) 锤击施工时,桩身保持垂直,使打桩不偏心受力,第一节桩要求吊直,桩插入地面的垂直偏差不得超过桩长的 0.5%,且现场校正垂直度。

(5) 预应力管桩接头焊接时,上下接头清理干净,按设计要求对准上下两节桩中心位置,保证上下桩节找平接直,上下节桩之间的间隙用铁片全部填实焊牢,然后沿圆周对称点焊六处,继而分层对称施焊,每个接头的焊缝不少于两层,每层焊缝的接头错开,焊缝饱满,不出现夹渣或气孔等缺陷,施焊完毕须自然冷却 8 分钟后方可继续施打。

(6) 引孔及预应力管桩施工过程中,采用二个垂直方向吊垂线校核钻具及桩管垂直度,派专人监控,确保满足设计和规范要求。

(7) 管桩锤击过程中如发现偏差超标,及时进行校正,或采用将上部填石层局部开挖,再将管拔出进行处理。

3. 引孔

(1) 引孔深度以穿过填石层约 1m 左右控制,以返回地面的钻渣判断。

(2) 引孔严格按"3+1"复合引孔平面布置进行,以确保引孔效果。

(3) 引孔过程中,控制潜孔锤下沉速度;派专人观察钻具的下沉速度是否异常,钻具是否有挤偏的现象;若出现异常情况应分析原因,及时采取措施。

(4) 引孔结束后,及时进行砂土回填。

（5）用于回填的砂土严格控制大粒径块度直径，防止出现块石对管桩施工造成不利影响。

4. 锤击沉桩

（1）对桩机位置进行平整压实处理，防止桩机下沉影响桩垂直度。

（2）锤击沉桩时，派专人观察桩管垂直度、桩管裂缝情况等，发现异常及时处理。

（3）接桩时由二名电焊工同时作业，缩短焊接时间，减少停待时间。

（4）接桩焊接完成后，由监理工程师进行隐蔽工程验收，包括：焊缝、冷却时间等，满足要求后继续施工。

（5）严格执行终桩标准，控制贯入度值，经监理同意后终桩。

（6）施工过程派专人做好施工全过程记录。

6.3.10　安全措施

1. 施工现场所有机械设备（吊车、挖掘机）操作人员必须经过专业培训，熟练机械操作性能，经专业管理部门考核取得操作证后上机操作。

2. 机械设备操作人员和指挥人员严格遵守安全操作技术规程，工作时集中精力，谨慎工作，不擅离职守，严禁酒后操作。

3. 现场吊车使用多，起吊作业时，派专门的司索工指挥吊装作业；预应力管桩起吊时，施工现场内起吊范围内的无关人员清理出场，起重臂下及影响作业范围内严禁站人。

4. 作业前，检查机具的紧固性，不得在螺栓松动或缺失状态下启动；作业中，保持钻机液压系统处于良好的润滑。

5. 当钻机移位时，施工作业面保持基本平整，设专人现场统一指挥，无关人员撤离作业现场，避免发生桩机倾倒伤人事故。

6. 现场工作面需进行平整压实，防止机械下陷，甚至发生机械倾覆事故。

7. 对已完成的引孔桩位，及时进行回填或安全防护，防止人员掉入或机械设备陷入发生安全事故。

8. 机械设备发生故障后及时检修，严禁带故障运行和违规操作，杜绝机械事故。

9. 施工现场操作人员登高作业，要求现场操作人员做好个人安全防护，系好安全带；电焊、氧焊特种人员佩戴专门的防护用具（如防护罩）。

10. 管桩接头焊接由专业电焊工操作，正确佩戴安全防护罩。

11. 管桩吊点设置合理，起吊前做好临时加固措施，防止管桩接头变形损坏。

12. 氧气、乙炔罐的摆放要分开放置，切割作业由持证专业人员进行。

13. 现场用电由专业电工操作，持证上岗；电器必须严格接地、接零和使用漏电保护器。现场用电电缆架空 2.0m 以上，严禁拖地和埋压土中，电缆、电线必须有防磨损、防潮、防断等保护措施；电工有权制止违反用电安全的行为，严禁违章指挥和违章作业。

14. 施工现场所有设备、设施、安全装置、工具配件以及个人劳动保护用品必须经常检查，保持良好使用状态，确保完好和使用安全。

15. 对已施工完成的管桩采用孔口覆盖、回填泥土等方式进行防护，防止人员落入孔洞受伤。

16. 暴雨时，停止现场施工；台风来临时，做好现场安全防护措施，将桩架固定或放下，确保现场安全。

6.4 预应力管桩引孔施工吊脚桩产生原因及处理方法

6.4.1 引言

拟建深圳市龙岗区智慧公园项目位于深圳市龙岗中心城区，西侧为现有市政道路龙德南路，北侧为德政路，东侧为现有区政府人工湖，南侧为市民公园。场地呈准长方形，建筑设地下二层，其中北侧和东侧局部为一层地下室，基坑开挖面积约为 $10457m^2$，建筑净高度约 18m，基坑开挖深度 6.8~11.0m，基坑支护总长约 617.6m。拟建建筑采用天然地基浅基础，抗浮设计拟采用预应力管桩作抗拔桩。

6.4.2 预应力管桩设计要求

1. 本工程设计预应力管桩采用静压法。
2. 管桩采用 PHC-AB，壁厚为 130mm，桩径 ϕ550mm。
3. 本工程采用的管桩为摩擦端承桩，持力层强风化岩层。
4. 单桩竖向承载力特征值 1500kN，单桩抗拔承载力特征值 500kN。
5. 本工程采用标准封底十字刀刃桩靴。
6. 桩端持力层为易受地下水浸湿软化，在桩施打（压）完毕后立即往管内填灌混凝土，混凝土强度等级为 C25，灌注高度不少于 1m。

6.4.3 场地地层条件

根据钻探资料揭露，拟建场地岩土层按照成因类型，从上至下分为人工填土层（Q^{ml}）、第四纪坡积层（Q^{dl}）、第四纪残积层（Q^{el}）及石炭系下统石灰岩层（C_1）。各岩土层的工程地质特征自上而下分述如下：

1. 人工填土层（Q^{ml}）

为新近填土，灰、灰褐、褐黄等杂色，松散，稍湿，由黏性土及建筑垃圾经人工堆填形成，碎石含量 5%~15%，大小：3~9cm 不等，平均厚度为 2.16m。

2. 第四纪坡积层（Q^{dl}）

含砾黏土（地层编号为 2）：红褐、黄褐色，湿，可塑—硬塑状，由粉黏粒组成，岩芯呈土柱状，平均厚度为 2.59m。

粉质黏土（地层编号为③₁）：黄、黄褐色，湿，可塑—硬塑状；由泥质粉砂岩风化残积而成，见风化残余结构，局部夹少量碎石，平均厚度为 6.45m。

粉质黏土（地层编号为③₂）：黄、黄褐色，湿，软—可塑状，由泥质粉砂岩风化残积而成，见风化残余结构，偶夹少量强风化泥质粉砂岩碎块，大小 2~10cm，平均厚度为 7.38m。

3. 石炭系下统泥质粉砂岩层（C_1）

全风化泥质粉砂岩（地层编号为④₁）：褐黄、褐红色，稍湿，硬塑—较硬；岩石风化成土状，遇水易软化，局部夹少量强风化泥质粉砂岩碎块，大小：2~9cm，个别达

14cm，平均厚度为 5.83m.

强风化泥质粉砂岩（地层编号为④₂）：褐黄、褐红色，稍湿，硬—较硬，岩石风化成土状，局部夹少量中风化泥质粉砂岩碎块，大小 2～9cm，个别达 18cm；由于原岩风化的不均匀性，普遍见厚度不等的全风化泥质粉砂岩夹层，平均厚度为 5.86m。

强风化泥质粉砂岩（地层编号为④₃）：褐黄、褐红色，稍湿，硬—较硬，岩体基本质量等级为Ⅴ级，为极软岩—软岩。岩石风化成土夹碎石状，锤击声哑。局部夹较多中风化泥质粉砂岩碎块，大小 4～16cm，个别达 24cm，偶夹 18～60cm 全风化泥质粉砂岩，岩芯呈土柱状，岩体极破碎。平均厚度为 7.75m。

场地地层影响预应力管桩施工的工程地质问题主要是分布强风化泥质粉砂岩（地层编号④₂、④₃）硬质夹层，造成管桩穿透困难。附钻孔 K25、ZK32、ZK39 剖面图，具体见图 6.4-1。

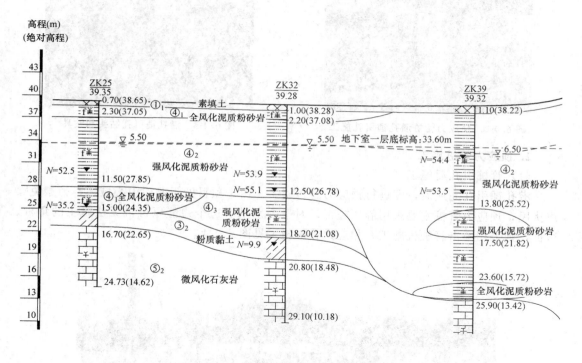

图 6.4-1 场地典型钻孔剖面图

6.4.4 预应力管桩施工情况

本项目桩基设计为静压预应力管桩，总桩数 572 根，设计桩径 ϕ550mm。由于场地广泛分布强风化泥质砂岩硬质夹层，因此预应力管桩施工前必须进行预引孔。

1. 预应力管桩大直径潜孔锤引孔

根据场地地层实际情况及施工经验，本工程预应力管桩引孔采用大直径潜孔锤施工，桩机履带式行走，潜孔锤引孔钻头直径 ϕ520mm、引孔深度 11～17 m。

现场预应力管桩引孔见图 6.4-2、图 6.4-3。

图 6.4-2　预应力管桩潜孔锤引孔施工

图 6.4-3　潜孔锤引孔钻头和钻具

2. 预应力管桩施工

（1）管桩引孔后施工

潜孔锤引孔完成后，即进行预应力管桩施工。由于项目处于龙岗中心城区，为避免噪声扰民，预应力管桩主要采用静压施工，对于个别基坑边个边静压桩机无法施工的角桩、边桩，则采用锤击管桩机施工。预应力管桩施工见图 6.4-4。

图 6.4-4　潜孔锤引孔、预应力管桩施工现场

（2）吊脚桩情况

预应力管桩施工过程中，遇到部分桩施压（打）桩承载力终压荷载值大于设计要求，或最后三阵贯入度小于设计要求且无法继续下压（打），导致管桩桩尖入土深度小于引孔

深度的情况，俗称吊脚桩。经统计，出现吊脚桩共计182根桩，吊脚长度0.10～6.00m。具体吊脚桩情况见表6.4-1。

预应力管桩施工吊脚情况汇总表 表 6.4-1

吊脚长度（m）	吊脚根数（根）	吊脚桩比率（%）
<1	65	11.36
1～2	49	8.56
2～3	28	4.89
3～4	21	3.67
4～5	11	1.92
5～6	8	1.57
合计	182	32

6.4.5 预应力管桩引孔及施工吊脚桩产生原因分析

预应力管桩引孔施工中，时常出现预应力管桩实际入土长度比引孔深度小的吊脚情况，这是预应力管桩引孔施工中的质量通病，经多项工程实例分析，其产生原因主要有以下几方面：

1. 引孔底部沉渣影响

潜孔锤引孔的原理是潜孔锤在空压机的作用下，高压空气驱动冲击器内的活塞作高频往复运动，并将该运动所产生的动能源源不断地传递到钻头上，使钻头获得一定的冲击功；钻头在该冲击功的作用下，连续、高频率对孔底硬岩施行冲击；在该冲击功的作用下，形成体积破碎，达到引孔效果。

在潜孔锤引孔过程中，部分泥渣、岩渣在空压机产生的风压下，沿潜孔锤钻杆与孔壁的间隙被吹至地面，并堆积在孔口位置。现场实际引孔过程中，一般土层段引孔速度快，泥渣上返速度快、孔口堆积泥渣偏多；但在硬质夹层段，引孔钻进速度慢，硬岩被破碎呈粉状，孔口堆积岩渣相对少。据现场统计，引孔完成后堆积在孔口的渣土一般为引孔体积的30%～50%。因此，引孔完成后，孔底沉渣厚度较大。

预应力管桩设计为带十字钢桩尖沉入，下沉过程中桩身全断面会对孔内堆积的岩渣产生挤密效应，当挤密达到设计要求的静压力或贯入度时收锤，从而一定程度出现吊脚桩现象。

本工程预应力管桩引孔施工孔口堆积岩渣、土渣情况见图6.4-5、图6.4-6。

图 6.4-5 预应力管桩引孔施工孔口堆积岩渣情况（岩渣少）

图 6.4-6　预应力管桩引孔施工孔口堆积土渣情况（土渣多）

2. 场地地层影响

本场地广泛分布强风化泥质粉砂岩硬质夹层，夹层厚度从数米至超过 10m，据勘察报告显示，其硬质夹层引孔最深达 14m 以上。

在引孔过程中，堆积在孔底的渣土受夹层厚度不同导致其成分上存在一定的差异，如夹层薄的孔位，孔底堆积的泥土含量大，可压缩性好，管桩施工时可压至设计孔底标高或出现的吊脚量小；当引孔遇到全孔或硬质夹层厚的位置，孔口堆积量少，在孔底的多为粉粒状岩屑，其可压缩性差，造成吊脚偏大。

3. 引孔潜孔锤钻头和钻具直径偏小

本项目预应力管桩引孔潜孔锤直径为 520mm，采用长螺旋钻具，钻具直径为 300mm。受地层影响，部分引孔直径偏小，尤其是钻具直径偏细，在大风压冲击振动情况下，引孔容易出现垂直度超标，导致管桩施工时无法达到引孔深度。

6.4.6　工程桩验收及吊脚桩处理

本项目预应力管桩施工完成后，按设计和规范要求，对桩基进行了抗压试验和抗拔试验。试验选桩会上，重点抽取了吊脚桩进行试验，试验结果抗压和抗拔结果均满足设计要求。

对于出现的预应力管桩吊脚桩的处理，经与建设、监理、设计、勘察、施工等多方现场会议商讨后，设计单位提出了采用高压注浆对吊脚桩进行加固处理的方案。

1. 吊脚桩注浆加固处理技术要求

（1）注浆孔成孔机械采用潜孔钻机，成孔直径 130mm，孔深应大于管桩引孔深度 0.5m；注浆孔终孔后应认真清孔，采用风动干钻成孔，高压风洗孔。

（2）第一次注浆完成后拔出套管，二次注浆预留注浆管耐压应大于 5.0MPa，按 0.5m 间距钻对孔，孔径 5mm，埋置之前用胶布包裹。

（3）注浆材料为 P.O42.5R 复合硅酸盐水泥，水灰比为 0.45～0.50，注浆体强度等级为 M25，注浆达到密实饱满。

（4）采用二次注浆，第一次采用常压注浆，压力约 0.6MPa；第二次为高压注浆，初始注浆压力不小于 2.5MPa，二次注浆时间间隔及注浆压力可根据现场试验确定。

（5）注浆孔布置及相关技术参数见图 6.4-7。

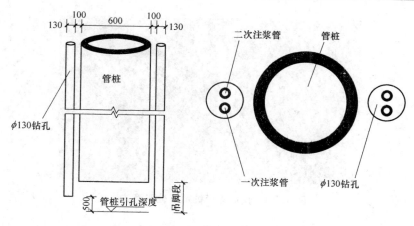

图 6.4-7 预应力管桩注浆加固处理平面、剖面图

2. 吊脚桩注浆加固处理

正式加固前，先进行了三根试注浆后，正式进行注浆加固施工。试压桩分别选择吊脚系数 10％、15％、20％（吊脚系数＝吊脚长度/引孔深度），试压时记录成孔注浆孔直径、孔深、注浆次数、注浆压力、注浆量，并提出试注浆报告，按试注浆技术参数进行正式施工。

正式注浆只对吊脚系数大于 20％的预应力管桩进行了处理，其一次注浆量的大小与地层相关，灌入浆量在正常计算范围，显示吊脚段在注浆前已被管桩压桩时挤密压实；二次注浆为高压注浆，注浆时其浆液会沿着注浆全孔和孔侧地层内渗透。二次注浆总注浆量约占其钻孔容积的 50％左右，注浆量少，说明预应力管桩桩侧为密实状。

注浆完成后，未再进行抗压和抗拔试验。现场预应力管桩吊脚桩注浆处理见图 6.4-8、图 6.4-9。

图 6.4-8 预应力管桩吊脚桩注浆孔成孔施工

图 6.4-9　预应力管桩吊脚桩双管注浆

6.4.7　预应力管桩引孔施工吊脚桩预防措施

预应力管桩施工时受场地地层的影响，很难避免辅助引孔，当引孔已穿透较厚填石、孤石、坚硬岩夹层等地下障碍物时，如何最大限度避免出现吊脚桩现象，经多个项目实践，我们总结出如下几点预防控制和处理措施：

1. 对填石、孤石、坚硬岩夹层，引孔宜采用大口径潜孔锤钻孔法，确保引孔穿透效果。

2. 引孔直径在填石层时，引孔潜孔锤钻头直径宜比管桩直径小 0～50mm；在孤石、坚硬岩夹层时，宜不小于管桩直径。

3. 引孔施工时，应采取措施保证引孔钻机的平稳，并监测钻杆的垂直度；同时，在填石、孤石、坚硬岩夹层中引孔时，潜孔锤钻机的钻杆直径应与管桩直径大小匹配，以最大限度减少引孔时钻具的晃动，造成引孔垂直度超标，导致后续管桩无法下沉到位。根据实际引孔施工经验，当预应力管桩直径为 500mm 时，潜孔锤钻杆直径宜不小于 426mm；当管桩直径为 600mm 时，钻杆直径宜不小于 560mm。

4. 对于引孔地层较厚的部位，为提高引孔后管桩在填石、孤石、硬岩夹层中的穿透能力，管桩桩尖宜选用锥型桩尖或开口型钢桩尖。

5. 引孔完成在管桩送入孔内后，应先调整管桩垂直度后再进行沉桩。

6. 对于吊脚长度较大的桩，有必要时，可采取吊脚范围段的桩侧注浆处理，施工时做好注浆记录。

7. 引孔时产生的孔内渣土会产生"瓶塞效应"，使得桩端难以达到引孔深度，针对此种情况，现场可选择一定数量的桩进行静载荷试验和抗拔试验，以验证桩的承载能力。

第7章 大直径潜孔锤应用新技术

7.1 大直径潜孔锤全护筒跟管钻孔灌注桩施工技术

7.1.1 引言

随着工程建设的日益大规模进行，特别是临近海岸各类储油罐、码头及其附属等工程设施的开发，经常会遇到开山填海造地或人工填筑而成的工程建设项目，此时建（构）物桩基础施工由于受深厚填石层的影响造成施工极其困难，冲击成孔工艺会出现泥浆漏失、坍孔、掉锤、卡锤等现象，造成桩身灌注混凝土充盈系数大、施工效率低、工期拖长等问题；采用回转钻进成孔基本无法进行，从而给桩基工程施工和项目建设带来严重困扰。

为了寻求在深厚填石层中钻孔灌注桩有效、快捷、高效的施工新工艺新方法，节省投资，加快施工进度，研发了深厚填石层大直径潜孔锤全护筒跟管钻孔灌注桩施工技术。

7.1.2 工程应用实例

1. 工程概况

2011年11月，中海石油深水天然气珠海高栏终端生产区建造工程球罐桩基础工程开工。该工程位置倚山临海，场地为开山填筑而成，填石块度一般为20～80cm不等，个别填石块度大于2m；填石厚度最浅7m左右，最厚处达40m，平均厚度约18m。

生产区建造项目桩基础工程包括：4000m³丙烷储罐、4000m³丁烷储罐、4000m³稳定轻烃储罐、分馏框架平台装置、闪蒸塔、吸收塔、再生塔等桩基，桩基设计为钻（冲）孔灌注桩，桩身直径ϕ550mm，桩端持力层为入中风化花岗岩或微风化花岗岩≥1500mm，平均桩长27m左右，最大桩长约45m。4000m³储罐单桩竖向承载力特征值预估为4200kN，单桩水平承载力特征值预估为100kN。

2. 场地工程地质条件

场地地层条件复杂，自上而下主要分布的地层有：开山填石、素填土、杂填土、花岗岩残积土及强风化、中风化、微风化花岗岩。

场地主要工程地质问题为填石深厚、填石整体块度离散；填石场地虽经过前期分层强夯处理，但填石间的缝隙空间大、渗透性强，严重影响桩基础正常施工。

场地地形特征和现场填石情况见图7.1-1、图7.1-2。

3. 前期冲击成孔施工情况

桩基础施工前期，施工单位根据场地条件，按通常做法选择冲击钻设备，制定了采用十字冲击锤将填石冲碎或挤压进桩侧，泥浆循环护壁成孔施工方案。由于对场地内深厚填石认识不足，冲孔施工极其困难，遇到许多无法解决的难题，主要表现在：

桩基施工作业面

图 7.1-1　场地地形特征

(a)

(b)

图 7.1-2　场地填石情况

（1）泥浆漏失严重，成孔时间长。由于填石厚度大，填石间的间隙过大，造成在冲击成孔作业过程中出现严重漏浆，使得难以维持泥浆正常循环，孔内钻渣或填石重复在孔内破碎；甚至经常出现泥浆漏失后孔壁坍塌事故，冲击成孔异常困难；一般 30m 左右的桩孔，正常情况 20～25d 完成成孔，个别桩孔在冲击超过 1 个月后都难以终孔。当遇孔壁坍塌、漏浆或探头石情况时，成孔、成桩时间成倍增长，经常反复冲孔，重复性工作极多，效率极其低下。

（2）长时间冲击成孔，孔内事故多长。由于单桩成孔时间超长，伴随着孔内事故增多，掉钻、卡钻、斜孔等经常发生，事故处理费用大。

（3）泥浆处理、浆渣外运费用高。成孔采用泥浆循环护壁和携渣，由于泥浆漏失严重，现场使用泥浆量大，造成泥浆处理费用高；同时，大量的泥浆给现场文明施工造成困难，泥浆外运大大增加了施工成本。

（4）综合成本高。

由于进度缓慢，现场只得增加冲孔桩机数量；同时，辅助作业机械如吊车、挖掘机等其他机械费用大幅度增加，人员数量也扩充，造成施工综合成本高，现场施工面临成本剧增、难以维持的被动局面。

（5）施工质量难以满足设计要求。由于桩孔平均深度超过深、桩径小，桩的垂直度要求高，在深厚填石层中冲击成孔，受填石大小块径相差大、软硬不均的影响，冲击时容易产生桩孔偏斜，桩孔垂直度无法满足设计要求。更为严重的问题是，受泥浆的影响，造成孔底碎石堆积，难以保证清孔效果，抽芯结果显示孔底沉渣难以满足规范和设计要求。

前期冲击成孔开动桩机二十多台套，现场施工情况见图 7.1-3。

图 7.1-3　现场冲击成孔情况

4. 大直径潜孔锤全套管跟管钻进方案的选择

在现场施工出现如此不利的状况下，我们针对该场地的工程地质特征和桩基设计要求，现场开展了潜孔锤全护筒跟管钻进成孔施工工艺的研究和试验，新的工艺主要采用大直径潜孔锤风动钻进，发挥潜孔锤破岩的优势；配置超大风压，最大限度地将孔内岩渣直接吹出孔外；在钻进过程中，采用全套管跟管钻进，避免了孔内垮塌，确保了顺利成孔。此外，全护筒跟管钻进不仅可以隔开孔外的松散地层、地下水、探头石、防止泥浆漏失等，而且在其灌注完混凝土后的立即振动起拔全护筒的过程中，可以起到对桩芯混凝土进行二次振实作用，桩身混凝土的密实性更好、强度得到有效保证，桩身直径也有保证。

2012 年 4 月，进场进行了 3 根试桩；试桩根据场地工程勘察资料，选择了 3 个不同位置进行。具体试桩情况表 7.1-1。

大直径潜孔锤跟管钻进试桩情况表　　　　　　　表 7.1-1

试桩号	试桩位置	桩长（m）	地层分布情况	成孔时间（h）
1	分馏框架平台第一套装置	13.9	填石 12.4m，中风化岩 1.5m	2.40
2	4000m³ 丙烷储罐	36.0	填石 32.0m，中风化岩 4.0m	9.50
3	4000m³ 丁烷储罐	33.0	填石 23.0m，中风化岩 10.0m	12.00

试桩完成在桩身达到养护龄期后，进行了小应变动力测试、抽芯和静载试验，试验结果均满足设计和规范要求，试验取得了成功，新的技术和工艺得到监理、业主的一致好评。

5. 大直径潜孔锤全套管跟管钻孔灌注桩施工

施工期间，共开动 2 台套潜孔锤桩机，采用大直径潜孔锤跟管钻进，平均以 2 根/天·台的速度效率成孔，是前期冲击成孔效率的 30 倍以上。所完成的工程内容及工程量见表 7.1-2，现场施工见图 7.1-4。

工程内容	桩数（根）	平均桩长（m）	备　注
6 个 4000m³ 丙烷储罐	288	35	单个储罐设 12 个承台、每个承台 4 根桩，共 48 根桩
2 个 4000m³ 丁烷储罐	96	30	
2 个 4000m³ 稳定轻烃储罐	96	27	
5 个吸收塔	30	18	单个塔基设 6 个承台、每个承台 1 根桩，共 6 根桩
5 个内蒸塔	30	22	
合　计	520	16752	

大直径潜孔锤跟管钻进完成工程量情况表　　　　　　表 7.1-2

图 7.1-4　大直径潜孔锤全套管跟进施工现场情况

6. 工程桩检测

桩基施工完工达到养护条件后，按设计要求进行了桩基检测：

（1）桩顶开挖及小应变动力测试情况

工程桩 100％进行小应变动力测试。桩头开挖情况及动力测试表明，桩顶标高、桩顶混凝土强度、桩身完整性、桩长等均满足要求。吸收塔桩顶开挖情况见图 7.1-5。

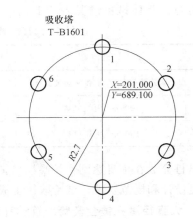

图 7.1-5　吸收塔（6 桩塔）桩顶开挖情况

（2）抽芯检验情况

现场对每个罐体抽取 3 根桩进行了抽芯检验，桩身混凝土抽芯岩样情况反映出桩身混凝土均匀、密实，无蜂窝、无夹泥，样芯完整；桩端持力层为微风化岩，混凝土与岩石接合面断口呈脆性断裂，断面清洁，无夹泥，无后期磨平痕迹，说明胶结良好、孔底无沉渣。抽芯岩样照片见图 7.1-6。

图 7.1-6　桩身抽芯取样照片

（3）静载荷试验：

现场对每个罐、塔桩基础抽取 3 根桩进行静载荷试验；试验结果表明，试压极限承载力均达到设计要求。

（4）水平抗剪切试验

现场对每个罐、塔桩基础抽取 1 根桩水平抗剪切试验；试验结果表明，试压极限承载力均达到设计要求。

经桩头开挖验桩、小应变测试、抽芯、静载荷检测，以及桩身混凝土试块试压，检测结果表明：桩身完整性、桩身混凝土强度、桩承载力、孔底沉渣等全部满足设计和规范要求。大直径潜孔锤全套管跟管钻进方案完全取代了原设计的钻（冲）孔灌注桩方案，为整个工程赢得了宝贵的时间，设计单位、业主和监理相关给予了极高的评价。

7.1.3　工艺特点

1. 成孔速度快

潜孔锤破岩效率高是业内的共识，大直径潜孔锤全断面能一次钻进到位；超大风压使得破碎的岩渣，一次性直接吹出孔外，减少了孔内岩渣的重复破碎，加快了成孔速度；全护筒跟进，使得孔内事故极大地减少，避免了冲击钻成孔过程中常见的诸如卡锤、掉锤、塌孔、漏浆等事故。冲击钻在正常情况下，20～25 天成桩 1 根；回转或旋挖钻机，在有大量石块的情况下，成孔效率极低甚至无法成孔；潜孔锤全护筒跟进工法可实现 1 天成桩 2 根的效率，成桩速度是冲击钻或其他常规手段的 30 倍及以上。

2. 质量有保证

表现为以下几个方面：

（1）成孔孔型规则，避免了冲击成孔过程中的钻孔孔径随地层的变化，或扩径或缩径情况的发生。

（2）桩芯混凝土密实度较高。

（3）不需要泥浆护壁，避免了混凝土的浇筑过程中的夹泥通病。

（4）钢筋笼沿着光滑的护筒内壁，可顺利地下入到孔底，不会出现钢筋笼难下的状况，钢筋笼的保护层更容易得到保证，桩的耐久性也得到保证。

（5）冲击成孔往往受夹层或操作人员责任心不强的影响，持力层往往容易误判；采用潜孔锤跟管工工艺后，钻硬岩或完整岩石不再是问题，桩端入岩情况可凭返回孔口的岩屑精准判断，桩的承载力和持力层得到很好的保证。

3. 施工成本相对低

相比较于冲击、回转等其他方式成孔，表现在：

（1）施工速度快，单机综合效率高；

（2）事故成本低，本工法的事故一般表现为地表的机械故障和组织协调问题，孔内事故极少；

（3）潜孔锤钻进时凭借超大风压直接吹出岩渣，岩渣在孔口护筒附近堆积，呈颗粒状，可直接装车外运，避免了冲击成孔大量泥浆制作、处理等费用；同时，钻孔施工不需要施工用水，可节省用水费用。

（4）混凝土超灌量少，冲击成孔在这样的地层中的充盈系数平均为 2.5～3.0，而本工法的充盈系数平均一般在 1.3～1.5。

4. 场地清洁、现场管理简化

（1）潜孔锤跟管工法不使用泥浆，现场不再泥泞，场地更清洁，现场施工环境得到极大的改善。

（2）缺少了泥浆的应用，减少了如泥浆的制作、外运等日常的管理工作，现场临时道路、设备摆放可变得更加有序，相应的管理环节得到极大的简化。

5. 本工法的不可替代性

由于大量的地下障碍物的存在，往往许多常规手段，如回转钻进、旋挖等无法实现成孔，而冲击成孔效率低、成本高。因此，本工法具有其他手段无法替代的优越性。

7.1.4　适用范围

1. 适用于地层中存在大量的破碎岩石、卵砾石、建筑垃圾及地下水丰富、软硬互层较多的复杂地层的灌注桩工程。

2. 适用于钻孔直径 $\phi 300～800mm$，成孔深度 $\leqslant 50m$。

3. 适用于在其孔径范围内的普通地层的灌注桩工程。

7.1.5　工艺原理

潜孔锤是以压缩空气作为动力，压缩空气由空气压缩机提供，经钻机、钻杆进入潜孔冲击器，推动潜孔锤工作，利用潜孔锤对钻头的往复冲击作用，来达到破岩的目的，被破碎的岩屑随潜孔锤工作后排出的废气携带到地表。由于冲击频率高（可达到 60Hz），低冲程，破碎的岩屑颗粒小，便于压缩空气携带，孔底清洁，岩屑在钻杆与套管间的间隙中上升过程中不容易形成堵塞，整体工作效率高。

跟管钻具工作时由钻机提供回转扭矩及给进动力，钻头采用可伸缩冲击块的钻头，可确保钻头自由进出套管，同时在轴向力的作用下，其冲击块能沿事先设置好的滑动面向外冲击破碎岩石，从而提供套管跟进的空间。套管及时跟进，保护了钻孔，隔开了地层，尤其是避免了不良地层对钻孔的影响，后续作业在套管中进行，对成桩作业的质量起到了很好的保护作用。

潜孔锤钻头滑块和潜孔锤钻头与套管的关系，见图7.1-7、图7.1-8。

图7.1-7 可伸缩冲击块的潜孔锤钻头

图7.1-8 潜孔锤钻头与套管

通过钻头与护筒、冲击器与护筒等钻具的合理组合，利用大直径潜孔锤冲击器穿透硬岩的能力和全护筒跟管钻进对钻孔的防护能力，采取超大风压破岩及清孔，合理设计钻进工艺参数，实现对钻孔形成过程中的钻进、护孔、钢筋笼制安、灌注等工序全方位的控制，进而高速、安全地在含有深厚填石、硬岩等复杂地层情况下完成钻孔灌注桩。

1. 大直径潜孔锤破岩

本技术选用与桩孔直径相匹配的大直径潜孔锤，一径到底，一次性完成成孔。大直径潜孔锤的冲击器是在高压空气带动下对岩石进行直接冲击破碎，其冲击特点是冲击频率高、冲程低，冲击器在破岩时，可以将钻头所遇的物体，特别是硬物体进行粉碎，破岩效率高；破碎的岩渣在超高压气流的作用下，沿潜孔锤钻杆与护筒间的空隙被直接吹送至地面。为保证岩屑上返地面的顺利，在钻杆四周侧壁沿通道方向上设置分隔条，人为地制造上返风道，使岩屑不至于在钻杆与护筒的环状空隙中堆积，有利于降低地面空压机的动力损耗，进而实现高速成孔。具体情况见图7.1-9。

超大风压

大直径潜孔锤钻头及钻杆

潜孔锤破岩护筒口地面返渣

图7.1-9 大直径潜孔锤超大风压破岩情况

2. 全护筒跟管钻进

潜孔锤在护筒内成孔，在超高压、超大气量的作用下，潜孔锤的牙轮齿头可外扩超出护筒直径，使得护筒在潜孔锤破岩成孔过程中，钻头的向下钻进，护筒也随之深入，及时隔断不良地层，使钻孔之后的各工序可在护筒的保护下完成，避免了地下水、分布于地层各层中的块石、卵砾石、建筑垃圾以及淤泥等对成桩不同阶段的影响，使得成桩的各阶段的质量、安全都有保证。具体情况见图 7.1-10。

图 7.1-10　潜孔锤钻头滑块外扩破岩护筒跟进

3. 安放钢筋笼、灌注导管、水下灌注混凝土成桩

钻孔至要求的深度后，将制作好的钢筋笼放入孔，再下入灌注导管，采用水下回顶法灌注混凝土至孔口，随即利用装有专门夹持器的振动锤，逐节振拔护筒，在振拔过程中桩内的混凝土面会随着振动和护筒的拔出而下降，此时及时补充相应体量的混凝土，如此反复至护筒全部拔出，完成成桩。具体情况见图 7.1-11。

图 7.1-11　全套管跟管、钢筋笼制安、灌注导管安放及灌注混凝土、起拔护筒成桩

7.1.6　施工工艺流程

大直径潜孔锤全护筒跟管钻进灌注桩施工工法工艺流程见图7.1-12。

7.1.7　操作要点

1. 桩位测量、桩机就位

（1）钻孔作业前，按设计要求将钻孔孔位放出，打入短钢筋设立明显的标志，并保护好。

（2）桩机移位前，事先将场地进行平整、压实。

（3）利用桩机的液压系统、行走机构移动钻机至钻孔位置，校核准确后对钻机进行定位。

（4）桩机移位过程中，派专人指挥；定位完成后，锁定机架，固定好钻机。

桩位现场测量、桩机移位情况见图7.1-13、图7.1-14。

2. 护筒及潜孔锤钻具安装

（1）用吊车分别将护筒和钻具吊至孔位，调整桩架位置，确保钻机电机中轴线、护筒中心点、潜孔锤中心点"三点一线"。

（2）护筒安放过程中，其垂直度可采用测量仪器控制，也可利用相互垂直的两个方向吊垂直线的方式校正。

（3）潜孔锤吊放前，进行表面清理，防止风口被堵塞。

护筒、潜孔锤安放情况见图7.1-15～图7.1-17。

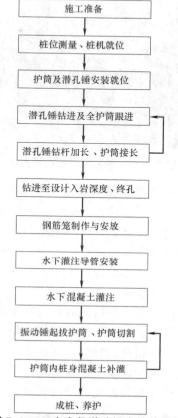

施工准备

桩位测量、桩机就位

护筒及潜孔锤安装就位

潜孔锤钻进及全护筒跟进

潜孔锤钻杆加长、护筒接长

钻进至设计入岩深度、终孔

钢筋笼制作与安放

水下灌注导管安装

水下混凝土灌注

振动锤起拔护筒、护筒切割

护筒内桩身混凝土补灌

成桩、养护

图7.1-12　大直径潜孔锤全护筒跟管钻进灌注桩施工工艺流程图

图7.1-13　桩位现场测量

图7.1-14　桩机移位

图 7.1-15　潜孔锤安放前的清理　　图 7.1-16　吊放潜孔锤　　图 7.1-17　套筒、潜孔锤就位

3. 潜孔锤钻进及全护筒跟管

（1）开钻前，对桩位、护筒垂直度进行检验，合格后即可开始钻进作业。

（2）先将钻具（潜孔锤钻头、钻杆）提离孔底 20～30cm，开动空压机、钻具上方的回转电机，待护筒口出风时，将钻具轻轻放至孔底，开始潜孔锤钻进作业。

（3）钻进的作业参数：根据地层岩性，风量控制为 20～60m³/min；风压：1.0～2.5 MPa；转速：5～13 rpm。

（4）潜孔锤启动后，其底部的四个均布的牙轮钻啮外扩并超出护筒直径，随着破碎的渣土或岩屑吹出孔外，护筒紧随潜孔锤跟管下沉，进行有效护壁。

（5）钻进过程中，从护筒与钻具之间间隙返出大量钻渣，并堆积在孔口附近；当堆积一定高度时，及时进行清理。

潜孔锤风动成孔跟管钻进、孔口清渣情况见图 7.1-18、图 7.1-19。

图 7.1-18　潜孔锤钻进、护筒跟管下沉　　　　图 7.1-19　护筒口钻渣堆积及清理

4. 潜孔锤钻杆加长、护筒接长

（1）当潜孔锤持续破岩钻进、护筒跟管下沉至距孔口约 1.0m 左右时，需将钻杆和护

筒接长。

（2）将主机与潜孔锤钻杆分离，钻机稍稍让出孔口，先将钻杆接长；钻杆接头采用六方键槽套接，当上下二节钻杆套接到位后，再插入定位销固定。接钻杆时，控制钻杆长度始终高出护筒顶。

（3）钻杆接长后，然后将下一节护筒吊起置于已接长的钻杆外的前一节护筒处，对接平齐，将上下两节护筒焊接好，并加焊加强块。焊接时，采用二人二台电焊机同时作业，以缩短焊接时间。

（4）由于护筒在拔出时采用人工手动切割操作，切割面凹凸不平，使得护筒再次使用时无法满足护筒同心度要求；因此，护筒在接长作业前，需对接长的护筒接口采用专用的管道切割机进行自动切割处理，以确保其坡口的圆整性。

（5）护筒孔口焊接时，采用二个方向吊垂直线控制护筒的垂直度。

（6）当接长的护筒再次下沉至孔口附近时，重复加钻杆、接护筒作业；如此反复接长、钻进至要求的钻孔深度。

潜孔锤钻杆接长、护筒口处理、护筒孔口焊接等见图 7.1-20～图 7.1-23。

图 7.1-20　潜孔锤钻杆起吊

图 7.1-21　潜孔锤钻杆孔口接长

图 7.1-22　护筒坡口自动切割处理

图 7.1-23　孔口护筒焊接接长

269

5. 钻进至设计入岩深度、终孔

（1）钻孔钻至要求的深度后，即可终止钻进。

（2）终孔前，需严格判定入岩岩性和入岩深度，以确保桩端持力层满足设计要求。

（3）终孔时，要不断观测孔口上返岩渣、岩屑性状，参考场地钻孔勘探孔资料，进行综合判断，并报监理工程师确认。

（4）终孔后，将潜孔锤提出孔外，桩机可移出孔位施工下一根孔。

（5）终孔后，用测绳从护筒内测定钻孔深度，以便钢筋笼加工等作业开展。

桩端岩渣判断、潜孔锤钻杆接长、护筒口处理及孔口焊接见图 7.1-24、图 7.1-25。

图 7.1-24　终孔时判断桩端岩性　　　　　　图 7.1-25　终孔后测量桩孔深度

6. 钢筋笼制安

（1）钢筋笼按终孔后测量的数据制作，一般钢筋笼长在 30m 以下时，按一节制作，安放时一次性由履带吊吊装就位，以减少工序的等待时间。

（2）由于钢筋笼偏长，在起吊时采用专用吊钩多点起吊。

（3）由于起吊高度大，钢筋笼加工时采取临时加固措施，防止钢筋笼起吊时散脱。

（4）钢筋笼底部制作成楔尖形，以方便下入孔内；钢筋笼顶部制作成外扩型，以方便笼体定位，确保钢筋混凝土保护层厚度。

钢筋笼制作、安放情况见图 7.1-26～图 7.1-29。

7. 水下灌注导管安放

（1）混凝土灌注采用水下导管回顶灌注法，导管管径 ϕ200mm，壁厚 4mm。

（2）导管首次使用前经水密性检验，连接时对螺纹进行清理、并安装密封圈。

（3）灌注导管底部保持距桩端 30cm 左右。

（4）导管安装好后，在其上安装接料斗，在漏斗底口安放灌注塞。

导管安放情况见图 7.1-30～图 7.1-33。

8. 水下混凝土灌注

（1）混凝土的配合比按常规水下混凝土要求配制，坍落度为 180～220mm。混凝土到场后，对其坍落度、配合比、强度等指标逐一检查。

图 7.1-26 钢筋笼制作

图 7.1-27 钢筋笼起吊

图 7.1-28 钢筋笼底部尖口

图 7.1-29 钢筋笼顶外扩定位

图 7.1-30 灌注导管起吊

图 7.1-31 灌注导管孔口连接

图 7.1-32　灌注斗孔口对接

图 7.1-33　灌注斗孔口固定

（2）灌注方式根据现场条件，可采用混凝土罐车出料口直接下料，或采用灌注斗吊灌。

（3）在灌注过程中，及时拆卸灌注导管，保持导管埋置深度一般控制在 2～4m，最大不大于 6m。

（4）在灌注混凝土过程中，不时上下提动料斗和导管，以便管内混凝土能顺利下入孔内。

（5）灌注混凝土至孔口并超灌 1.5m 后，及时拔出灌注导管。

（6）在混凝土灌注时，要将混凝土面灌至与套管口平齐，并使最上部的最初的存水和混凝土浮浆溢出套管，确保露出的混凝土面为新鲜混凝土，为后继的混凝土补灌提供良好的胶结条件。

桩身混凝土灌注情况见图 7.1-34～图 7.1-37。

图 7.1-34　混凝土罐车直接下料灌注

图 7.1-35　灌注斗吊车灌注混凝土

9. 振动锤起拔护筒、护筒切割

（1）护筒起拔用中型或大型的振动器，配套相应的夹持器。由于激振力和负荷较大，根据护筒埋深选择 50～80t 的履带吊将振动锤吊起，对护筒进行起拔作业。

（2）振动锤型号根据护筒长度，选择激振力 20～50t 范围的振动锤作业。

（3）振动锤起拔护筒焊接接口至孔口 1.0m 左右时，停止振拔，随即进行护筒切割割管。

图 7.1-36　及时拆卸灌注导管

图 7.1-37　灌注导管清洗、堆放

（4）护筒割管位置一般在原接长焊接部位，用氧炔焰切割。

（5）护筒切割完成后，观察护筒内混凝土面位置。因为随着护筒的拔出及振动，会使桩身混凝土密实；同时，底部护筒上拔后，混凝土会向填石四周扩渗，造成护筒内混凝土面下降。此时，需及向护筒内补充相应体量的混凝土。护筒在拔出前，筒内混凝土还未初凝，且无地下水进入，补充混凝土直接从护筒顶灌入即可。

（6）重复以上操作，直到拔出最后一节护筒。

护筒起拔、护筒切割、补灌混凝土等工序操作见图 7.1-38～图 7.1-42。

（a）

（b）

图 7.1-38　振动锤起拔护筒（单夹具、双夹具）

图 7.1-39　护筒孔口切割

图 7.1-40　起拔护筒后混凝土面下降

图 7.1-41　护筒内桩身混凝土补灌

图 7.1-42　护筒全部拔出

7.1.8　设备机具

1. 机械设备选择

（1）钻机选型

钻机的选型，主要的考虑要点是：稳定性好，便于行走和让出孔口，有利于减少施工过程中的操作环节，主要表现在减少护筒接长次数。基于上述的考虑，可用于选择的机型主要为：履带式或步履式行走机构的，机架尽量高，以减少护筒、钻杆的接长次数。

在本工艺中，我们对河北新河 CDFG26 型长螺旋钻机进行了改造，利用其机架和动力，调整了输出转速。钻机包括主机架、旋转电机、液压行走装置等，全套钻机功率约110kW。改造后的该机底盘高，液压机械行走，可就地旋转让出孔口，整机重量大，机架高（26m）且稳定性好，负重大，过载能力提高。

桩机具体见图 7.1-43。

（2）潜孔锤钻头、钻杆选择

选择大直径潜孔锤，一径到底，钻头直径与桩径匹配。本工程桩径为 ϕ550mm，潜孔锤钻头外径 ϕ500mm。

潜孔锤钻头底部均匀布设 4 块可活动的钻块，在超大风压作用下，当破岩钻进时，钻具的重量作用于钻块底部时，钻块沿限位的斜面同时将力转化为一定的水平向作用力，在高频、反复地向下破岩的同时也实现了水平向的扩径作业，提供了护筒跟进所需的间隙，从而保证了钻孔在破碎地层的护筒跟进。当提钻时，4 个钻块在重力的作用下回收，使钻头可在护筒内上下活动自如。

钻杆直径 ϕ420mm，钻杆接头采用六方键槽套接连接，当上下二节钻杆套接到位后，再插入定位销固定。

钻杆上设置六道风道，以便超大风压将吹起的岩渣沿着风道集中吹至地面。

图 7.1-43　改造后的潜孔锤桩机全貌

潜孔锤、钻杆及风道设置等见图 7.1-44～图 7.1-46。

图 7.1-44 大直径潜孔锤钻头

图 7.1-45 潜孔锤钻杆连接

（3）空压机选择

1）潜孔锤钻进时所需的压力一般为 0.8～1.5MPa，当孔深或钻具总重加大时，取大值。由于沿程压力损失，地面提供的压力一般为 1.0～2.5MPa 为宜。当孔较深、地层含水量高、孔径较大和破岩时，选用较大的压力，反之选用较小压力。

2）操作中，视护筒顶的返渣情况，对空压机的压力进行调节。

3）风量随钻孔的深度和钻孔径的不同，差别较大，为使潜孔锤正常工作而又能排除

图 7.1-46 钻杆风道设置

岩粉，要求钻杆和孔壁环状间隙之间的最低上返风速为 15m/s，地面提供的风量一般为 60m³/min 左右；一台空压机不能提供要求的风量，可采用 2～3 台空压机并行送风。

4）本桩基工程施工过程中，选用了英格索兰 XHP900 和 XHP1070 型空压机。2 台 XHP1170 或 3 台 XHP900 空压机并行送风时，可保持压力的稳定和所需的送风量，顺利地将岩屑、钻渣吹至地面。

5）英格索兰 XHP 系列空压机自带动力，可在电力提供不便的条件下使用；其螺杆两级压缩形式，满足了较高送气压力的要求。其参数如表 7.1-3、图 7.1-47 所示。

英格索兰 XHP 系列空压机参数表　　　　　　　　　　表 7.1-3

参　　数	机　　型		
	XHP900	XHP1170	XRS451
排气量（m³/min）	25.5	30.3	20.0
压力范围（MPa）	1.03～2.58	1.03～2.58	1.03～2.30
气体压缩形式	旋转螺杆/两级	旋转螺杆/两级	旋转螺杆/两级
排气口尺寸（mm）	76.2	76.2	76.2
动力	柴油	柴油	柴油
行走方式	带行走轮	带行走轮	带行走轮
自重（kg）	6181	6318	6356

(a)   *(b)*

图 7.1-47　多台空压机并联产生超大风压

（4）护筒的选择

1）采用相应规格的无缝钢管，也可用 8～12mm 的钢板卷制；当卷制时，要对内壁的焊缝进行打磨，确保内壁光滑。

2）本工法选用的是 $\phi550$、壁厚 $\delta14mm$ 的无缝钢管。

3）护筒单节长度 9～20m，最底部护筒设置加固筒靴。

4）护筒需要在孔口进行焊接，护筒的同心度对护筒的切割面和坡口方面的要求高。护筒在切割起吊后，需对切割口进行坡口处理。实际施工过程，采用专用的管道切割机，自动对护筒接口进行切割处理，确保护筒口平顺圆正；切割形成的坡口，可保证孔口焊接时的焊缝填埋饱满，有利于保证焊接质量。

护筒、护筒切割具体情况见图 7.1-48～图 7.1-50。

图 7.1-48　钢护筒   图 7.1-49　底节钢护筒加固筒靴

（5）起重机械的选择

1）本工程起重机械使用的条件：为节省钢筋笼孔口焊接时间，施工时采取钢筋笼一次性吊装到位；钻具需要从已安装好的护筒顶下入护筒内；吊车的臂长要求较长，所吊的器具重量较大，振拔护筒的激振力较大。

2）为满足现场施工需求，实际施工过程中，现场配备有一台150t履带吊，负责钢筋笼安放、灌注混凝土、起拔护筒等，吊车能力强、力臂长，施工期间可以固定在一个位置就可以满足现场施工需求；另外，配备一台普通25t汽车吊，负责潜孔锤、钻杆、护筒的吊装，以及机械的转场、材料搬运及其他的辅助性工作。

图7.1-50 管道切割机正在进行护筒口处理

现场配备吊车情况见图7.1-51。

2. 机械设备配套

大直径潜孔锤机械设备按单机配备，其主要施工机械设备配置见表7.1-4。

(a)

(b)

图7.1-51 现场配备吊车

大直径潜孔锤全护筒跟管钻进灌注桩主要机械设备配置表 表7.1-4

序号	设备名称	型号	备 注
1	桩架	专用设备	由CFG桩、搅拌桩机、长螺旋钻机的改造而成，机架高26m
2	潜孔锤钻头	直径500mm	平底、可扩径钻头
3	钻杆	直径420mm	配置专用钻杆和接头，外壁加焊钢筋设置风道
4	吊车	100～150t履带吊、25t汽车吊	下笼、钻具吊装、起拔护筒、混凝土灌注、现场辅助作业等
5	空压机	XHP90、XHP1170、XRS 451	单机25.5～30.3m³/min，多台并联，提供超大潜孔锤动力
6	储气罐		储风送风，用于并接空压机
7	护筒	内径530mm	全孔护壁
8	振动锤	永安STORKE360P	配单或双夹持器；当护筒埋深大于30m时，选择永安20t振动锤起拔困难
9	灌注导管	直径200mm	灌注水下混凝土
10	灌注斗	2m³	孔口灌注混凝土或送料
11	管道切割机	可附着式CG2-11C	自动切割护筒

续表

序号	设备名称	型号	备 注
12	电焊机	BX1	焊接护筒 2 台、制作钢筋笼 6 台
13	空压机	AW3608	凿桩头
14	挖掘机	CAT20	开挖桩头
15	氧炔焰枪	HR35	切割护筒
16	测量仪器	莱卡全站仪	测量孔位、校正护筒垂直度
17	测绳	50m、100m	测量孔深
18	坍落度仪	标准	测试混凝土坍落度
19	混凝土试块模	150×150×150	现场制作混凝土试块

7.1.9 质量控制

1. 施工前，根据所提供的场地现状及建筑场地岩土工程勘察报告，有针对性地编制施工组织设计（方案），报监理、业主审批后用于指导现场施工。

2. 基准轴线的控制点和水准点设在不受施工影响的位置，经复核后妥善保护；桩位测量由专业测量工程师操作，并做好复核，桩位定位后报监理工程师验收。

3. 潜孔锤桩机设备底座尺寸较大，桩机就位后，必须始终保持平稳，确保在施工过程中不发生倾斜和偏移，以保证桩孔垂直度满足设计要求。

4. 成孔过程中，如出现实际地层与所描述地层不一致时，及时与设计部门沟通，共同提出相应的解决方案；入持力层和终孔时，准确判断岩性，并报监理工程师复核和验收。

5. 护筒下沉对接时，采用二个方向吊垂线控制护筒垂直度。

6. 钢筋笼制作及其接头焊接，严格遵守国家现行标准《钢筋机械连接技术规程》JGJ 107—2016、《钢筋焊接及验收规范》JGJ 18—2012、《混凝土结构工程施工质量验收规范》GB 50204—2015。

7. 钢筋笼隐蔽验收前，报监理工程师验收，合格后方可用于现场施工。

8. 搬运和吊装钢筋笼时，防止变形，安放对准孔位，避免碰撞孔壁和自由落下，就位后立即固定。

9. 商品混凝土的水泥、砂、石和钢筋等原材料及其制品的质检报告齐全，钢筋进行可焊性试验，合格后用于制作。

10. 检查成孔质量合格后，尽快灌注混凝土；灌注导管在使用前，进行水密性检验，合格后方可使用；灌注过程中，严禁将导管提离混凝土面，埋管深度控制在 2～6m；起拔导管时，不得将钢筋笼提动。

11. 起拔护筒切割护筒过程中，注意观测孔内混凝土面的位置，及时补充灌注混凝土，确保桩身混凝土量。

12. 灌注混凝土过程中，派专人做好灌注记录，并按规定留取一组三块混凝土试件，按规定进行养护。

13. 灌注混凝土至桩顶设计标高时，超灌 150cm，以确保桩顶混凝土强度满足设计要求。

14. 灌注混凝土全过程，监理工程师旁站监督，保证混凝土灌注质量。

15. 桩施工、检测及验收，严格执行《建筑桩基技术规范》JGJ 94—2008、《建筑桩基检测技术规范》JGJ 106—2003 要求，设计有规定时执行相应要求。

7.1.10　安全措施

1. 机械设备操作人员必须经过专业培训，熟练机械操作性能，经专业管理部门考核取得操作证后方可上机操作。

2. 潜孔锤机械设备操作人员和指挥人员严格遵守安全操作技术规程，工作时集中精力，谨慎工作，不擅离职守，严禁酒后操作。

3. 作业前，检查机具的紧固性，不得在螺栓松动或缺失状态下启动；作业中，保持钻机液压系统处于良好的润滑。

4. 当钻机移位时，施工作业面保持基本平整，设专人在现场统一指挥，无关人员撤离作业现场，避免发生桩机倾倒伤人事故。

5. 空压机管路中的接头，采用专门的连接装置，并将所要连接的气管（或设备）用专用管箍相连，以防冲脱摆动伤人。

6. 机械设备发生故障后及时检修，严禁带故障运行和违规操作，杜绝机械事故。

7. 钻杆接长、护筒焊接时，需要操作人员登高作业，要求现场操作人员做好个人安全防护，系好安全带；电焊、氧焊特种人员佩戴专门的防护用具（如防护罩）。

8. 潜孔锤作业时，孔口岩屑、岩渣扩散范围大，孔口清理人员佩戴防护镜和防护罩，防止孔内吹出岩屑伤害眼睛和皮肤。

9. 钢筋笼的吊装设专人指挥，吊点设置合理；钢筋笼移动过程中，起重机旋转范围内不得站人。

10. 氧气、乙炔瓶的摆放要分开放置，切割作业由持证专业人员进行。

11. 现场用电由专业电工操作，持证上岗；电器必须严格接地、接零和使用漏电保护器。现场用电电缆架空 2.0m 以上，严禁拖地和埋压土中，电缆、电线必须有防磨损、防潮、防断等保护措施；电工有权制止违反用电安全的行为，严禁违章指挥和违章作业。

12. 施工现场所有设备、设施、安全装置、工具配件以及个人劳动保护用品必须经常检查，确保完好和使用安全。

13. 对已施工完成的钻孔，采用孔口覆盖、回填泥土等方式进行防护，防止人员落入孔洞受伤。

14. 暴雨时，停止现场施工；台风来临时，做好现场安全防护措施，将桩架固定或放下，确保现场安全。

7.2　灌注桩潜孔锤全护筒跟管管靴技术

7.2.1　引言

中海石油深水天然气珠海高栏终端生产区建造工程球罐桩基础工程，桩基设计为钻

（冲）孔灌注桩，桩身直径 $\phi550\text{mm}$，桩端持力层为入中风化花岗岩或微风化花岗岩≥1500mm，平均桩长 27m 左右，最大桩长约 45m。4000m^3 储罐单桩竖向承载力特征值预估为 4200kN，施工场地主要工程地质问题为分布深厚填石层，填石整体块度离散性大，填石块度一般为 $20\sim80\text{cm}$，个别填石块度大于 2m；填石厚度最浅 7m 左右，最厚处达40m，平均厚度约 18m。填石场地虽经过前期分层强夯处理，但填石间的缝隙空间大、渗透性强，严重影响桩基础施工。

本工程钻孔灌注桩基础前期采用冲击成孔，因无法成桩，后期改用潜孔锤全护筒跟管钻进成孔工艺。在潜孔锤钻进成孔的过程中，出现全护筒下沉受阻，甚至卡住无法下沉的现象，导致钻孔出现塌孔的现象，潜孔锤需反复进行成孔作业，为确保孔壁稳定，需要采取振动锤辅助沉入护筒，严重影响施工进度和工程质量。

针对本项目现场条件、设计要求，结合实际工程项目实践，开展了"一种深厚填石层钻孔灌注桩潜孔锤全护筒跟管管靴技术研究"，经过一系列现场试验、工艺完善、护筒跟管结构设计、机具调整，以及现场专家会评审、总结、工艺优化，最终形成了完整的施工工艺流程、技术标准、操作规程，顺利解决了基坑支护钻孔灌注桩深厚硬岩成桩综合施工技术，取得了显著成效，实现了质量可靠、施工安全、文明环保、高效经济目标，达到预期效果。

7.2.2　潜孔锤全护筒跟管钻进出现的问题

目前，大直径潜孔锤全护筒跟管钻进成孔技术已广泛应用于复杂地层钻孔灌注桩工程中，其破岩速度快、护壁效果好、成桩质量有保证。全护筒跟管钻进见图 7.2-1、图 7.2-2。

图 7.2-1　大直径潜孔锤全护筒跟管施工现场情况

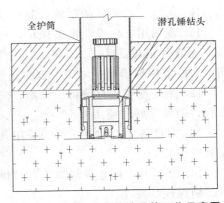

图 7.2-2　潜孔锤全护筒跟管工作示意图

全护筒套设在潜孔锤的外周，潜孔锤在钻进时，潜孔锤的钻头采用平底全断面可伸缩钻头，钻头在有压工作状态时，其底部设置的 4 个滑动块在压力和冲击器的作用下向外滑出，随着潜孔锤钻头对岩（土）层的破碎，并将破碎的岩屑吹出孔外，全护筒依靠自身的重力随着潜孔锤跟管下沉，从而实现全护筒跟管钻进，保证钻进过程中，对钻孔进行有效护壁。

实际施工过程中，当桩孔土层均质时，全护筒可以依靠自身重力跟进潜孔锤，顺利实现跟管钻进成孔。但是，当潜孔锤在钻孔过程中遇到不均质地层，以及孔内局部孤石、填石、硬质夹层等地层时，实际施工会遇到许多障碍，主要表现在：

1. 全护筒下沉受阻，出现塌孔现象

如图 7.2-3 所示，在潜孔锤钻进成孔的过程中，由于全护筒受到不均质地层的影响，在护筒下沉过程中受到的阻力不均，会出现全护筒在下沉时，其下沉与潜孔锤的钻进不同步，导致全护筒下沉受阻，甚至卡住无法下沉的现象，从而不能对钻孔进行有效护壁，导致钻孔出现塌孔的现象，对潜孔锤钻进成孔形成重重困难。

2. 施工质量难以满足设计要求

由于钻孔难以形成有效护壁，并出现塌孔现象，浇筑混凝土会出现缩径或断桩现象。更为严重的问题是，受塌孔严重的影响，造成孔底碎石堆积，难以保证清孔效果，抽芯结果显示孔底沉渣难以满足规范和设计要求。

3. 施工综合效率慢、成本高

由于钻孔难以形成有效护壁，并出现塌孔现象，需潜孔锤反复对塌孔位置钻进清孔，以确保钢护筒与潜孔锤钻进深度保持一致。为满足设计要求，施工时，当遇到此类情况时，需要采用振动锤配合沉入护筒，采用潜孔锤钻进与振动锤沉入护筒配合作业，以满足全护筒跟管需求。此时，既降低了潜孔锤机械综合施工效率，也给现场机械配置提出更高的要求，造成施工综合成本高，现场施工面临成本剧增、难以维持的被动局面。振动锤配合沉入钢护筒施工见图 7.2-4。

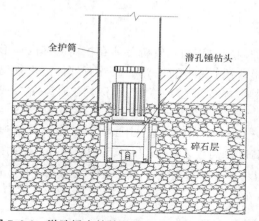

图 7.2-3 潜孔锤全护筒跟管在碎石层中工作示意图

图 7.2-4 振动锤配合钢护筒沉入就位

因此，在潜孔锤全护筒跟管钻进施工中，如何探寻一种可靠、安全、可行、快捷的全护筒跟管施工方案，既达到节省工程建设资金，降低施工成本，加快施工效率，成为本科研项目的重要任务，其研究成果将具有广泛的使用价值和指导意义。

7.2.3 潜孔锤全护筒跟管管靴技术

在现场潜孔锤全护筒跟管施工出现不利的状况下，针对该场地的工程地质特征和桩基设计要求，现场开展了大直径潜孔锤全护筒跟管管靴结构的研究和试验，新的跟管结构包括连接于护筒下端的环体，环体延伸至全护筒的内部，焊接于全护筒，形成凸出结构。环体置于潜孔锤钻头外周，并且形成的凸出结构与钻头的凹陷结构配合，当潜孔锤往下钻进时，在潜孔锤钻头本身的凹陷结构与护筒的凸出结构相互配合下，即使全护筒受到阻力，也不会脱离潜孔锤，而是与潜孔锤保持同步下沉，从而对潜孔锤的钻孔实现有效护壁，避免出现塌孔现象，保证有效成孔。

2012 年 4 月，进场进行了 3 根试桩，在桩身达到养护龄期后，进行了小应变动力测试、抽芯和静载试验，试验结果均满足设计和规范要求，试验取得了成功，全新的技术和工艺得到设计、监理、业主的一致好评。

本项目的主要目的是解决深厚填石层中钻孔灌注桩潜孔锤全护筒跟管管靴结构工艺技术问题，拟通过现场试验研究，以总结经验、确定施工方法、优化机具配置，确定工序操作流程，针对性制订相关控制及保证措施。

7.2.4　工艺原理

潜孔锤全护筒跟管钻进的关键工艺在于潜孔锤破岩钻进技术，以及潜孔锤与钢护筒之间钻进和同步沉入技术，本次研究重点在于实现潜孔锤钻进过程中，如何保持钢护筒的同步下沉，以达到对孔壁的稳定和保护。

1. 全护筒跟管钻进工作原理

其工作原理是通过建立跟管结构，即通过潜孔锤锤头设置、全护筒跟管钻进管靴结构设计，使潜孔锤钻进过程中保持与钢护筒的有效接触，保持钢护筒不会脱离潜孔锤，始终与潜孔锤保持同步下沉，从而对潜孔锤的钻孔实现有效护壁，避免出现塌孔现象且便于潜孔锤钻孔。

2. 跟管结构

管靴的环体整个置于全护筒底部，嵌于全护筒的内表面，管靴环体在护筒底部内环形成凸出结构，此凸出结构将与潜孔锤体接触，形成跟管结构的一部分；管靴环体与钢护筒接触的外环面，管靴环体与护筒形成的坡口采用焊接工艺，将管靴环体与护筒结合成一体。

管靴结构的尺寸根据护筒及钻头尺寸进行选择，本工程使用内径 550mm、壁厚 10mm 护筒进行施工，选择管靴尺寸为：环体高度总高度 140mm、上环高度 70mm、厚度 7mm；下环高度 70mm、厚度 17mm、坡口宽度 10mm 且不小于 45°、管靴内径 536mm（小于护筒内径）、管靴外径 570mm（等于护筒外径）。

管靴结构见图 7.2-5～图 7.2-7。

管靴结构与全护筒的连接见图 7.2-8、图 7.2-9。

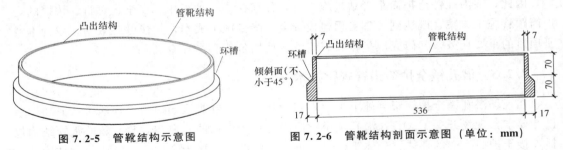

图 7.2-5　管靴结构示意图　　　　　图 7.2-6　管靴结构剖面示意图（单位：mm）

图 7.2-7 管靴实物图

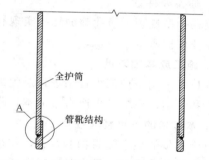

图 7.2-8 管靴结构与全护筒的连接示意图

7.2.5 管靴结构与潜孔锤钻头的连接及使用

当全护筒套设在潜孔锤的外周后，管靴环体置于钻头外周，其形成的凸出结构与钻头的凹陷结构配合，当潜孔锤全护筒跟管钻进时，在凸出结构与凹陷结构的配合下，使全护筒与潜孔锤体接触，其不会脱离潜孔锤，而是始终保持与潜孔锤保持同步下沉。

管靴结构与潜孔锤钻头的见图 7.2-10、图 7.2-11。

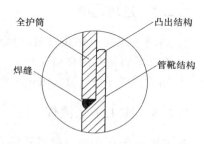

图 7.2-9 管靴结构与全护筒
的 A 处连接示意图

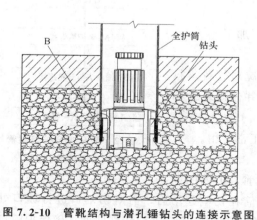

图 7.2-10 管靴结构与潜孔锤钻头的连接示意图

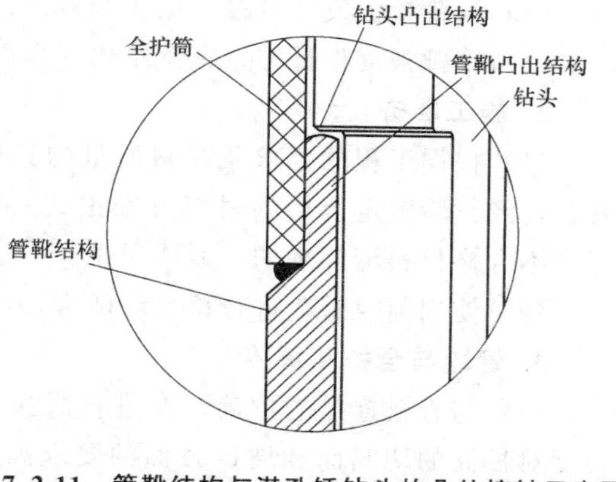

图 7.2-11 管靴结构与潜孔锤钻头的凸处接触示意图

7.2.6 工艺特点

1. 施工效率高

该工艺解决了深厚填石层全护筒跟管难题，全护筒保持与潜孔锤同步下沉，使得孔内保持稳定，免去潜孔锤重复钻进和振动锤辅助下沉护筒的时间，加快成孔施工进度，潜孔锤全护筒跟进工法可实现 1 天成桩 2 根的效率。成桩速度是冲击钻或其他常规手段的 30 倍以上。

2. 质量有保证

成孔孔型规则，潜孔锤的钻孔实现有效护壁，避免出现塌孔以及扩径或缩径情况的发生，保证成桩质量。

3. 施工成本相对低

本技术采用全护筒跟管钻进，避免采用振动锤沉入护筒，节省了成孔时间，减少了机械配置和使用，压缩了生产直接成本，降低了施工费用，经济效益显著。

4. 本技术的不可替代性

由于大量的地下障碍物的存在，往往许多常规手段难以实现跟管钻进，成孔效率低、成本高，因此，本技术具有其他手段无法替代的优越性。

7.2.7　适用范围

1. 适用于地层中存在大量的破碎岩石、卵砾石、建筑垃圾及地下水丰富、软硬交互层、硬质岩层的钻孔灌注桩工程。

2. 钻孔直径 $\phi300\sim1200\text{mm}$，护筒跟管深度 $\leqslant50\text{m}$。

7.2.8　施工工艺流程

深厚填石层钻孔灌注桩潜孔锤全护筒跟管管靴施工工序流程见图 7.2-12。

7.2.9　操作要点

1. 管靴制作

(1) 管靴根据设计桩径、钻头型号进行设计；

(2) 管靴根据设计图，在钢结构工厂内进行加工。

2. 施工准备

(1) 根据工程的要求及材料质量的具体情况对管靴进行复验，经复验鉴定合格的材料方准正式入库，并做出复验标记，不合格材料清除现场，避免误用。

(2) 使用前对管靴进行检查和清理，保证正常使用。

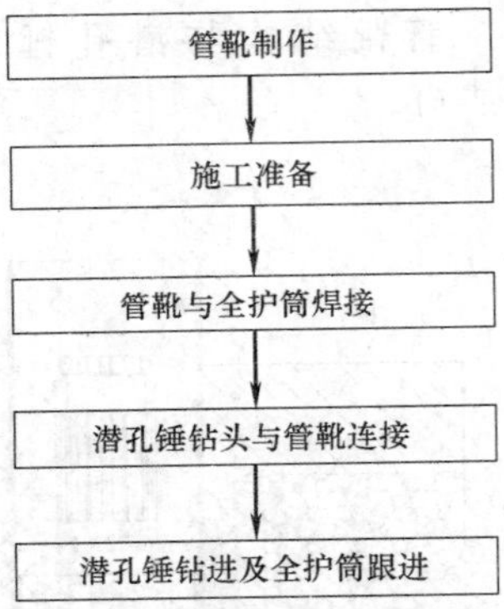

3. 管靴与全护筒焊接

(1) 与管靴连接的护筒，在进行焊接连接前，护筒的同心度对护筒的切割面和坡口方面的要求高。护筒在切割起吊后，需对切割口进行坡口处理。实际施工过程中采用专用的管道切割机，自动对护筒接口进行切割处理，确保护筒口平顺圆正，以保证管靴与护筒处于同一个同心圆。切割形成的坡口，可保证坡口焊接时的焊缝填埋饱满，有利于保证焊接质量。

护筒切割具体情况见图 7.2-13。

(2) 清除焊接坡口、周边的防锈漆和杂物，焊接口预热。

(3) 管靴插入护筒内，焊接在护筒的两侧对称同时焊接，以减少焊接变形和残余应力；同时，对焊接位置进行清理，保证干净、平整。

钢护筒、管靴与全护筒连接具体情况见图 7.2-14、图 7.2-15。

图 7.2-12　潜孔锤全护筒跟管管靴施工工序流程图

管靴制作 → 施工准备 → 管靴与全护筒焊接 → 潜孔锤钻头与管靴连接 → 潜孔锤钻进及全护筒跟进

图 7.2-13 管道切割机正在进行护筒口处理

图 7.2-14 钢护筒

图 7.2-15 管靴与全护筒连接

4. 护筒及潜孔锤钻具安装

（1）潜孔锤吊放前，进行表面清理，保证管靴结构可以与钻头连接。

（2）潜孔锤吊放到管靴位置后，检查管靴结构和钻头的凸凹结构是否连接。

护筒、潜孔锤安放情况见图 7.2-16～图 7.2-18。

图 7.2-16 潜孔锤安放前的清理

图 7.2-17 吊放潜孔锤

图 7.2-18 护筒、潜孔锤就位

5. 潜孔锤钻进及全护筒跟管

潜孔锤启动后，其底部的四个均布的牙轮钻啮外扩并超出护筒直径，全护筒通过管靴结构与潜孔锤相互连接，紧随潜孔锤跟管下沉，进行有效护壁。

7.3　灌注桩潜孔锤钻头耐磨器跟管钻进技术

7.3.1　引言

图 7.3-1　大直径潜孔锤全套管跟进施工现场情况

7.2 节所述，采用潜孔锤全护筒跟管钻进时，使用了一种新型的管靴跟管技术，跟管结构为二部分组成，一是在钢护筒下端设置了一种特殊的桩靴结构，二是潜孔锤钻头上部的凸出部分。当该桩靴结构与潜孔锤钻头上部凸出部分相接触，形成潜孔锤钻进过程中的跟管结构，在潜孔锤钻头向下钻进成孔的同时带动钢护筒同步跟管钻进，该工艺措施大大提高了跟管成孔效率。

大直径潜孔锤全护筒跟管钻进、大直径潜孔锤钻头、潜孔锤与钢护筒跟管结构工作状态等见图 7.3-1～图 7.3-4。

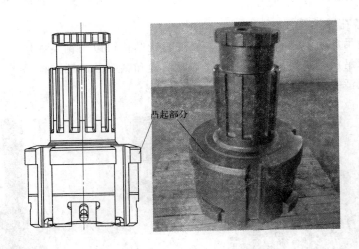

图 7.3-2　大直径潜孔锤结构图与潜孔锤实物

这种施工方法是综合考虑了管靴和潜孔锤钻头的结构特点，较好地实现了潜孔锤钻进过程的全护筒跟管。但在实际施工过程中，潜孔锤钻头与护筒管靴接触部位存在较大的冲压力及摩擦力，极易造成潜孔锤钻头顶部凸出部位的磨损。

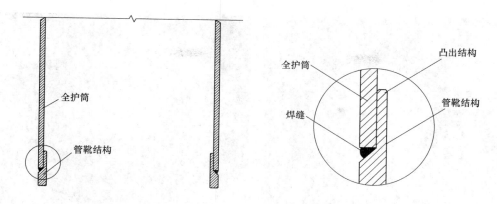

图 7.3-3　全护筒跟管结构之一：护筒底部管靴结构

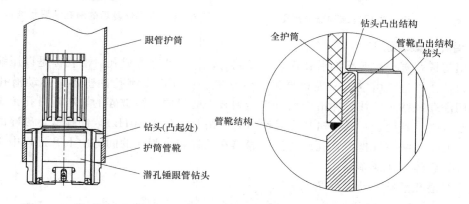

图 7.3-4　潜孔锤全护筒跟管钻进跟管结构工作状态（护筒管靴与潜孔锤同步下沉）

7.3.2　潜孔锤跟管管靴钻进施工遇到的问题

深厚填石层潜孔锤跟管钻进在实际现场施工中发挥了显著的功效，但由于本项目填石厚度大、岩石硬度高，在跟管施工过程中，潜孔锤钻头与护筒管靴接触部位存在较大的冲压力及摩擦力，在工作一定时间后则造成潜孔锤钻头顶部凸出部位的磨损，导致跟管结构功效失灵，造成护筒无法全孔顺利跟管。为确保跟管效果，现场一般采取在潜孔锤钻头本体上加补焊的办法，保持跟管结构的正常工作。

按照现场施工经验，一般采用对潜孔锤磨损部位进行补焊，以满足潜孔锤钻头凸出部位与护筒底部管靴的有效接触。实践表明，这种做法效果并不理想，一是大面积补焊费时费力，二是经过多次补焊后钻头耐磨性能更差，三是大面积的堆焊容易造成钻头本体的开裂，从而导致钻头报废。潜孔锤跟管结构损坏及修复情况见图 7.3-5、图 7.3-6。

7.3.3　潜孔锤锤钻头耐磨器跟管钻进工艺原理

本技术关键工艺在于潜孔锤破岩钻进技术，以及潜孔锤钻头耐磨器与钢护筒之间钻进和同步沉入技术，本次研究重点在于实现潜孔锤钻进过程中，如何使潜孔锤钻头保持和钢护筒的同步下沉，以达到对孔壁的稳定和保护。

图 7.3-5　潜孔锤跟管结构磨损严重　　　　图 7.3-6　经焊修复后的潜孔锤跟管结构

1. 潜孔锤破岩原理

选用与桩孔直径相匹配的潜孔锤，一径到底，一次性完成成孔。潜孔锤是以压缩空气作为动力，压缩空气由空气压缩机提供，经钻机、钻杆进入潜孔冲击器，推动潜孔锤工作，利用潜孔锤钻头的往复冲击作用，来达到破岩的目的，被破碎的岩屑随潜孔锤工作后排出的空气携带到地表，其冲击特点是冲击频率高（可达到 60Hz），冲程低，破碎的岩屑颗粒小，便于压缩空气携带，孔底清洁，岩屑在钻杆与套管间的间隙中上升过程中不容易形成堵塞，整体工作效率高。

大直径潜孔锤破岩情况见图 7.3-7。

图 7.3-7　大直径潜孔锤破岩

2. 全护筒跟管钻进工作原理

其工作原理是通过建立跟管结构，即通过潜孔锤锤头改造、全护筒跟管钻进管靴结构设计，使潜孔锤钻进过程中保持与钢护筒的有效接触，保持钢护筒不会脱离潜孔锤，始终与潜孔锤保持同步下沉，从而对潜孔锤的钻孔实现有效护壁，避免出现塌孔现象且便于潜孔锤钻孔。

3. 钻头耐磨环槽和耐磨器

为了解决潜孔锤全护筒跟管钻进过程中，钻头凸起处易磨损且修复效果差的缺点，采用在潜孔钻头凸起处设计一个耐磨槽，并加配易更换耐磨器（环），耐磨器取代潜孔锤钻头顶部本体凸起设计，以保护钻头的使用寿命，同时可以保证潜孔钻施工中同步下护筒的质量。具体见图 7.3-8、图7.3-9。

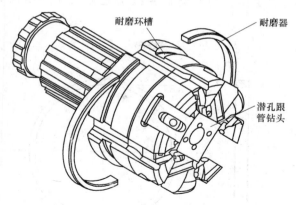

图 7.3-8　增加耐磨环槽及耐磨器后的潜孔钻头

（1）耐磨环槽

耐磨环槽直接设计在钻头凸起处下方，对原有结构影响小，且能增强后期耐磨坏的使用寿命，以 530mm 钻头为例，在凸起处刻划宽约 49mm、深约 25mm 的环形槽，如图 7.3-10 所示。

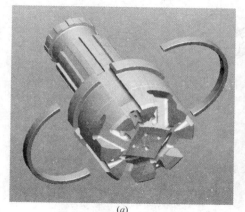

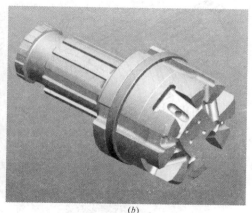

（a）　　　　　　　　　　　　　　　　（b）

图 7.3-9　增加耐磨环槽及耐磨器后的潜孔钻头效果图

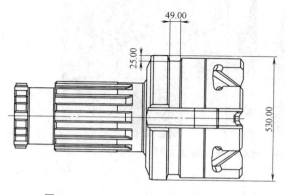

图 7.3-10　530mm 钻头耐磨环槽尺寸

（2）耐磨器

耐磨器用来替代潜孔锤钻进过程中护筒管靴对钻头凸起处的磨损，因此，耐磨器设置在之前刻划的耐磨环槽中，为了耐磨器安装方便和易于更换，将整体耐磨器分为两个半圆圈制作，安装时只要把耐磨器装入跟管钻头的环槽内烧焊加固即可，耐磨环采用优质的合金钢材，并经过特殊的热处理从而达到耐磨耐冲击的效果。工作时，由于钻头本体不与套管管靴接触，从而不会对钻头本体造成直接磨损。使用过程中，如发现耐磨器出现较大的磨损，就将磨损后的耐磨器切断，再更换新的耐磨器并按前述方法在环槽内烧焊加固即可。具体见图 7.3-11～图 7.3-13。

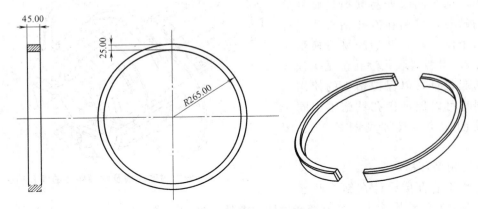

图 7.3-11 530mm 耐磨器尺寸

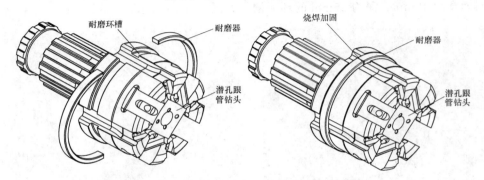

图 7.3-12 耐磨器与耐磨环槽加固示意图

图 7.3-13 耐磨器与耐磨环槽加固实物图

7.3.4 工艺特点

1. 有效延长钻头使用寿命

改进的钻头耐磨环槽及耐磨器可避免护筒管靴与钻头直接接触，在施工过程中，耐磨器和管靴均为损耗品，可更换，因此有效延长了钻头的使用寿命。

2. 更换简便，施工效率更高，成本更低

使用过程中，如发现耐磨器出现较大的磨损，可将磨损后的耐磨器切断，再更换新的耐磨器并按前述方法在环槽内烧焊加固，简便易行，大大提高施工效率和降低成本。

7.3.5 适用范围

1. 适用于地层中存在大量的破碎岩石、卵砾石、建筑垃圾及地下水丰富、软硬交互层、硬质岩层的钻孔灌注桩工程。

2. 钻孔直径 $\phi300 \sim 1200\mathrm{mm}$，护筒跟管深度 $\leqslant 50\mathrm{m}$。

7.3.6 施工工艺流程

潜孔锤全护筒跟管钻进施工工艺流程见图 7.3-14。

7.3.7 操作要点

1. 潜孔锤钻头及耐磨环制作

（1）根据潜孔锤钻头的直径设计耐磨环槽；

（2）耐磨环根据环槽和护筒的大小设计并在工厂制作，耐磨环为便于安装，分为两个半圆，接头处制作成斜面，便于焊接。

具体见图 7.3-15。

```
┌─────────────────────────┐
│  潜孔锤钻头及耐磨环制作    │
└─────────────────────────┘
            ↓
┌─────────────────────────┐
│        施工准备           │
└─────────────────────────┘
            ↓
┌─────────────────────────┐
│       耐磨环安装          │
└─────────────────────────┘
            ↓
┌──────────┐   ┌─────────────────────────┐
│ 耐磨器更换 │ → │     耐磨环与管靴连接       │
└──────────┘   └─────────────────────────┘
                          ↓
              ┌─────────────────────────┐
              │  潜孔锤钻机及全护筒跟进    │
              └─────────────────────────┘
```

图 7.3-14 潜孔锤全护筒跟管钻进施工工艺流程图

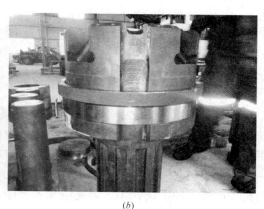

(a)   (b)

图 7.3-15 潜孔锤耐磨器安装

2. 施工准备

（1）根据工程的要求及材料质量的具体情况检查耐磨环槽和耐磨环，对耐磨环进行复验，经复验鉴定合格的材料方准正式入库，并做出复验标记，不合格材料清除现场，避免误用。

（2）使用前对耐磨环进行检查和清理，保证正常使用。

具体见图 7.3-16。

图 7.3-16　耐磨环

3. 潜孔锤钻头与耐磨环焊接

（1）焊接前，清理耐磨环槽和耐磨环，放置耐磨环时，将耐磨环接头置于锤头凹进去的部位，焊接时避免与锤头本体接触。

（2）耐磨环的焊接与切割均在接头处进行，接头处进行满焊，使之成为一个牢固的整体。

（3）耐磨环损耗后无须拆卸锤头，仅需将锤头拔出地面即可进行。

4. 护筒及潜孔锤安装就位

（1）用吊车分别将护筒和钻具吊至孔位，调整桩架位置，确保钻机电机中轴线、护筒中心点、潜孔锤中心点"三点一线"。

（2）护筒安放过程中，其垂直度可采用测量仪器控制，也可利用相互垂直的两个方向吊垂直线的方式校正。

（3）潜孔锤吊放前，进行表面清理，防止风口被堵塞。

5. 潜孔锤跟管钻机钻进

（1）护筒下放前安装好管靴装置，使之成为一个整体。

（2）潜孔锤下放吊放至护筒内，耐磨器与管靴相接触。

（3）潜孔锤启动后，随着钻头不断破岩钻进，同时通过耐磨器与管靴相互作用，提供强大的下压力给管靴，护筒通过管靴传递过来的下压力和自身的重力随着潜孔锤一起钻进，进行有效护壁。

7.4　硬岩灌注桩大直径潜孔锤成桩综合施工技术

7.4.1　引言

深圳宝安西乡商业中心旧城旧村改造项目（一期）04 地块西侧基坑开挖深度 18m，场地内基岩埋深 6～9m，微风化花岗岩饱和单轴抗压强度高达 125MPa，基坑支护设计采用"支护桩＋预应力锚索"形式。基坑支护桩设计 ϕ1200mm 钻孔灌注桩，支护桩成孔时一般钻进土层 6～9m，桩孔入中（微）风化岩深度 5.8～13.0m。支护桩施工时，采用旋挖钻进成孔、冲击成孔工艺，受成孔入岩深、岩层硬、岩面起伏大等因素的影响，造成桩孔易偏斜、孔内事故多、成桩质量差、进度缓慢、综合成本高等，施工难度极其大，施工现场出现停滞状态。

为了寻求深厚硬岩钻孔灌注桩成桩工艺方法，加快施工进度，保证桩基施工质量，针对本项目灌注桩桩径大、深厚坚硬岩层灌注桩成桩施工的特点，结合现场条件及桩基设计要求，开展了"深厚硬岩钻孔灌注桩大直径潜孔锤成桩综合技术研究"，经过一系列现场试验、工艺完善、机具配套，通过现场专家评审、总结、工艺优化，最终形成了"深厚硬岩钻孔灌注桩大直径潜孔锤成桩综合施工技术"，即：上部土层采用旋挖钻进、振动锤下入深长护筒护壁，深厚硬岩创造性地直接采用直径 $\phi1200$mm 超大直径潜孔锤破岩成孔，旋挖钻斗泥浆正循环清孔，水下灌注桩身混凝土成桩。采用该项新技术，顺利解决了现场施工难题，取得了显著成效，实现了质量可靠、施工安全、文明环保、高效经济目标，达到预期效果。

7.4.2 工程应用实例

1. 工程概况

（1）项目简介

西乡商业中心旧城旧村改造项目（一期）04 地块土石方及基坑支护工程，场地位于深圳市宝安区西乡街道麻布村，场地西侧为海城路，东侧为码头路，南侧为新湖路，靠近深圳地铁一号线坪洲站，北侧为在建的 03 地块基坑。大厦设置二～四层地下室，基坑开挖深度 10.8m 和 18.0m，基坑底开挖周长 685.0m，面积约为 24600m²。

（2）基坑支护设计

基坑支护结构设计根据场地地质条件、场地周边环境、基坑开挖深度，采用不同支护形式：靠近海城路方向基坑北侧采用"排桩＋锚索"支护形式；靠近地铁方向新湖路基坑西侧采用"咬合桩＋二道内支撑"支护形式；靠近码头路基坑南侧采用"排桩＋上部二道内支撑＋下部锚索"支护形式。支护排桩 166 根，直径 1.2m，平均桩长 22m。本次大直径潜孔锤成桩综合施工技术针对海城路、码头路方向剩余的 160 根支护钻孔灌注排桩施工。

基坑支护硬岩分布段典型支护剖面图见图 7.4-1。

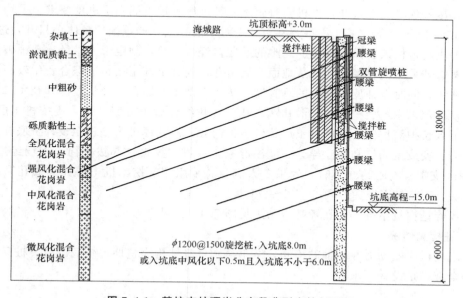

图 7.4-1 基坑支护硬岩分布段典型支护剖面图

（3）场地地质情况

根据勘察钻孔揭露，04 地块场地内各地层岩性特征自上而下依次为：

1）第四系人工填土层：杂填土，主要由混凝土块、砖块、石块、砂等组成，平均厚度约 2.05m。

2）第四系海陆交互沉积层（Q_4^{mc}）：淤泥质黏土，软塑，局部混砂，平均厚度 1.2m；中粗砂，饱和，稍密—中密，主要成分为石英质，平均厚度约 3.01m。

3）第四系残积层（Q^{el}）：砾质黏性土：可塑—硬塑，平均厚度 2.03m。

4）加里东期混合花岗岩（$M\gamma$）：基坑底大部分坐落在中风化混合花岗岩，微风化混合花岗岩岩体基本质量等级为Ⅲ级，岩石抗压强度最大达 125MPa。

主要工程地质问题是上部土层段松散，下部基岩埋藏浅，岩面倾斜，岩石强度坚硬。

场地地层分布及基岩出露情况见图 7.4-2。

图 7.4-2 04 地块现场基岩出露分布

2. 施工情况

04 地块于 2014 年 6 月 25 日开始支护桩施工，根据钻孔灌注桩设计要求以及场地地层条件，本工程支护桩成桩施工一般钻进土层 6～9m，入岩深度约 5.8～13m。前期施工首先采用中联 ZR280A 旋挖钻机进行施工，由于钻孔灌注桩遇深厚硬质基岩，入岩深且岩强度高，旋挖钻机施工缓慢，钻头磨损严重，效率低下，造成进度十分缓慢。为加快施工进度，随后进场十台冲孔桩机进行一字排开进行施工，由于场地基坑埋深浅、岩质坚硬、岩面倾斜，造成施工极度困难，尽管现场有十台冲孔桩机同时施工，其进度远远不能满足进度要求，平均 1 台冲孔桩机 15～30 天才能完成 1 根桩，甚至一个月不能终孔，严重拖后整体项目开发进度。

为解决支护桩入岩深度大、成孔难的问题，经过试验，制定了大直径潜孔锤破岩成孔施工方案，若采用大直径潜孔锤从地面开始引孔，则其上部土层钻进综合费用较高；为降低成孔费用，同时保证旋挖钻孔的垂直度，防止上部土层塌孔，经从经济和技术二方面综合考量，决定采用"旋挖钻机＋潜孔锤成孔"优化综合施工方案，即：旋挖机土层钻进、振动锤下入长护筒护壁、旋挖桩土层钻进至护筒底、潜孔锤破岩钻进至设计桩底标高、旋挖机清渣、安放钢筋笼和灌注导管、灌注混凝土成桩、振动锤起拔护筒。现场经过试桩，钻进 22m 支护桩耗时约 9 小时，效果令人满意。采用"旋挖钻机＋潜孔锤成孔"综合施工方案后，正常情况下每日可完成 2～3 根桩。

现场旋挖钻机钻进、潜孔锤基岩钻进见图 7.4-3、图 7.4-4。

3. 桩检测情况

经现场低应变动力测和抽芯检测，结果显示桩身结构完整性、桩底沉渣、桩身混凝土强度等全部满足设计要求。

7.4.3 工艺特点

1. 成孔速度快，综合效率高

（1）土层段采用旋挖钻进成孔，充分发挥了旋挖钻机在土层中的钻进优势。

（2）硬岩采用 ϕ1200mm 大直径潜孔锤直接一径成孔。通过对现有的潜孔锤钻机进行

图 7.4-3 旋挖钻机护筒内完成土层钻进

图 7.4-4 大直径潜孔锤硬岩段钻进

改造升级，成功将其成孔直径扩大至 ϕ1200mm，大大突破了以往潜孔锤用于钻孔灌注桩施工中对直径的界限，ϕ1200mm 大直径潜孔锤全断面一径到底，一次性快速钻穿硬岩，节省了通常采用小直径分级扩孔的时间，成孔效率达到 2.5～3.0m/h，破岩效率高、成孔速度快，成桩速度是冲孔桩机或其他常规手段的 30 倍以上。

2. 综合施工效率高

（1）本项新技术综合采用"土层旋挖钻进＋硬岩潜孔锤钻进"组合工艺，一方面充分发挥出旋挖钻机在土层钻进、孔底清渣方面的优势，由其完成桩孔开孔、埋设长护筒、护筒内土层段成孔；另一方面充分发挥出潜孔锤在入岩钻进方面的优势，由其完成近十米的深厚硬岩段快速钻进。

（2）本项新技术采用土层旋挖钻机成孔、长护筒护壁和硬岩潜孔锤桩机破岩，土层和硬岩钻进既为上下关联工序、施工时又不相互干扰，旋挖钻进在其完成土层钻进后即撤出孔口，进入下一根桩的土层成孔。为确保现场施工连续作业，在现场配置 8 套 9m 长护筒轮换作业，发挥旋挖钻机土层钻进的高效，同时为潜孔锤破岩提供充足的工作面，确保了现场旋挖钻机和潜孔锤桩机不间断作业，显著提高了综合施工效率。

3. 成桩质量有保证

（1）本技术上部土层段采用旋挖钻进，并同时利用振动锤下入深长钢护筒护壁，有效避免了硬岩潜孔锤破岩时超大风压对上部土层的扰动破坏，确保孔壁稳定，在灌注桩身混凝土时避免塌孔，保证桩身混凝土灌注质量。

（2）ϕ1200mm 大直径潜孔锤桩机整机履带式行走便捷，钻孔时液压支撑桩机稳定性好，操作平台设垂直度自动调节电子控制，自动纠偏能力强，能有效控制桩孔垂直度，有效保证桩身垂直度满足设计要求。

（3）施工时，土层段下入超长钢护筒至基岩面，下部硬岩采用潜孔锤一径到底，整体孔段光滑完整，在钢筋笼安放时可顺利下入至孔底，避免出现钢筋笼难下入，钢筋笼保护层容易得到保证，桩身耐久性好。

4. 综合施工成本低

（1）采用潜孔锤成桩速度快，单机综合效率高，大大减少了劳动强度，加快施工进度，施工成本大幅度压缩。

（2）潜孔锤钻进时凭借超大风压直接吹出岩渣，岩渣在上升过程中部分挤入土层段，部分岩渣在孔口护筒附近堆积，排出的岩渣均呈颗粒状，可直接装车外运，大大减少泥浆排放量。

5. 场地清洁，有利于文明施工

（1）采用本技术施工，旋挖钻机土层段钻进及潜孔锤岩层段钻进时，均是干法成孔，不需使用泥浆循环，现场与冲孔桩泥浆循环作业相比不再泥泞，场地清洁，现场施工环境得到较大改善。

（2）现场只需设置一个泥浆池，进行对抽浆返浆处理、回收、利用，而不存在每天泥浆外运，大大减少了泥浆外运处理等日常的管理工作；现场临时道路、设备摆放可变得更加有序。

7.4.4　适用范围

1. 适用于各类土层、填石层、硬质岩层（岩石强度≥120MPa）成孔钻进或引孔。
2. 适用于桩身直径≤ϕ1200mm、桩长≤32m 的基坑支护桩、基础灌注桩施工。
3. 通过大直径潜孔锤钻头变换，施工最大桩径可达 ϕ1400mm。

7.4.5　工艺原理

硬岩钻孔灌注桩大直径潜孔锤成桩综合关键技术原理主要分为四部分，即：上部土层旋挖钻机开孔钻进及振动锤预埋钢护筒护壁、下部硬岩大直径潜孔锤一次性直接钻进、旋挖钻机泥浆清孔、水下灌注桩身混凝土成桩及振动锤起拔钢护筒。

1. 上部土层旋挖钻机钻进及振动锤预沉入长护筒护壁

（1）潜孔锤破岩需采用超大风压，为避免超大风压对孔壁稳定的影响，在潜孔锤作业前埋入深长钢护筒，以确保孔壁在基岩潜孔锤钻进时的稳定，这是本新技术的关键。

（2）在下入长钢护筒前，先采用旋挖钻机从地面开孔钻进，钻至 3～4m 深后，为防止土层段塌孔，即采用振动锤吊放沉入钢护筒，并沉入到位；钢护筒长 9m，护筒底部接近岩层顶面。

（3）护筒沉放到位后，采用旋挖机完成钢护筒段土层钻进。

2. 下部硬岩大直径潜孔锤一次性直接破岩钻进

（1）潜孔锤是以高风压作为动力，风压由空气压缩机提供，经钻机、钻杆进入潜孔锤冲击器来推动潜孔锤钻头高速往复冲击作业，以达到破岩目的；被潜孔锤破碎的渣土、岩屑随潜孔锤钻杆与孔壁间的间隙，由超大风压排出携带到地表。潜孔锤冲击器频率高（可达到50～100Hz）、低冲程，破碎的岩屑颗粒小，便于压缩空气携带，孔底清洁，钻进效率高。

（2）本技术选用与桩孔设计直径相匹配的 ϕ1200mm 大直径潜孔锤，一径到底，一次性直接完成硬岩钻进成孔，属于国内首创的先进技术，也是本项技术的创新点和关键施工技术。潜孔锤钻进时，六台空压机共同工作，产生的高风压带动潜孔锤对岩石进行直接冲击破碎，以完成硬岩的破碎成孔。

（3）为保证岩屑上返地面的顺利，在潜孔锤钻杆四周侧壁沿通道方向上设置风道条，人为地设置上返风道，形成风束，加快破碎岩屑的上返速度，利于降低地面空压机的动力损耗，实现快速成孔。

3. 旋挖钻机清孔

（1）潜孔锤钻进至设计桩底标高后，随即移开潜孔锤钻机。

（2）因孔内仍会残留部分岩屑、渣土，为满足桩身孔底沉渣厚度要求，应进行清孔。清孔采用旋挖钻机孔底捞渣，需在桩孔内及时抽入泥浆，利用旋挖钻机配置的平底捞渣钻筒进行捞渣清底，以确保孔底沉渣厚度满足设计要求。

（3）清孔泥浆预先配制并存贮在泥浆池内，泥浆的性能指标满足清渣使用要求。

4. 水下灌注桩身混凝土成桩及振动锤起拔钢护筒

（1）清孔满足设计要求后，及时吊放钢筋笼和灌注导管，并采用水下回顶法灌注桩身混凝土。

（2）桩身混凝土灌注完成后，随即采用振动锤起拔孔口钢护筒。

7.4.6　施工工艺流程

1. 施工工艺流程图

经现场试桩、反复总结、优化，确定出深厚硬岩钻孔灌注桩大直径潜孔锤成桩综合施工工艺流程，具体见图 7.4-5。

2. 施工工艺原理图

深厚硬岩钻孔灌注桩大直径潜孔锤成桩综合施工工艺原理见图 7.4-6。

7.4.7　操作要点

1. 桩位测量放线、旋挖钻机就位

（1）成孔作业前，按设计要求将钻孔孔位放出，打入短钢筋设立明显标志，并保护好。

（2）旋挖钻机移位前，预先将场地进行平整、压实，防止钻机下沉。

（3）旋挖钻机按指定位置就位后，在技术人员指导下，按孔位十字交叉线对中，调整旋挖钻筒中心位置。

2. 旋挖钻机上部土层段钻进

（1）旋挖桩机在上部土层中预先钻进，为防止填土塌孔，成孔深度控制在 3～4m。

（2）旋挖钻机采用钻斗旋转取土，干成孔工艺作业。

（3）旋挖钻机钻取的渣土及时转运至现场临时堆土场，集中处理以方便统一外运。具体见图 7.4-7。

3. 振动锤沉入 9m 长护筒、旋挖钻机钻至岩面

（1）钢护筒采用单节一次性吊入，采用徐工 QUY75 型起重机起吊，ICEV360 振动锤沉入。

（2）为确保振动锤激振力，振动锤采用双夹持器，利用吊车起吊。

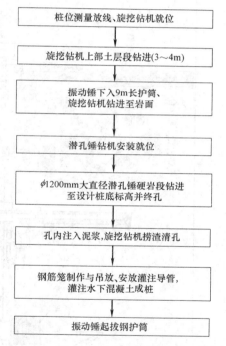

图 7.4-5　深厚硬岩钻孔灌注桩大直径潜孔锤成桩综合施工工艺流程图

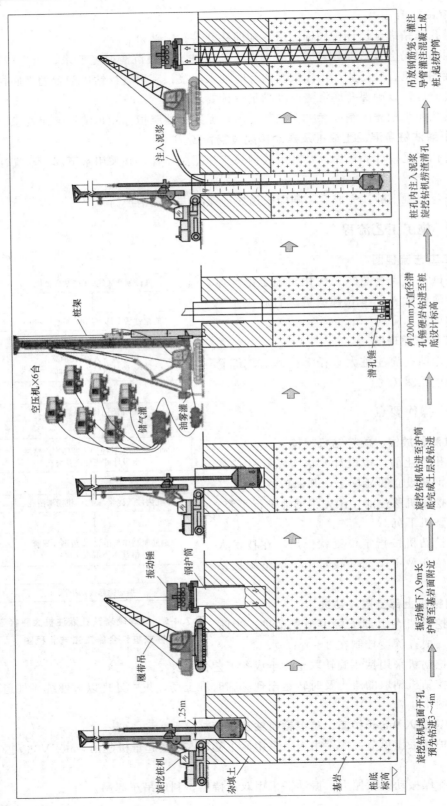

旋挖钻机地面开孔
预先钻进3～4m
→
振动锤下入9m长
振动锤护筒成孔
护筒至基岩面附近
→
旋挖钻机钻进至护筒
底完成土层段钻进
→
φ1200mm大直径清孔
孔锤硬岩钻进至桩
底设计标高
→
桩孔内注入泥浆
旋挖钻机捞渣清孔
→
吊放钢筋笼、灌注
导管灌注混凝土成
桩,起拔护筒

旋挖桩机
杂填土
基岩
桩底标高
1.25m
履带吊
振动锤
钢护筒
空压机×6台
储气灌
油雾灌
桩架
潜孔锤
注入泥浆

图 7.4-6　深厚硬岩钻孔灌注桩大直径潜孔锤成桩综合技术工艺原理图

（3）振动锤沉入护筒时，利用十字交叉线控制其平面位置。

（4）为确保长钢护筒垂直度满足设计要求，设置二个垂直方向的吊锤线，安排专门人员控制护筒垂直度。

（5）护筒沉入过程中，设置专门人员指挥，保证沉入时安全、准确。

（6）配合下入护筒，下入深度9.0m，确保穿过上部土层中的松散填土和淤泥层，至基岩面附近；为加快施工速度，现场共配置8套钢护筒用于孔口护壁埋设。

图 7.4-7　旋挖钻机土层段开孔钻进

（7）护筒沉入到位后，复核桩孔位置；护筒埋设位置确认满足要求后，采用旋挖钻机继续钻进，直至基岩面。

具体见图 7.4-8。

4. 潜孔锤桩机安装就位

（1）潜孔锤桩机履带行走至钻孔位置，校核准确后对钻机定位。

（2）桩机移位过程中，派专人指挥；定位完成后，前后共四个液压柱顶起锁定机架，固定好钻机。

（3）潜孔锤机身与空压机摆放距离控制在100m范围内，以避免压力及气量下降。

（4）采用潜孔锤机室操作平台控制面板进行垂直度自动调节，以控制钻杆直立，确保钻进时钻孔的垂直度。

具体见图 7.4-9。

图 7.4-8　起重机配合 ICEV360 振动
锤沉入长钢护筒护壁

图 7.4-9　潜孔锤桩机就位

5. ϕ1200mm 大直径潜孔锤硬岩段钻进，至设计桩底标高终孔

（1）硬岩钻进采用直径 ϕ1200mm 大直径潜孔锤一次性直接钻进，钻进先将钻具（潜孔锤钻头、钻杆）提离孔底 20～30cm，开动空压机及钻具上方的回转电机，待护筒口出风时，将钻具轻轻放至孔底，开始潜孔锤钻进作业。

（2）为确保大直径潜孔锤钻机的正常运转，现场配备 6 台空压机提供足够的风压，以维持潜孔锤冲击器作业。

（3）潜孔锤钻进作业基本参数：钻具自重 10t，风量控制为 146m³/min 左右，风压 1.0～2.5MPa，转速 6～7rpm。

（4）钻进过程中，将不断从护筒与钻具之间间隙返出大量钻渣，并堆积在孔口附近；

图 7.4-10　6 台空压机并行输送超大风压

当堆积一定高度时，及时进行清理，直至钻进至桩底标高位置。

（5）为防止塌孔、窜孔，潜孔锤施工时采用"隔三打一"施工。

空压机现场并行工作状态见图 7.4-10。

6. 孔内注入泥浆，旋挖钻机捞渣清孔

（1）终孔后，拔出潜孔锤钻头，孔底部分会残留一定厚度的岩屑和渣土，为确保满足设计要求，采取旋挖钻机捞渣清孔。

（2）清孔前，向孔内注入优质泥浆，以悬浮钻渣，保证清孔效果；泥浆采用现场设置泥浆池调制，采用水、钠基膨润土、CMC、NaOH，按一定比例配制；在注入桩孔内前，对泥浆的各项性能进行测定，满足要求后采用泥浆泵注入桩孔；泥浆性能指标控制为：泥浆比重 1.15～1.20、黏度 20～22s、含砂率 4～6%、pH 值 8～10。

（3）为满足桩身孔底沉渣厚度要求，采用旋挖钻机孔底捞渣，在桩孔内及时注入泥浆，利用旋挖钻机配置的平底捞渣钻筒进行捞渣清底，以确保孔底沉渣厚度满足设计要求。

潜孔锤钻进终孔后桩孔内注入泥浆见图 7.4-11，清孔见图 7.4-12。

图 7.4-11　潜孔锤钻进终孔后桩孔内注入泥浆

图 7.4-12　旋挖钻机护筒内捞渣清孔

7. 钢筋笼制作与吊放、安放灌注导管，灌注水下混凝土成桩

（1）钢筋笼按终孔后测量的桩长制作，本项目钢筋笼按一节制作，安放时一次性由履带吊吊装就位，以减少工序的等待时间；钢筋笼主筋采用直螺纹套筒连接，保护层 70mm，为保证主筋保护层厚度，钢筋笼每一周边间距设置混凝土保护块。

(2) 由于钢筋笼偏长，在起吊时采用专用吊钩多点起吊，并采取临时保护措施，以保护钢筋笼体整体稳固；钢筋笼采用吊车吊放，吊装时对准孔位，吊直扶稳，缓慢下放。笼体下放到设计位置后，在孔口采用笼体限位装置固定，防止钢筋笼在灌注混凝土时出现上浮下窜。

(3) 灌注导管选择直径 300mm 导管，安放导管前，对每节导管进行检查，第一次使用时需做密封水压试验；导管连接部位加密封圈及涂抹黄油，确保密封可靠，导管底部离孔底 300～500mm；导管下入时，调接搭配好导管长度。

(4) 桩身混凝土采用 C30 水下商品混凝土，坍落度 180～220mm，采用混凝土运输车直接运至孔口直接灌注；灌注混凝土时，控制导管埋深，及时拆卸灌注导管，保持导管埋深在 2～4m，最深不大于 6m；灌注混凝土过程中，不时上下提动料斗和导管，以便管内混凝土能顺利下入孔内，直至灌注混凝土至地面位置。

现场钢筋笼安放见图 7.4-13，灌注桩身混凝土见图 7.4-14。

图 7.4-13 现场吊放钢筋笼

图 7.4-14 灌注桩身混凝土

8. 振动锤起拔钢护筒

(1) 桩身混凝土灌注完成后，随即采用 ICEV360 振动锤起拔钢护筒。

(2) 钢护筒起拔采用双夹持振动锤，选择徐工 QUY75T 履带吊对护筒进行起拔作业。

(3) 振动锤起拔时，先在原地将钢护筒振松，然后再缓缓起拔。

具体见图 7.4-15。

图 7.4-15 混凝土浇筑完毕后振动锤起拔钢护筒

7.4.8　材料与设备

1. 材料

本技术所使用材料分为工艺材料和工程材料。

（1）工艺材料：主要是清孔所需的泥浆配置材料，包括：钠基膨润土、CMC（羧甲基纤维素）、NaOH（火碱）等。

（2）工程材料：主要是商品混凝土（水下）、钢筋、电焊条等。

2. 主要机械设备

（1）旋挖钻机：由于旋挖钻机主要用于土层段钻进、护筒埋设、清孔捞渣，选用中联重工旋挖机 ZR280A 进场即可满足施工要求。

（2）大直径潜孔锤：潜孔锤作为深厚硬岩段钻进的主力施工机械，本工程选用滦州重工生产的履带式 TUY808 多功能桩架，机架高 36m，自重 110t，采用履带行走，动力头扭转、起拔、支腿调平等均为液压驱动。本机架稳定性好、负重大、过载能力高。本桩机最大成孔深度达 28m，各项指标能满足施工要求。潜孔锤桩机机架基本参数及外观见表7.4-1、图 7.4-16。

表 7.4-1　潜孔锤机架基本参数表

型　　号	TUY808
桅杆最大高度	36m
液压系统压力	25MPa
总功率	110kW
整机质量	110t
回转速度	0.6r/min
运输尺寸	12816mm×5959mm×37855mm

图 7.4-16　大直径潜孔锤桩机机架

（3）潜孔锤钻头、钻杆：大直径潜孔锤钻头是引孔的主要钻具，为确保硬岩分布区的引孔效果，潜孔锤直径选择与桩径相匹配，采用深圳市晟辉机械有限公司生产的 ϕ1200mm 潜孔锤钻头。在锤击振动、钻杆回转的作用下，可以保证引孔直径不小于桩径设计要求。

潜孔锤钻头情况见图 7.4-17。

（4）潜孔锤钻杆直径为 ϕ1086mm，钻杆接头采用键槽套接连接，当上下二节钻杆套接到位后，再插入定位销固定。为防止岩屑在钻孔环状间隙中积聚，在钻头外表面均布焊接了 6～8 条 ϕ10mm 的钢筋，形成相对独立的通风通道。

（5）空压机：空压机的选用与钻孔直径、钻孔深度、岩层强度、岩层厚度等有较大关系，空压机提供的风力太小，潜孔锤钻进速率低，且岩渣、岩屑无法吹出孔外带到地面；空压机提供风力太大，则容易造成动力浪费，且容易磨损机械。空压机选用英格索兰 XHP900、斗山 XHP985 和阿特拉斯·科普柯 XRHS396 型空压机，其中

图 7.4-17　潜孔锤钻头

2 台 XRHS396（23.5m³/min）、3 台 XHP900（25.5m³/min）、1 台 XHP985（27.9m³/min）共 6 台空压机并行送风，风压约 140～160kg/m²，空压机生产的风量控制在 146m³/min 时为最佳。

空压机技术参数见表 7.4-2。

表 7.4-2　空压机参数表

参数	机型		
	XHP900	XHP985	XRHS396
生产厂家	英格索兰	斗山	阿特拉斯·科普柯
容积流量（m³/min）	25.5	27.9	23.5
压力范围（MPa）	2.40	2.41	1.03～2.30
尺寸（mm）	4840×2250×2550	5438×2290×2614	4840×2100×2470
动力	柴油	柴油	柴油
额定功率（kW）	298	328	237
自重（kg）	6170	6700	5400

（6）混气罐：6 台空压机并行送风集中至高压混气罐，再经过专门设计的油雾器，通过潜孔锤钻杆输送至潜孔锤冲击器。混气罐一端连接 6 台空压机，混气罐汇集气量并使气压稳定；从混气罐另一侧的一根管道连接进至油雾气罐，油雾气罐上部阀门可人工控开添加机油，从油雾器出来的油、气混合物既提供冲击动力又减少摩阻力。混气罐、油雾气罐情况见图 7.4-18、图 7.4-19。

图 7.4-18　混气罐　　　　　　　　**图 7.4-19　油雾气罐**

3. 主要机械设备配套

深厚硬岩钻孔灌注桩大直径潜孔锤成桩综合施工技术机械设备按单机配备，其主要施工机械设备配置见表 7.4-3。

表 7.4-3　施工主要机械设备配置

名　称	型号、尺寸	产　地	数量	备　注
旋挖钻机	ZR280	中联重工	1 台	土层段施工、捞渣清孔
多功能桩架	TUY808	滦州重工	1 台	深厚硬岩段施工
潜孔锤	$\phi1200$	晟辉机械	2 个	
钢护筒	$\phi1255\delta15mm$	广东	8 个	土层段钢护筒护壁，长 9m
空压机	XHP900	英格索兰	3 台	提供潜孔锤冲击器动力，采取 6 台空压机并联方式供风
	XHP985	英格索兰	1 台	
	XRHS39	阿特拉斯·科普柯	2 台	
振动锤	ICE V360	美国 ICE	1 套	沉入和起拔孔口长钢护筒
履带式起重机	QUY75	徐工	1 台	吊放护筒、振动锤、钢筋笼、导管
挖掘机	HD820	日本加藤	1 台	护筒口清理岩屑、渣土；挖泥浆池
混气罐	2.80m×1.02m	国产	1 个	接空压机，用于储压送风
油雾气罐	0.70m×0.37m	国产	1 个	油气雾化，减少活塞摩阻力

7.4.9　质量控制

1. 材料管理

（1）施工现场所用材料（钢筋、混凝土）提供出厂合格证、质量保证书，材料进场前需按规定向监理工程师申报。

（2）钢筋进场后，进行有见证性送检，合格后投入现场使用；混凝土进场前，提供混凝土配合比和材料检测资料，现场检验坍落度指标；灌注混凝土时，按规定留置混凝土试块。

（3）所有材料堆场按平面图要求进行硬地化，按规定堆放。

2. 桩位偏差

（1）引孔桩位由测量工程师现场测量放线，报监理工程师审批。

（2）旋挖钻机就位时，认真校核钻斗与桩点对位情况，如发现偏差超标，及时调整。

（3）下入护筒时用十字线校核护筒位置偏差，再次复核桩位，允许值不超过 50mm。

（4）潜孔锤钻进过程中通过钻机自带回转复位系统进行桩位控制。

（5）钻进过程中经常复核钻具与桩中心位置，发现偏差及时纠偏。

3. 孔口长护筒沉放

（1）下入护筒是确保本项技术有效实施的基本保障，必须引起高度重视。

（2）护筒下入位置必须与桩位核准，采用振动锤吊放护筒时，在下入过程中采用二个垂直方向吊垂线控制护筒直立，发现偏差及时起吊重新沉放。

（3）护筒安放完成后，立即采用措施固定，以防护筒下坠。

4. 垂直度控制

（1）钻机就位前，进行场地平整、密实，钻机履带下横纵向铺设不小于 20mm 钢板，防止钻机出现不均匀下沉导致钻孔偏斜。

（2）潜孔锤钻机用水平尺校核水平，用液压系统自动调节支腿高度摆放平稳。

（3）潜孔锤钻进过程中利用自动操作室内自动垂直控制面板控制垂直度。

（4）为控制硬岩成孔垂直度，优化的施工方案采用土层深长钢护筒护壁，大直径潜孔锤在钢护筒内作业，能较好地保持潜孔锤成孔垂直度，确保桩身质量。

5. 硬岩成孔

（1）硬岩成孔过程，根据桩孔岩层坚硬程度、裂隙发育情况，由潜孔锤桩机操作室控制转速，以保持钻机平稳；同时，视钻进情况，适当控制混气罐风量闸阀，调整好风压，以达到钻进最佳效率。

（2）硬岩钻进时，派专人吊垂线监控钻杆垂直度，防止钻孔偏斜。

（3）钻进过程中，派人掌握钻进进尺，测量钻孔深度，观察孔口岩渣，达到设计要求的岩层和深度后终孔。

（4）终孔后，记录钻孔深度和岩性，报监理工程师验收。

6. 泥浆、孔底沉渣控制

（1）泥浆送桩孔前，对泥浆含砂量、黏度、比重等进行测试，保证泥浆的优质性能，不符合规范要求的泥浆不得送入孔内。

（2）孔底沉渣采用旋挖钻机配置专用平底捞渣钻斗进行，反复数次清理，直至孔底沉渣清理干净。

（3）浇筑混凝土前再次测量孔底沉渣厚度，如果发现孔底沉渣超标，则采用气举反循环进行二次清孔。

7. 钢筋笼制安及混凝土灌注

（1）钢筋笼按设计要求制作，主筋外加保护垫块，保证保护层厚度满足要求；制作完成后，进行隐蔽验收，合格后使用。

（2）钢筋笼采用吊车安放，由于钢筋笼一次性安放，作业时采用临时加固措施，确保钢筋笼吊放过程中不变形。

（3）混凝土浇筑导管安装前进行水压实验，连接时安装橡胶垫圈挤紧，防止导管漏水；灌注混凝土过程中，派专人全过程监控，控制合理导管埋深，及时拆卸导管。

7.4.10 安全措施

1. 安全总则

（1）施工过程的安全要符合国家现行标准《建筑施工安全检查标准》JGJ 59—2011的有关规定。

（2）施工机械的使用符合《建筑机械使用安全技术规程》JGJ 33—2012 的规定。

（3）施工临时用电符合《施工现场临时用电安全技术规范》JGJ 46—2005 的规定。

（4）机械设备操作人员经过专业培训，熟练掌握机械操作性能，经专业管理部门考核取得操作证后方可上机操作。

（5）现场所有施工人员按要求做好个人安全防护，特种人员佩戴专门的防护用具。

2. 安全操作要点

（1）因大型、重型机械及设备较多，现场工作面需进行平整压实，防止机械下陷，甚至发生机械倾覆事故。

（2）机械设备操作人员和指挥人员严格遵守安全操作技术规程，工作时集中精力，谨慎工作，不擅离职守，严禁酒后操作。

（3）作业前，检查机械性能，不得在螺栓松动或缺失状态下启动；作业中，保持钻机液压系统处于良好的润滑状态；施工现场所有设备、设施、安全装置、工具配件以及个人劳动保护用品必须经常检查，保持良好使用状态，确保完好和使用安全。

（4）当旋挖钻机、潜孔锤、履带吊等机械行走移位时，施工作业面保持基本平整，设专人现场统一指挥，无关人员撤离作业现场，避免发生桩机倾倒伤人事故。

（5）潜孔锤钻机就位前，在桩位附近地面铺设钢板，防止因自重过大，发生机械下陷及孔口地面垮塌。已完成的桩孔和临时坑洞，及时回填、压实，防止桩机陷入发生机械倾覆伤人。

（6）潜孔锤桩机移位前，采用钢丝绳将钻头固定，防止钻头左右来回晃动碰触造成安全事故。

（7）潜孔锤硬岩钻进作业前，检查潜孔锤减振器与连接螺栓的紧固性，不得在螺栓松动或缺件的状态下启动；夹持器与振动器连接处的紧固螺栓不得松动，液压缸根部的接头防护罩应齐全。

（8）悬挂潜孔锤的起重机吊钩上设防松脱的保护装置，潜孔锤悬挂钢架的耳环上加装保险钢丝绳；潜孔锤混气罐、雾气罐属高压容器，使用前进行压力测试，确保使用安全可靠。

（9）潜孔锤启动运转后，待振幅达到规定值时方可作业；当振幅正常但不能起拔时，应及时关闭，采取相应的松动措施后作业，严禁强行起拔。

（10）空压机管路中的接头采用专门的英制接头连接装置，连接气管采用进口双层气管，并使用钢绞线绑扎相连，以防气管冲脱摆动伤人。见图 7.4-20。

图 7.4-20　钢绞线绑扎气管接头

（11）潜孔锤机身与空压机距离控制在 100m 内，以避免压力及气量下降。实际操作中，视护筒顶的返渣情况和破岩速率，对空压机的气压进行调节。

（12）潜孔锤作业时，孔口岩屑、岩渣扩散范围大，孔口清理人员佩戴防护镜和防护罩，防止孔内吹出岩屑伤害眼睛和皮肤。

（13）潜孔锤破岩施工时，为防止塌孔、窜孔，施工时采用隔三打一的跳打法。

（14）当出现潜孔锤钻头在硬岩段卡锤、憋锤时，立即停止作业，严禁强拔；判明卡锤位置后，可采用低风压慢速原位反复钻进，松动后将潜孔锤钻头提出钻孔；如卡锤位置无法松动，则采用直径 $\phi 420mm$ 的小钻具从地面在卡锤位置施打 $1\sim 2$ 辅助钻孔，钻孔深度超过卡锤位置约 50cm，直至潜孔锤松动后拔出。

（15）现场用电由专业电工操作，持证上岗；电器严格接地、接零和使用漏电保护器；现场用电电缆架空 2.0m 以上，严禁拖地和埋压土中，电缆、电线有防磨损、防潮、防断等保护措施；电工有权制止违反用电安全的行为，严禁违章指挥和违章作业。

（16）钢筋笼吊点设置合理，防止钢筋笼吊装过程中变形损坏；因钢筋笼较长，且现场机械设备繁多，起吊作业时，派专门的司索工指挥吊装作业；起吊时，施工现场内起吊范围内的无关人员清理出场，起重臂下及影响作业范围内严禁站人。

（17）现场登高作业，佩戴安全带。

（18）氧气、乙炔瓶、混气罐、油雾气管分开，摆放避光放置，防止无关扰动；钢筋切割、焊接作业由持证专业人员进行。

（19）对已施工完成的钻孔，采用孔口覆盖、回填泥土等方式进行防护，防止人员落入孔洞受伤。

（20）暴雨时，停止现场施工；台风来临时，做好现场安全防护措施，将桩架固定或放下，确保现场安全。

第8章 灌注桩综合施工新技术

8.1 灌注桩水磨钻缺陷桩处理技术

8.1.1 引言

灌注桩施工过程中，由于地层条件复杂、工序操作不当或混凝土材料异常等，会出现桩身混凝土离散（析）、断桩等缺陷问题，当桩基检测判定为不合格桩时，普遍采用采取注浆法加固补强、原桩位上重新施工、设计补桩等方法进行处理。当桩身缺陷位置埋藏较深或缺陷断面较大，注浆法难以有效保证处理质量，且存在二次检验养护时间长等问题。如在原桩位上重新返工成孔，由于桩身混凝土强度高、钢筋含量大，成孔耗时长、费用高，且成孔为带泥浆作业，施工场地往往受到限制。而采取重新补桩的方案，则需用对称两根桩或多根替代原桩，施工进度慢、成本高。为此，对于处理灌注桩缺陷桩，经过综合分析各种场地条件和施工工艺，提出一种采用传统水磨钻咬合钻凿技术，通过逐节开挖并钻凿取出桩身混凝土，并对缺陷部位清理后重新接长钢筋笼、灌注桩身混凝土，形成了一种新型的缺陷桩处理施工方法。

8.1.2 工艺原理

1. 工艺原理

本工艺用于灌注桩缺陷部位桩身钢筋混凝土凿除及清运，其主要方法是先通过人工挖孔、逐节浇筑护壁，再采用传统水磨钻咬合钻孔取芯技术，将桩身钢筋混凝土分节逐段取出，直至缺陷桩部位，将缺陷部位清理后再采取接桩的方法完成缺陷桩的处理。

2. 缺陷桩桩身混凝土处理工序或部位划分

本工艺方法的关键点在于将缺陷桩分节（分段）钻凿取出，本方法将缺陷桩桩身混凝土分为两道工序、两个部分进行先后凿除外运。第一部分为钢筋笼主筋以内的桩身中部混凝土，先进行钻凿取芯处理；第二部分为钢筋笼主筋以外的桩身钢筋笼保护层混凝土，包括约7cm厚的混凝土和钢筋笼结构。具体划分见图8.1-1。

3. 工艺处理方法

（1）以人工挖孔桩的方式，按桩径大小逐节开挖护壁，直至桩顶标高混凝土位置；如桩顶标高位于地面，则略过该步骤。

（2）采用水磨钻对桩身第一部分混凝土进行四周环绕和中心十字交叉咬合钻孔取芯，使中部混凝土形成临空四等分块，分别挤断凿除外运，并将孔内余渣清理干净。

（3）对桩身第二部分混凝土凿出六条竖向分割缝，露出钢筋笼结构，使用氧气乙炔割断外露的水平向加强筋及箍筋，然后于底部沿桩周环向凿出一条水平分割缝，割断分割缝

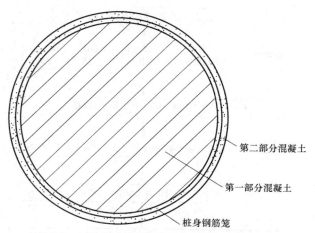

图 8.1-1 缺陷处理桩桩身混凝土划分示意图

中外露的竖直向主筋，最后分块凿除外运，则第一层桩身的两部分钢筋混凝土完成全部破除清理，浇灌混凝土进行护壁。

（4）重复以上 2～3 操作，逐节开挖至桩身缺陷位置处，并清理缺陷部位。

（5）缺陷部位处理完成并确认后，在孔底接长钢筋笼并灌注桩身混凝土，完成缺陷桩的处理。

8.1.3 施工工序流程

水磨钻缺陷桩处理施工工序流程见图 8.1-2。

8.1.4 施工操作要点

1. 人工挖孔逐节浇筑护壁至桩顶位置

（1）采用人工挖孔的方法沿桩位向下开挖，开挖施工按人工挖孔桩的规定进行。

（2）开挖直径按原桩设计桩径，每节开挖约 70cm 左右。

（3）如桩顶标高位置在地面，则将桩身混凝土凿除后再进行护壁施工。

人工挖孔施工见图 8.1-3。

2. 水磨钻沿钢筋笼内侧四周环绕咬合取芯

（1）使用水磨钻机沿钢筋笼主筋侧面进行环状咬合钻孔取芯，钻筒直径 150mm、钻筒长度 70cm，水磨钻电机功率 5.5kW，整机重量 80kg。

（2）取芯作业前，先进行钻孔定位，对作业面凹凸不平处整平，孔底平面高差在 ±50mm 之内。

（3）将水磨钻机吊放至孔底后，用二根钢管和木方固定，移动钻机到待钻孔位置，将钻机底座顶紧在孔底混凝土面上，一端顶在支撑架木方上，然后通过钻机顶部的可调顶托将钻机上下顶紧固定，开始沿圆周钻孔。

（4）水磨钻开钻前，先旋转调节杆给钻筒一定压力，随后打开电源，通水开始钻进；钻进过程中，通过手动调位器控制钻进深度和钻筒对岩面的压力，钻入过程可按照顺时针或逆时针方向进行。

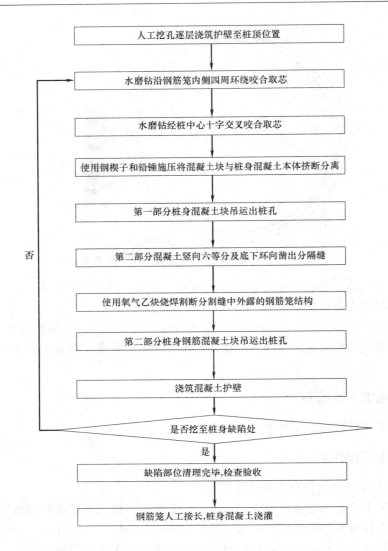

人工挖孔逐层浇筑护壁至桩顶位置

水磨钻沿钢筋笼内侧四周环绕咬合取芯

水磨钻经桩中心十字交叉咬合取芯

使用钢楔子和铅锤施压将混凝土块与桩身混凝土本体挤断分离

第一部分桩身混凝土块吊运出桩孔

第二部分混凝土竖向六等分及底下环向凿出分隔缝

使用氧气乙炔烧焊割断分割缝中外露的钢筋笼结构

第二部分桩身钢筋混凝土块吊运出桩孔

浇筑混凝土护壁

是否挖至桩身缺陷处

否

是

缺陷部位清理完毕,检查验收

钢筋笼人工接长,桩身混凝土浇灌

图 8.1-2　水磨钻缺陷桩处理施工工序流程图

图 8.1-3　人工挖孔桩逐节开挖至缺陷桩桩顶

（5）钻凿时,水磨钻钻筒缓慢接触混凝土面,待钻筒钻入深度 1cm 左右时,往下按操作杆;随着钻筒钻进,当钻筒顶部距离混凝土上表面 1.5cm 左右时关闭电源,往上摇操作杆,使钻机摇至顶部,锁牢刹车螺丝,插上固定插销,转动并用榔头敲击钻筒,直到钻筒内钻取的混凝土钻芯掉落,取芯后移机至下一个位置继续进行类似操作。

（6）水磨钻以跳钻方式钻进,先钻一序孔,再钻二序孔,这样有利于钻机均匀钻进、受力平均。

水磨钻位置定位示意图见图 8.1-4，水磨钻机及钻筒见图 8.1-5，水磨钻孔底固定和操作见图 8.1-6。

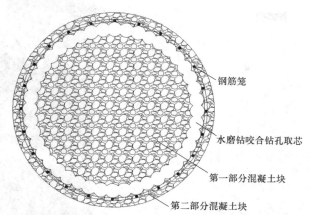

钢筋笼

水磨钻咬合钻孔取芯

第一部分混凝土块

第二部分混凝土块

图 8.1-4　水磨钻第一部分混凝土块钻凿定位示意图

图 8.1-5　水磨钻钻机及钻筒

图 8.1-6　水磨钻机沿钢筋笼主筋内侧环状咬合切割出芯

3. 水磨钻经桩中心十字交叉咬合取芯

使用水磨钻机对桩身第一部分混凝土块进行十字交叉咬合钻孔取芯，使桩身钢筋笼内部混凝土分割为四等分块，形成内周临空面，便于第一部分桩身混凝土的分块取出。

十字交叉咬合定位见图 8.1-7，十字交叉钻凿取芯操作见图 8.1-8。

4. 使用钢楔子和铅锤将混凝土块与桩身混凝土挤断分离

（1）在钻取芯样的孔内置入钢楔子，锤击钢楔子挤压岩块，使混凝土块同时受到铅锤面上的拉力和水平面上的剪切力作用；当挤压力大于极限抗拉力和极限抗剪切力之和时，混凝土块沿铅锤面被拉裂并从底部发生剪切破裂，即该层各四分之一混凝土块与底部桩身混凝土脱离。

（2）使用孔口提升机将单个混凝土块吊运出桩孔，则该第一部分混凝土破除完毕。

挤断混凝土块用的钢楔子、铅锤如图 8.1-9 所示，钢楔子、铅锤挤断混凝土块状态如图 8.1-10 所示，孔底挤断混凝土操作如图 8.1-11 所示，取出的四分之一断面混凝土块如

311

图 8.1-12 所示，开挖层混凝土块清除示意图如图 8.1-13 所示。

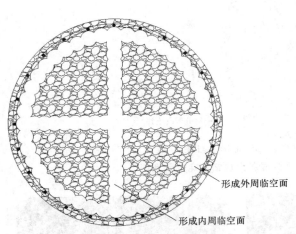

图 8.1-7　水磨钻机十字交叉咬合钻孔切割出芯示意图

图 8.1-8　使用水磨钻机十字交叉咬合钻孔切割出芯

图 8.1-9　挤断混凝土块用的钢楔子、铅锤

图 8-1-10　挤断混凝土块用的钢楔子、铅锤工作状态

图 8.1-11　孔底挤断混凝土块操作

图 8.1-12　取出的四分之一断面混凝土块

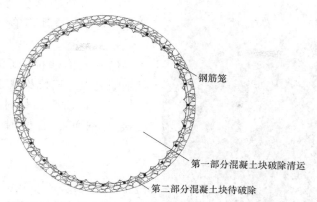

钢筋笼
第一部分混凝土块破除清运
第二部分混凝土块待破除

图 8.1-13 桩身第一部分混凝土破除完毕断面示意图

5. 缺陷桩第二部分混凝土凿除及清运

（1）使用人工风镐对缺陷桩桩身保护层混凝土即第二部分混凝土凿出六条竖直分割缝，露出内部钢筋笼结构，如图 8.1-14、图 8.1-15 所示。

图 8.1-14 桩身第二部分混凝土凿竖直分割缝

图 8.1-15 露出内部钢筋笼结构

（2）使用氧气乙炔将竖向外露的钢筋笼结构主筋、箍筋切割焊断，使其呈分块状，以便于单个取出，如图 8.1-16 所示。

（3）在本节钻凿的混凝土底部沿桩周凿除一圈约 15cm 宽混凝土，使用氧气乙炔切割焊断外露主筋，使桩身第二部分混凝土及钢筋笼全部破除下来。

（4）采用孔口提升机吊运出桩孔，至此完成一层混凝土及钢筋笼的全部破除清运后进行该层桩身的浇筑护壁。

6. 分节咬合钻孔取芯、破裂、吊运取块的循环工序

（1）依次按以上工序分层分节咬合钻孔取芯、破裂、吊运取块的循环工序作业，直到完成至桩身缺陷位置处。

图 8.1-16　孔内氧气乙炔切割桩身第二部分混凝土露出的钢筋笼结构

（2）将缺陷部位清除干净，并报相关监理、业主、设计等单位进行验收。

7. 接桩

（1）缺陷部位处理验收合格后，即进行钢筋笼人工接长及桩身混凝土浇灌。

（2）钢筋笼接长时，可采取植筋或焊接接长钢筋，接长时断面主筋接缝错开 50%。

（3）桩身混凝土采用比原设计桩身混凝土强度提高一个强度等级。

（4）浇灌桩身混凝土时，采用串筒浇筑，用振动棒分层振捣。

（5）浇灌混凝土时，留取混凝土试块作验收用；桩径较大时，可预埋声测管，至养护龄期后进行桩身混凝土质量检测。

钢筋笼接长如图 8.1-17 所示，桩身混凝土灌注见图 8.1-18。

图 8.1-17　桩身缺陷处钢筋笼接长施工

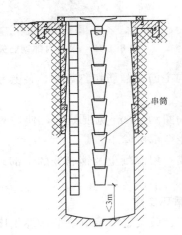

串筒

<3m

图 8.1-18　桩身混凝土串筒灌注

8.1.5 质量控制措施

1. 人工挖孔及浇筑护壁质量控制措施

（1）与混凝土直接接触的模板护壁应清除干净淤泥和杂物，用水湿润，模板中的缝隙和孔隙应堵严。

（2）护壁混凝土采用振捣器捣实，应将混凝土捣实至表面呈现浮浆和不再沉落为止。

（3）为使上、下层护壁混凝土结合成整体，振捣器应插入混凝土 60mm。

2. 水磨钻咬合钻孔取芯质量控制措施

（1）水磨钻施工时将钻机固定牢靠，防止钻进过程中因松动而产生钻孔偏位现象。

（2）水磨钻施工应严格贴合主筋内侧咬合钻孔出芯，保证第一部分混凝土块清理干净，便于后续工序作业。

3. 钢筋人工接长及桩身混凝土浇灌质量控制措施

（1）桩身缺陷处离散混凝土保证清除完全，通过检查验收后方可进行钢筋接长及混凝土浇灌。

（2）孔内绑扎钢筋操作平台必须牢固固定于护壁凸缘，不得设在已绑扎好的钢筋笼箍筋上。

（3）钢筋人工接长保证断面主筋错开 50%，浇灌混凝土强度比原桩身混凝土强度提高一个等级，以保证桩身整体强度。

8.1.6 安全操作要点

1. 桩孔下挖及孔内水磨钻机咬合取芯

（1）孔口护壁应高于地面 30cm，用于挡住地面上杂物、明水等进入桩孔，且于孔口处设置 1.2m 高安全护栏，护栏上留一个 1m 左右宽的活动作业口，架立警示标志。

（2）为防止作业人员上下孔时发生高坠事故，应配置安全可靠的升降设备，并由培训合格的人员操作。运送工人上下孔使用专用乘人吊笼，严禁使用运泥土吊桶和工人自行手扶、脚踩护壁凸缘上下孔。工人上下孔不得携带任何器具或材料，孔内设置应急软梯和安全软绳。

（3）孔下所需器具、设备均使用提升设备递送，严禁向桩孔内抛掷。

（4）下孔施工前、施工中设专人观察护壁有无裂缝，如有裂缝立即报告，待查明情况并采取安全防护措施确保安全后方可继续施工。

（5）孔内作业时，孔口处必须设专人监护，并要求随时与孔内人员保持联系，不得擅自离开工作岗位。

（6）当孔内有作业人员时，3m 以内不得有机动车辆行驶或停放。

（7）配备风量足够的鼓风机和长度能伸至孔底的风管，防止地下有毒有害气体影响工人身体健康。当挖孔深度超过 8m 时，风量不宜少于 25L/s，孔底水磨钻钻凿取芯时应加大送风量。

（8）操作工必须头戴安全帽、身系安全带，必要时孔内搭设半圆防护板掩体，吊桶出渣时用于孔内作业人员遮避，防止渣土坠落伤人。

（9）打钻工人在施工作业时必须严格做到水、电分离，配备绝缘防护用品，如绝缘手套、胶鞋等。

（10）水磨钻须安装牢固，更换钻头及换位时必须切断电源。

2. 氧气乙炔烧焊

（1）氧气乙炔操作工人必须提前进行技术培训，持证上岗，并在操作时佩戴防护眼镜及面罩。

（2）氧气瓶、乙炔瓶（液化石油气瓶）不得放置在电线正下方，乙炔瓶或液化石油气瓶与氧气瓶不得放置于同一处，气瓶存放和使用间距必须大于 5m，距易燃、易爆物品和明火的距离不得少于 10m。检验是否漏气要用肥皂水，严禁用明火。

（3）氧气瓶、乙炔瓶应有防振胶圈和防护帽，并旋紧防护帽，避免碰撞和剧烈振动；并防止暴晒。

（4）氧气瓶严防沾染油脂，沾有油脂的衣服、手套等禁止与氧气瓶、减压阀、氧气软管等接触。

（5）乙炔瓶、氧气瓶均应设有安全回火防止器，橡皮管连接处需用扎头固定。

（6）点火时焊枪口不准对人，正在燃烧的焊枪不得放置在工件或地面上；带有乙炔和氧气时不准放置于金属容器内，以防气体逸出，发生燃烧事故。

（7）开启氧气瓶阀门时操作人员不得面对减压器，应用专用工具。开启动作要缓慢，压力表指针应灵敏、正常。氧气瓶中的氧气不得全部用尽。严禁使用无减压器的氧气瓶作业。

（8）作业中发现气路或气阀漏气时必须立即停止作业。

（9）作业中若氧气管着火应立即关闭氧气阀门，不得折弯胶管断气；若乙炔管着火，应先关熄炬火，可采取弯折前面一段软管的办法止火。

（10）作业中如发现氧气瓶阀门失灵或损坏不能关闭时，应待瓶内的氧气自动逸尽后再进行拆卸修理。

（11）工作完毕后将氧气瓶、乙炔瓶气阀关好，拧上防护罩，检查作业地点，确认无着火危险后方可离开。

（12）经常检查氧气瓶与磅表头处的螺纹是否滑牙、橡皮管是否漏气、焊枪嘴和枪身有无阻塞现象，压力表及安全阀亦应定期校验。

3. 吊运出渣

（1）出渣吊运过程中，渣土不能装载过满。升降桶时应先挂好吊钩，使之居孔中心匀速升降。提升大块混凝土时应确保绑扎完好并要求孔内人员回到地面后再提升，以防吊桶超重，绳索拉断。

（2）现场卸料（主要指破裂的大块混凝土）前，检查卸料方向是否有人，以免将人员砸伤。

（3）严禁将挖出的渣土、圆柱混凝土芯、混凝土块等在孔边堆高，应及时运离孔口，保证孔口周边整洁，减少物品掉入孔内的可能，对于暂时无法运走的应堆放在孔口四周 1m 范围以外，且堆放高度不得超过 1m。

8.2　海上平台嵌岩灌注斜桩成桩综合施工技术

8.2.1　引言

随着我国海域经济的高速发展，大量沿海城市正兴建众多高桩多功能泊位码头，码头及其构筑物多采用海上桩基础。为满足桩基础承压、抗拔、抗剪和垂直要求，提高桩基稳定性和泊位码头安全性，桩基础部分设计为嵌岩灌注斜桩，且桩端持力层进入中、微风化基岩中。海上斜桩在搭设的简易钢平台上施工，一般的普通回转钻机难以倾斜安装，斜桩成孔困难大；采用可调节大角度成孔的旋挖钻机施工，受旋挖钻机自重太大的影响，普通钢结构平台难以满足施工要求；而选择采用冲击钻机成孔，普通的十字冲击钻头频繁上下会挂钢管底口，另外在平台上泥浆循环及孔底清孔，以及灌注混凝土时导管固定就位等等，都给斜桩成孔、清孔、灌注成桩带来较大困难，难以满足进度、质量要求。

为了寻求海上平台嵌岩灌注斜桩成桩工艺，加快施工进度，保证桩基施工质量，降低综合施工成本，结合工程实践，开展了"海上平台嵌岩灌注斜桩成桩综合施工技术研究"，并取得满意成效。

8.2.2　工程实例

1. 工程概况

珠海港高栏港区集装箱码头二期工程项目紧邻高栏港区集装箱码头一期，港区总面积73.6万 m^2，共设7个泊位码头，1号泊位已建成，2~7号泊位码头于2014年8月开工建设，工程建设规模为2个5万吨级集装箱泊位建设，建设1个4万吨级、2个3万吨级和1个1万吨级泊位，设计岸线长度为1345.52m，以及后方3个集装箱堆场区、件杂货堆场区、仓库、房屋建筑及其他配套设施等。泊位码头桩基础设计为"钢管桩＋钻孔灌注嵌岩桩"，桩基础部分设计为嵌岩斜桩。嵌岩斜桩施工工序流程为先采用海上专用打桩船施工预制钢管斜桩，钢管桩桩端锤击下沉至强风化岩底或中风化岩层顶面，再采用钻（冲）孔桩机在钢管桩内入岩成孔，使桩端嵌入中风化或微风化岩层内，最后再下入钢筋笼、灌注水下混凝土成桩，使斜桩锚入坚硬基岩中。

集装箱码头二期工程项目平面位置见图8.2-1，集装箱码头二期工程项目现场分布见图8.2-2。

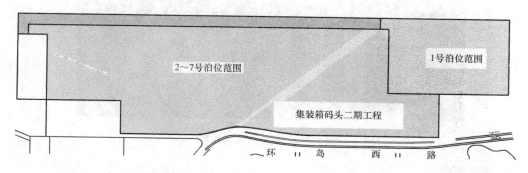

图 8.2-1　集装箱码头二期工程项目平面位置

2. 嵌岩灌注桩简述

本工程码头结构桩基础设计为普通直立桩和斜桩，平面上沿轴线共布置6排，中间二排为斜桩，斜度6:1~3:1（9.5°~18.5°），其余为直立桩。

直立桩分为钢管桩、PHC预应力管桩，斜桩为钢管桩，外径均为1.2m。斜桩先采用专用打桩船将壁厚20mm的钢管桩打入，进入强风化花岗岩层或中风化岩面附近，随后

图 8.2-2 集装箱码头二期工程项目现场分布图

采用冲击成孔进入中风化岩层，嵌岩桩进入中风化 3.6m～4.8m。

桩位布置见图 8.2-3～图 8.2-5。

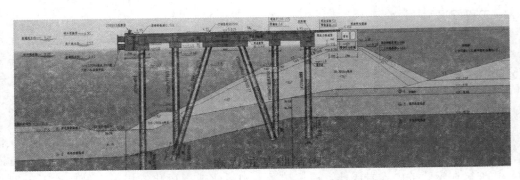

图 8.2-3 嵌岩桩基础结构断面示意图

图 8.2-4 桩位现场分布图

3. 施工情况

针对本项目斜桩施工的特点，结合现场条件及桩基设计要求，开展了"海上平台嵌岩灌注斜桩成桩综合技术研究"，经过一系列现场试验、工艺完善、机具配套，最终形成了"海上平台嵌岩灌注斜桩成桩综合施工技术"，即：采用可调节筒式冲击钻头成孔，潜水电泵反循环清孔，泥浆旋流器辅助清渣、变截面导管灌注成桩等综合技术，较好解决了海上平台嵌岩斜桩成孔、清孔、排渣、灌注成桩等施工难题，实现了质量可靠、施工安全、文明环保、高效经济目标，达到预期效果。

8.2.3　工艺特点

1. 成桩质量有保证

（1）采用可调节筒式冲击钻头成孔，有效保证了斜桩成孔方向的一致性，避免了钻孔成孔过程中出现卡钻、桩孔偏斜的情况。

（2）二次清孔采用"潜水电泵＋泥浆旋流器"反循环清孔工艺，该技术采用孔口潜水电泵连接灌注导管直接抽吸孔底沉渣，孔底沉渣经过泥浆分离处理，减少泥浆循环过程的重复排渣量，有效提高泥浆技术指标，清孔时间短、效果佳，孔底沉渣厚度完全满足设计和规范要求。

（3）采用在普通灌注导管上设变截面凸出灌注导管，解决倾斜状态下灌注导管的定位，以及灌注混凝土过程中导管起拔时易挂碰钢筋笼，引起钢筋笼上浮的质量通病。

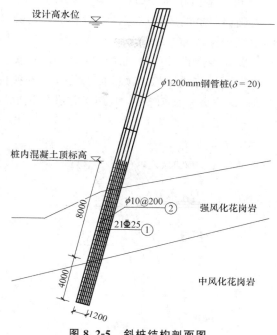

图 8.2-5　斜桩结构剖面图

2. 综合施工成本低

（1）泊位施工前需搭建海上施工平台，冲孔桩机质量轻，对施工平台承载力要求低，可优化平台搭设，大大降低了平台搭建成本。

（2）成孔采用了可调节筒式冲击钻头，钻头自重大，冲击破岩效果好，钻进效率高；且不易发生卡钻、挂底的现象，减少了后期事故处理成本。

（3）清孔采用"潜水电泵＋泥浆旋流器"反循环清孔工艺，大大缩短清渣清孔时间，提高了施工工效，降低施工综合成本。

3. 工艺操作简单、安全

冲孔桩机设备简单，施工工艺成熟，入岩深度可控，整体操作安全可靠。

8.2.4　适用范围

1. 适用于在钢管桩内或钢护筒内施工。

2. 适用于海上预先搭设的简易平台上施工。

3. 适用于桩身直径 $\phi800 \sim 1500\text{mm}$、桩长 $\leqslant 50\text{m}$、桩身倾斜度 3 : 1 以内（20°以内）斜桩施工。

8.2.5　工艺原理

海上平台嵌岩灌注斜桩成桩综合关键技术主要分为四部分，即：可调节筒式冲击钻头成孔技术，潜水电泵反循环二次清孔技术，泥浆旋流器辅助清渣技术、变截面灌注导管水下灌注桩身混凝土灌注技术等。其工艺原理主要包括：

1. 可调节筒式冲击钻头成孔工艺原理

　　为确保斜桩的成孔质量，一般斜桩冲击钻筒长度至少为入岩成孔深度的 1.5 倍，钻进过程中至少保持冲击钻筒 0.5 倍长钻进深度始终处于钢管桩内，以避免桩孔偏斜的情况发生。为此，专门设计一种可调节筒式冲击钻头。冲击钻头由三部分组成，即：筒钻底部钻头、中间可调节式钻筒、顶部提引装置。本项目斜桩入岩深度为 3.6～4.8m，筒式钻头直径 1.1m，钻头总长 7.5m。其斜桩桩孔钻进原理见图 8.2-6。

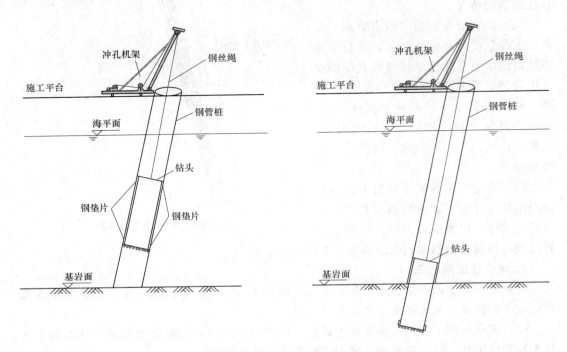

图 8.2-6　筒式钻头钻进示意图

　　（1）筒钻底部钻头：筒钻底部直接承受冲击力，为保证其冲击效果，在其底部加焊合金块来实现。筒钻底部钻头长约 0.6m，并在钻头外侧加焊保护垫块，与钻头顶部加焊的保护垫块共同作用，保证钻筒在钢管中居中钻进。筒钻底部钻头实物见图 8.2-7。

　　（2）顶部提引装置：一端与中间可调节式钻筒焊接，另一端通过钢丝绳与钻机机架相连。施工期间，机架通过卷扬机拉伸钢丝绳来控制整个钻头的冲击作业。顶部提引装置实物见图 8.2-8。

　　（3）中间可调节式钻筒：根据钻孔的入岩深度来确定，其长度根据不同的成孔深度来调节，以保证冲击钻头始终有部分处于钢护筒中，与顶部提引装置连接段上间隔焊接斜向钢块凸出保护层，以保证顶部钻头居中成孔；钻筒通过焊接与底部钻头和顶部提引装置连接。中间可调节式钻筒实物见图 8.2-9。

2. 潜水电泵反循环清孔原理

　　潜水电泵为污水污物潜水电泵，潜水电泵与电机同轴一体，工作时通过电机轴带动水泵叶轮旋转，将能量传递给浆体介质，使之产生一定的流速，带动固体流动，实现浆体的输送，把孔底泥浆、沉渣经过灌注导管直接抽排出孔口，并形成泥浆反循环。潜水电泵与灌注导管相连，其放置于孔口液面附近，灌注导管底部离孔底 30～50cm；潜水电泵工作时，抽排出的泥浆经过潜水电泵管口、通过胶管与泥浆旋流器相连，在泥浆旋流器内进行分离处理，保持泥浆良好性能，达到清渣效果。

潜水电泵安装见图 8.2-10。

图 8.2-7 筒钻底部钻头

图 8.2-8 顶部提引装置

图 8.2-9 筒式冲击钻头

图 8.2-10 潜水电泵孔口安装

3. 泥浆旋流器清渣原理

泥浆旋流器是由上部筒体和下部锥体两大部分组成的非运动型分离设备，其分离原理是离心沉降。当泥浆由泥浆泵以一定压力和流速经进浆管沿切线方向进入旋流器液腔后，泥浆便以很快的速度沿筒壁旋转，产生强烈的三维椭圆强旋转剪切湍流运动，由于粗颗粒与细颗粒之间存在粒度差（或密度差），其受到的离心力、向心浮力、液体曳力等大小不同，在离心力和重力的作用下，粗颗粒克服水力阻力向器壁运动，并在自身重力的共同作用下，沿器壁螺旋向下运动，细而小的颗粒及大部分浆则因所受的离心力小，未及靠近器壁即随泥浆做回转运动。在后续泥浆的推动下，颗粒粒径由中心向器壁越来越大，形成分层排列。随着泥浆从旋流器的柱体部分流向锥体部分，流动断面越来越小，在外层泥浆收缩压迫之下，含有大量细小颗粒的内层泥浆不得不改变方向，转而向上运动，形成内旋流，自溢流管排出，成为溢流进入桩孔底；而粗大颗粒则继续沿器壁螺旋向下运动，形成外旋流，最终由底流口排出，成为沉砂，从而达到泥浆浆渣分离的目的和效果。

泥浆旋流器排渣工作原理见图8.2-11，泥浆旋流器清渣现场安装见图8.2-12。

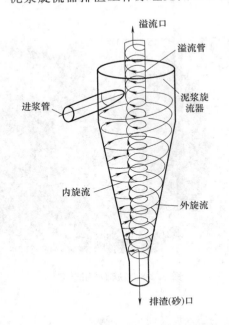

图 8.2-11　泥浆旋流器排渣工作原理图

图 8.2-12　泥浆旋流器清渣现场安装

4. 变截面导管水下灌注混凝土成桩技术

通常在灌注斜桩桩身混凝土时，直筒式导管受重力作用灌注导管会惯性垂直下入，下放时会直接插至已下入孔内的钢筋笼上，使得灌注导管无法顺利安放；即使反复提拉下入后，在灌注过程中提拔导管过程中，灌注导管的接头会被钢筋笼卡住，影响灌注导管正常提拉。另外，如果导管紧贴桩侧壁，在桩身灌注混凝土时混凝土的扩散效果差，直接影响桩身灌注质量。为此，我们专门设计出变截面的灌注导管，由于变截面导管的突出设计，使得导管与钢筋笼之间形成有效的保护间距，使得灌注导管口可轻松避开钢筋笼而自由下放，避免卡管情况的发生，以确保灌注导管安放到位。

变截面导管示意图见图8.2-13，变截面导管实物图见图8.2-14。

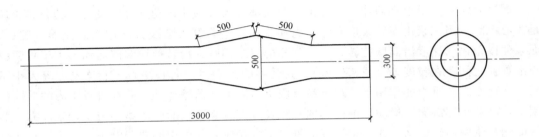

图 8.2-13　变截面导管示意图

8.2.6 施工工艺流程

海上平台嵌岩灌注斜桩成桩综合施工工艺流程，具体见图8.2-15。

8.2.7 操作要点

1. 搭建施工平台

（1）施工平台搭建高程在搭建区历史极端高水位之上约0.5m。

（2）施工平台利用已施工好的钢管桩作为支撑，上加焊钢牛腿做支撑，平台主要由槽钢和钢板组成，施工作业平台主要

图 8.2-14　变截面导管实物图

放置施工用的钻机、吊车，提供堆场和加工场地等。施工平台搭建前根据施工计划计算平台荷载，根据荷载进行设计平台结构，对吊车通行的位置，平台进行增加贝雷片加固处理。

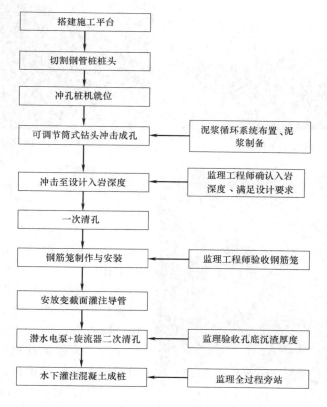

图 8.2-15　海上平台嵌岩灌注斜桩成桩综合施工工艺流程图

施工平台委托专业钢结构公司搭建和拆除，海上平台搭建情况见图8.2-16、图8.2-17。

图 8.2-16　施工平台搭建

2. 切割钢管桩桩头

（1）平台搭建完成后，将预先打入的钢管桩的桩头切割至合适高程，切割后的废桩头通过摆渡船运至桩头堆放点。

（2）切割形成的桩孔在未进行施工前采用钢筋网掩口处理。

钢管桩切割见图 8.2-18。

图 8.2-17　施工平台搭建

图 8.2-18　钢管桩桩头切割

图 8.2-19　钻头下放就位、反打施工

3. 桩机就位

（1）本工程斜桩直径为 1.2m，钻头重量为 4.5t，冲孔桩机选用型号为 JK-6。

（2）桩机到达指定位置后，铺垫枕木，并将钻机固定，并采用十字交叉法对中孔位。

（3）筒式钻头采用吊车先部分下放到桩孔内，将桩机钢丝绳与钻头连接牢固，检查合格后撤走吊车。针对斜桩的特殊性，为避免桩机倾覆，钢丝绳一般与桩机水平线成锐角，通常采用反打施工。钻头下放、反打施工示意图见图 8.2-19。

4. 泥浆循环系统布置

（1）泥浆循环系统包括泥浆池、泥浆泵、泥浆旋流器、泥浆输送管等。

（2）考虑到嵌岩段施工长度一般较短，以及平面上位置受到限制，每一台机配一个简易约 2.5m³ 泥浆循环系统，可满足施工要求。

（3）海水泥浆制备采用普通硅酸盐水泥＋膨润土制浆＋海水，泥浆配备比为 1：1.5：10，黏度可以控制在 17～19s，含砂率 3% 左右，成孔时泥浆比重控制在 1.20～1.25，以提高其悬浮携带钻渣的能力。

（4）泥浆循环过程中的钻渣通过双层滤网筛选过滤，滤后泥浆循环使用，滤渣集中清运处理。

平台上泥浆循环系统布置见图 8.2-20。

5. 冲击成孔

（1）开始冲孔时低锤密击，开孔 2m 内，冲程高度控制在 1.0～1.5m，钻进过程中派专人观察渣样的变化，及时判别是否进入持力层。

图 8.2-20　平台上简易泥浆循环系统

（2）冲击至中风化岩层后反复小冲程冲击，冲程高度可以取 0.5～0.8m，待桩孔全断面进入基岩后，再进行正常冲击，以防因基岩面倾斜导致孔斜。

（3）泥浆循环与冲孔过程同步进行，在冲击钻头底部穿越钢管桩时及时添加膨润土加大泥浆浓度增强护壁效果，并随时测定和调节泥浆相对密度。

（4）进入基岩面后经常测量孔深，任何情况下整个钻头不得穿过钢管桩底，否则会造成嵌岩段桩孔偏斜，使得钻头滑脱并在提升时卡在钢管桩下沿造成埋钻事故。

（5）终孔采用孔底标高和持力层"双控"，即：孔底标高和持力层岩性均需满足设计要求。

冲击成孔见图 8.2-21。

6. 一次清孔

（1）终孔验收完成后，进行第一次清孔，清孔采用泥浆正循环工艺，采用简易泥浆循环系统，清孔时可利用冲击钻头小冲程在孔底位置反复冲击，防止孔底沉渣沉淀，以最大限度清除孔底沉渣。

图 8.2-21　冲击成孔

（2）清孔过程中，将调制性能好的泥浆替换孔内稠泥浆与钻屑，把孔底沉渣清除干净。

7. 钢筋笼制作与安装

（1）钢筋笼按设计图纸制作，制作偏差符合规程规范及设计要求，钢筋笼在平台上制作，制作完成后检查合格利用吊车进行安放。

（2）本工程钢筋笼分节制作，钢筋笼制作成型后，将超声波检测管焊接在钢筋笼内侧，并保证监测管连接时不发生扭转变形。

（3）钢筋笼外侧每隔 2m 设置一道滚动式混凝土保护层垫块，垫块能顺着钢管桩桩壁上下滚动达到顺利下放钢筋笼的目的。

（4）钢筋笼分节吊装，孔口焊接，焊接完成后由监理工程师验收后入孔内。

（5）钢筋笼全部入孔后，在孔口采用笼体限位装置固定，以防止混凝土灌注时钢筋笼上浮。

（6）钢筋笼安装完毕后，会同业主、监理单位进行隐蔽工程验收，合格后及时灌注水下混凝土。

平台上钢筋笼制作见图 8.2-22。

图 8.2-22　平台钢筋笼制作

8. 安放灌注导管

（1）导管进场后进行试拼试压，保证接缝紧密。

（2）为保证灌注导管顺利下放，采用特制灌注保护导管，在加工制作导管时对普通使用的直筒灌注导管进行保护层凸出设计，可有效避免导管卡管现象发生。

图 8.2-23　灌注导管安放

（3）导管在安放时，底部设置一节变截面导管，再下入直筒导管，每隔 6m 左右再下入一节变截面导管，以确保灌注导管安放到位。

灌注导管安放见图 8.2-23。

9. 二次清孔

（1）二次清孔采用潜水电泵反循环清孔工艺，采用潜水电泵清孔＋泥浆旋流器清渣技术，清孔时间短，清孔效果佳，可保证孔底沉渣厚度完全满足设计和规范要求。

（2）为了确保潜水电泵的密封性，安放时将潜水电泵沉入到泥浆液面下，防止漏气。

（3）潜水电泵底口直接与灌注导管连接，采用密封垫片密封，保持导管接口的良好密封性。

（4）利用胶管潜水电泵与泥浆旋流器进浆口相连，溢流口与导管接口胶管相连，形成旋流器泥浆循环系统。

（5）为达到快速清除泥浆中沉渣的效果，经潜水电泵抽吸上返的泥浆经过旋流器分离后，再经过简易的过滤筛网再次分离，以最大限度提高泥浆性能，缩短清孔时间。

（6）清孔过程中，派专人测量孔底沉渣和泥浆性能，当孔底沉渣厚度和泥浆指标满足要求后，报监理验收，并下达灌注令。二次清孔系统见图8.2-24、图8.2-25。

图8.2-24　潜水电泵＋泥浆旋流器清孔　　　图8.2-25　潜水电泵＋泥浆旋流器清孔系统图

10. 灌注桩身混凝土

（1）按设计要求采购商品混凝土，混凝土利用运输船从码头卸料口装船，采用特制的混凝土灌注储料箱，将商品混凝土运输至船吊处，通过船吊调至孔口进行灌注。

（2）在灌注前、清孔结束后将隔水塞放入导管内，隔水塞采用橡胶皮球，安装 2.5m³ 初灌料斗，盖好密封挡板，然后进行混凝土料灌注。为确保初灌质量，保证混凝土初灌埋深在 0.8m 以上。

（3）设专人测量导管埋深及管内外混凝土面的高差，填写水下混凝土浇注记录，随时掌握每根桩混凝土的浇注量。

（4）考虑桩顶有一定的浮浆，桩顶混凝土超灌高度80～100cm，以保证桩顶混凝土强度，同时又要避免超灌太多而造成浪费。

混凝土灌注见图8.2-26～图8.2-28。

图8.2-26　商品混凝土转运

图8.2-27　商品混凝土灌注　　　图8.2-28　灌注混凝土后孔口遮盖处理

8.2.8　质量控制

1. 材料管理

（1）施工现场所用材料（钢筋、混凝土）提供出厂合格证、质量保证书，材料进场前需按规定向监理工程师申报。

（2）钢筋进场后，进行有见证送检，合格后投入现场使用；混凝土进场前，提供混凝土配合比和材料检测资料，现场使用前检验坍落度指标；灌注混凝土时，按规定留取混凝土试块。

2. 桩身斜度控制

（1）根据桩位和打入方式布置桩机，确保桩机水平稳固，与原钢管桩在一个平面，且保证钻头拉绳与孔径方向一致，定期检查，如拉绳与孔径方向有偏斜，则及时进行调整。

（2）换层冲击时根据地层变化合理调整冲击参数。

（3）冲击过程中，如发现孔斜、塌孔现象等情况，立即停止冲击，并采取措施后方可继续冲击成孔。

（4）成孔过程中至少保证钻头有 0.5 倍钻进深度在钢管桩内。

（5）顶部提引装置段钻筒上斜向焊接钢块可有效避免筒钻对钢管的损害。

3. 孔深控制

（1）根据基准点引测高程，由测量员提供孔口标高，并由当班施工员记录在桩机成孔报表上。

（2）冲击成孔至中风化岩时，准确记录其顶板埋深，终孔采用"双控"方式进行，即对孔底标高和持力层土质均进行测量验证，孔底标高通过测绳下装加重块来测量孔底标高，通过持力层土质以确定是否达到设计要求。

4. 钢筋笼制安

（1）钢筋笼按照设计要求制作，分节施工，焊接时接头错开设置。

（2）主筋外加定位垫块，保证保护层厚度满足要求，下放前检查垫块是否缺少或损坏。

（3）现场安排专人指挥，下放速度不宜过快，同时注意避免保护垫块被压碎、变形。

5. 灌注导管安放

（1）导管进场后试压试拼，确保拼接好的导管密封性良好。

（2）导管在安放时，底部设置一节凸出保护导管，再下入普通的直筒导管，每隔6m左右再下入一节凸出保护导管，以确保灌注导管顺利安放到位。

6. 清孔

（1）采用二次清孔，终孔结束时采用正循环进行第一次清孔，第二次清孔在下放好钢筋笼和导管后进行。

（2）清孔时利用潜水电泵反循环清渣，采用泥浆旋流器进行辅助清渣，调整好泥浆性能指标。

（3）清孔过程中，派专人监测，测量孔底深度，确保清孔沉渣厚度＜5cm，清孔满足设计及规范要求后进行混凝土灌注。

7. 灌注桩身混凝土

（1）桩身灌注采用商品混凝土，商品混凝土由岸上专门设置的搅拌站生产，采用船运输至平台边，再采用吊车起吊混凝土储料斗进行灌注。

（2）初灌时，导管底距孔底在 30cm 左右，初灌量保证导管埋管达到 0.8m 以上。

（3）灌注过程中由专人负责探测混凝土面指导拆管，导管埋深控制在 2～6m 之间。

（4）对每罐车混凝土在使用前进行坍落度检测。

（5）为保证桩顶混凝土质量，所有桩需超灌，超灌按 0.8m 控制。

（6）每根桩留 1 组混凝土试块（每组 3 块），并养护至 28d 龄期后及时送指定试验室测试。

8.2.9 安全保证措施

1. 施工平台面铺设的钢板要求平顺，防止人员绊倒受伤；平面四周设安全扶栏，并设警示标志。

2. 桩机就位后，机底枕木垫实，保证施工时机械稳固。所有桩机设备安装完成后，报监理工程师验收；所有机械设备使用前均认真检修，并进行试运转，确保桩机不会发生倾覆情况。

3. 冲孔前，检查各传动箱润滑油是否足量，各连接处是否牢固，泥浆循环系统（离心泵）是否正常，确认各部件性能良好后开始作业。

4. 冲孔前检查钢丝绳有无断丝、腐蚀、生锈等，断丝超过 10% 应报废；检查钢丝绳锁扣是否牢固，螺帽是否松动。

5. 冲孔施工过程中，非施工人员不得进入施工现场。

6. 操作期间，操作人员不得擅自离开工作岗位。冲孔过程中，如遇机架摇晃、移动、偏斜，立即停机，查明原因并处理后方可继续作业。

7. 成孔后暂未进行下一道工序的桩位以及灌注后的桩位，孔口必须用钢筋网加盖保护，以防人员坠内。

8. 制作完成的节段钢筋笼滚动前检查滚动方向是否有人，防止人员被砸伤。氧气瓶与乙炔瓶在室外的安全距离不小于 5m，并有防晒措施。

9. 起吊钢筋骨架时，做到稳起稳落，安装牢靠后方可脱钩，严格按吊装作业安全技术规程施工。

10. 吊车作业时，在吊臂转动范围内，人员严禁随意走动或进行其他无关作业。

11. 灌注混凝土时，吊具稳固可靠，混凝土罐装箱缓慢下放，专人控制下放位置。

12. 护筒口周围不宜站人，防止不慎跌入孔中。

13. 导管对接时，注意手的位置，防止手被导管夹伤。

14. 吊车提升拆除导管过程中，各现场人员必须注意吊钩位置，以免砸伤。

15. 施工现场人员必须佩戴安全帽、救生衣，施工操作人员应穿戴好必要的防护用品。

16. 六级及以上台风或暴雨，停止现场作业。

8.3 大直径旋挖灌注桩硬岩分级扩孔钻进技术

8.3.1 引言

目前，旋挖钻机施工面临施工难题之一，即是大直径旋挖桩硬岩钻进难题，实际施工过程中造成硬岩钻进速度慢、综合费用高。近年来，在旋挖桩硬岩钻进实践中，致力于旋挖钻入岩施工技术的研究及应用，充分总结过往施工经验，采取岩层中先用小直径截齿筒钻取芯，再根据岩石硬度分级扩孔、捞渣斗捞渣，钻进扩孔每级级差递增，直至扩至设计桩径和入岩深度，大大提高了旋挖钻机入岩钻进效率，在高质高效的前提下，降低劳动强度，提高了施工效率，又有利于实现绿色施工，取得了显著成效。

8.3.2　工艺特点

1. 施工进度快

传统冲击入硬岩工效非常缓慢且泥浆损耗量大、环境易污染、冲击施工噪声大，回转钻机入硬岩费时费力且有埋钻、卡钻风险，人工挖孔入岩爆破成孔对地下水位较高地层成孔使用具有局限性，传统旋挖硬岩大断面一次性钻进对机械损耗大且施工效率低，而本工法采用入岩后分多级扩孔钻进，省时增效。

2. 成桩质量保证

由于本工艺施工过程机械化程度高，人为因素少，成孔过程中拥有设备自身的纠偏、测斜、回转定位、孔深显示等功能应用，保证施工过程时时可控，时时反映所遇到的问题并及时处理。同时，由于采用小直径截齿筒钻取芯，对入岩面及岩性能够清楚做出鉴定，避免冲击和回转成孔打捞岩屑对岩面及岩性判断不准确，保证了桩身质量。

3. 施工成本相对较低

本工艺采用硬岩分级扩孔工艺，单机综合效率高，以一根直径 2600mm、孔深 40m、入微风化花岗岩深 2m 桩为例，从护筒埋设到混凝土灌注，仅需要 1 天时间左右，减少了清孔机械设备配置，施工成本与冲击引孔、回转钻孔相比，综合成本大大压缩。

8.3.3　适用范围

1. 适于入中风化岩、微风化岩层，岩层饱和单轴抗压强度 120MPa 以内。
2. 钻孔最大深度 60m，最大直径 3000mm。

8.3.4　工艺原理

旋挖灌注桩硬岩分级扩孔施工关键技术，即：在岩层中先采用小直径截齿筒钻取芯，再根据岩石硬度的大小，进行逐级分级扩孔、捞渣斗捞渣，直至扩至设计桩径和入岩深度，以大大提高旋挖钻机入岩钻进效率。

1. 分级钻进施工工序

旋挖钻孔施工是利用钻杆和钻斗的旋转，以钻斗自重并加液压作为钻进压力，使土屑装满钻斗后提升钻斗出土，岩层中根据桩径大小及岩层岩性先用小桩径截齿筒钻取芯创造自由面，减少岩石应力，确定岩面标高及岩性，再根据岩石硬度用不同尺寸截齿筒式钻头分级钻岩扩孔、双底捞渣斗捞渣、高性能泥浆配制护壁、悬浮沉渣终孔。

通过对分级钻进的现场资料收集及理论计算，确定分级钻进钻具使用及操作流程（具体见图 8.3-1）：

第一步：先使用小孔径岩石筒钻进，并配合小孔径捞砂斗清渣，反复配合钻进到设计终孔位置。

第二步：使用大径孔岩石筒钻进行扩孔，钻进到一定深度后，扩孔切削下来的碎石，会将小孔径空间填满。

第三步：当小孔空间被填满后，使用小孔径捞砂斗进行清渣，然后再使用大孔径岩石筒钻继续扩孔；如此反复，最后扩孔、清孔到设计孔深位置。

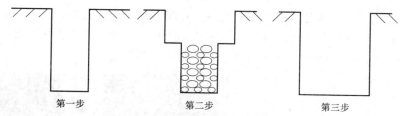

第一步　　　　　　第二步　　　　　　第三步

图 8.3-1　硬岩分级钻进施工工序流程

2. 硬岩分级级差控制

根据岩石自由面破碎理论，当旋转钻头附近存在有自由面时，钻头侵入时岩石会产生侧旁的破碎，有利于提高钻头离自由面槽的距离在 10cm 之内时的钻进效率。为保证扩孔钻进时，小孔径破碎所形成的自由面对扩孔钻进的有效影响，需保证筒钻内齿距小孔外在 10cm 左右，加上筒钻破碎时自身所形成的约 12cm 的圆环槽，便可确定分级方法。

由以上理论确定的每相邻钻孔直径差控制在 44cm 左右，由于上述理论是建立在岩石完整的基础上，在实际工况中需根据岩层地质资料而定。根据我们的施工经验，分级次数、级差（孔径分级）与岩层岩性密切相关，并提出分级方式，具体见表 8.3-1。

旋挖硬岩钻进分级方式（以桩径 ϕ2.6m 为例） 　　　　表 8.3-1

分级次数	孔径分级（m）	硬岩岩性
三级	ϕ1.5、ϕ2.2、ϕ2.6	饱和单轴抗压强度小于 50MPa
四级	ϕ1.2、ϕ1.5、ϕ2.2、ϕ2.6	饱和单轴抗压强度小于 70MPa
五级	ϕ1.0、ϕ1.2、ϕ1.5、ϕ2.2、ϕ2.6	饱和单轴抗压强度小于 90MPa
多级	ϕ0.8、ϕ1.2、ϕ1.5、ϕ1.8、ϕ2.0、ϕ2.2、ϕ2.4、ϕ2.6	饱和单轴抗压强度超过 90MPa

表 8.3-1 显示，岩石强度越小分级次数越少，分级极差越大，最大级差可达 70cm；岩石强度越大，分级次数越多，分级极差越小，分组极差应控制在 20～40cm 之间。对于裂隙发育少、较完整的微风化硬质岩石，首次采用的钻孔直径尽可能小，可采用直径 ϕ600mm 或 ϕ800mm 钻具开孔，用小断面钻取硬质岩芯，形成完整基岩内临空面后，再采取正常分级扩孔钻进。

8.3.5　施工工艺流程

旋挖桩硬岩分级扩孔施工工艺流程见图 8.3-2。

8.3.6　施工操作要点

以旋挖钻桩径 ϕ2600mm、入微风化花岗岩 2m、孔深 35m 桩孔施工为例。

1. 桩位放点、埋设护筒

（1）桩位放点后，在护筒外 1000mm 范围内设桩位中心十字交叉线，用作护筒埋设完毕后的校核。钢护筒采用钻埋法，钢护筒直径 3000mm，长度 3m。埋

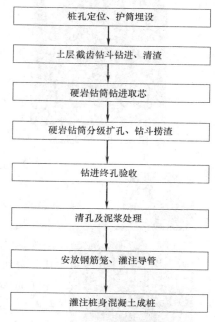

桩孔定位、护筒埋设

↓

土层截齿钻斗钻进、清渣

↓

硬岩钻筒钻进取芯

↓

硬岩钻筒分级扩孔、钻斗捞渣

↓

钻进终孔验收

↓

清孔及泥浆处理

↓

安放钢筋笼、灌注导管

↓

灌注桩身混凝土成桩

图 8.3-2　旋挖桩硬岩分级扩孔施工工艺流程图

设时，先用ϕ2600mm截齿钻斗对准桩位先钻3m深孔，再用扩孔器在上部2m范围内扩孔直径至ϕ3000mm，最后安放钢护筒，下部预留1m土层起固定调节护筒作用。

护筒施工过程见图8.3-3、图8.3-4。

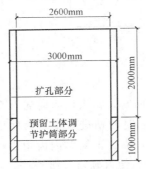

图8.3-3　护筒埋设示意图

图8.3-4　护筒底错台稳固护筒

（2）桩位校核

钢护筒顶端比地面高出200～300mm，并通过临时十字交叉点校核护筒位置，护筒位置偏差不大于50mm，护筒周边用黏土回填密实，针对护筒下部较软弱土层，还应将护筒顶部与临时搁置工字钢焊接连接，避免施工过程中护筒下沉。

钢护筒校核情况见图8.3-5～图8.3-7。

图8.3-5　护筒吊放

图8.3-6　桩位外十字线校核

2. 土层钻进、清渣

图8.3-7　护筒安放后校核

（1）土层包括强风化岩及以上的地层，由于桩孔直径大，土层可按设计桩径一径到底，或按二次分级扩孔成形，直至强风化岩。按二级扩孔时，首先用直径ϕ2000mm截齿单底钻斗钻进取至强风化底、中风化岩面，再起钻换ϕ2600mm截齿单底钻斗扩孔。分级扩孔钻进，增加了土层段旋挖机起钻的次数，但大大缩短了起钻间隔时间。经对比测算，分级扩孔比一次性采用ϕ2600mm钻斗一径成孔，其钻进施工时间要节省4h以上。

（2）土层钻进完成后，及时采用清渣平底钻斗反复捞取渣土。

土层钻进见图 8.3-8、图 8.3-9，土层钻进至中风化岩面时明显见磨痕如图 8.3-10 所示。

图 8.3-8 φ2000mm 钻斗取土

图 8.3-9 φ2600mm 钻斗扩孔

3. 硬岩钻筒钻进取芯

（1）硬岩钻进分级主要根据岩石硬度、钻具配备情况决定。如岩石坚硬，可采用第一级 φ800mm 小直径取芯，形成临空面后再分级扩孔。

（2）取芯钻具采用截齿钻筒，钻进时控制钻压，保持钻机平稳。

（3）当钻进至设计入岩深度后，采取微调钻具位置，将岩芯取出。

硬岩钻进取芯钻具及岩芯见图 8.3-11。

图 8.3-10 钻斗切削中风化岩面切痕

图 8.3-11 截齿钻筒钻进取出微风化花岗岩芯样

（4）对于岩面倾斜状态下的硬岩取芯钻进，可采取订制的加长取芯钻具，用加长的钻筒入孔，采用慢速回转钻进，并加强观测钻孔垂直度，以防止发生孔斜。倾斜状态下的硬岩取芯钻具及岩芯见图 8.3-12、图 8.3-13。

图 8.3-12　倾斜状态基岩专用订制加长钻筒　　　图 8.3-13　加长钻筒取出的倾斜微风化花岗岩芯样

4. 硬岩钻筒分级扩孔、钻斗捞渣

（1）硬岩分级扩孔根据场地岩性综合判断，如岩质坚硬，第二级可采用 ϕ1300mm 直径扩孔，随着扩孔直径加大，分级级差越小，一般控制在 200～300mm。实践证明，这种分级有效克服了硬质岩石的钻进，提升了钻进效率。

国信金融大厦 ϕ2600mm 桩分级扩孔分级情况见图 8.3-14。

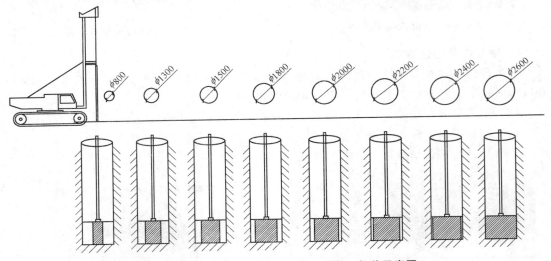

图 8.3-14　旋挖硬岩钻进分级扩孔级数、级差示意图

（2）直径 ϕ2600mm 硬岩钻进过程中，使用的系列截齿筒钻见图 8.3-15，分级钻取的筒状岩样见图 8.3-16。

图 8.3-15　硬岩钻进使用的大小直径截齿筒钻系列

（3）钻进捞渣。截齿钻筒分级钻进完成后，破碎的岩块配置与钻筒直径稍小尺寸的带截齿钻具的双开门旋挖捞渣斗入孔底旋转捞渣，可采取较小压力加压旋转捞渣，避免由于捞渣斗的闭合空隙及底板厚度差等原因的漏渣，第一次捞渣后待孔内沉淀进行第二次捞渣，第二次捞渣钻杆缓慢轻放至孔底。经反复二至三个回次将岩块钻渣基本捞除干净。捞出的钻渣成块状，且呈明显的环块状。

旋挖钻斗及捞渣情况见图 8.3-17～图 8.3-19。

图 8.3-16 分级钻取的筒状岩样

图 8.3-17 系列捞渣旋挖钻斗

图 8.3-18 旋挖钻斗捞出的分级岩块

5. 钻进终孔验收

（1）桩端持力层岩性：岩性判断标准在钻进过程中，参考每个桩孔的超前钻探资料；钻进至持力层时，根据钻进取芯岩样、捞取出的岩块，由勘察单位派驻工地的岩土工程师确定。

（2）终孔后，用测绳对四个方向孔深进行测量，确定终孔深度，作为浇筑混凝土前两次验孔依据。验收完毕及时进行钢筋笼安放及混凝土导管安装作业，安排联系混凝土供应商供货。

6. 清孔及泥浆处理

在大直径桩的施工过程中，根据土层钻进、硬岩钻进、终孔清渣三阶段不同情况来调

图 8.3-19　旋挖钻斗孔底取环块状硬岩

制优质泥浆护壁。

7. 钢筋笼安装及混凝土灌注。

8.4　灌注桩钢筋笼箍筋自动弯箍施工技术

8.4.1　引言

灌注桩是建筑基础中最常见的工程桩类型，灌注桩施工的主要工序包括成孔、钢筋笼制作与安装、清孔、灌注水下混凝土成桩，其中灌注桩钢筋笼的制作水平与工效，直接影响灌注桩的成桩质量和进度。灌注桩桩身钢筋笼主要由主筋、加强筋、箍筋三部分组成，钢筋笼的制作过程一般先将钢筋笼主筋和若干个加强筋焊接，然后在主筋上逐段人工缠绕箍筋，并将箍筋主筋焊接固定。在钢筋笼制作过程中，人工缠绕钢筋笼箍筋时，尤其是超长桩钢筋笼的箍筋缠绕操作，存在工作效率低、箍筋间距不均匀等缺点，而目前灌注桩普遍采用旋挖钻机，其成孔速度快，现场钢筋笼需求量大，人工制作很难保证钢筋笼的现场供应。

为此，开展了"灌注桩钢筋笼箍筋自动弯箍施工技术"研究，经过收集、了解对比分析，创新探索出一种钢筋笼箍筋自动弯箍技术，经过一系列现场试验、工艺完善、现场总结、工艺优化，最终形成了完整的自动加工设备，制定了加工制作工艺流程、质量标准、操作规程，取得了显著成效。

8.4.2　工艺原理

1. 工艺原理图

本技术工艺原理为先将钢筋笼主筋与加强筋焊接形成钢筋笼架构，并将其置于可以旋转的固定滚筒上；然后将调直处理后的箍筋，经过行车设备与钢筋笼架构龙头连接；启动行车上的控制电箱调速按钮，开调直机将箍筋输入，再开钢滚筒电机带动钢筋笼架构旋转，保持箍筋持续向前缠绕；当箍筋自动弯箍至钢筋笼龙尾时，停机、完成箍筋自动弯箍。

其工艺原理见图 8.4-1，工作状态见图 8.4-2。

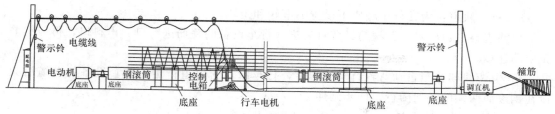

图 8.4-1　钢筋笼自动弯箍设备工艺原理图

2. 加工工艺设备系统

本钢筋笼自动弯箍设备主要分为三部分：箍筋调直设备、自动弯箍设备、主筋自动旋转设备。

（1）箍筋调直设备

箍筋调直设备部分包括一台全自动调直机，主要作用是将圆盘钢筋在进行弯箍前进行拉直处理，圆盘的拉直过程见图 8.4-2。

（2）自动弯箍行车设备

自动弯箍设备由一套行车系统组成，系统主要包括：控制电箱、行车电机、行车轨道、箍筋进料口、箍筋出料口、电缆线架等组成，其基本结构见图 8.4-3。

图 8.4-2　钢筋笼自动弯箍设备加工制作状态

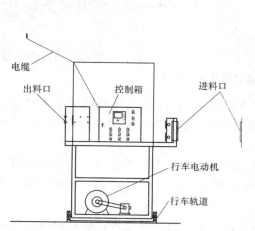

图 8.4-3　钢筋笼自动弯箍行车设备

1）控制电箱：主要控制整套自动弯箍行车设备的动力，包括行车电机、主筋自动旋转电机、箍筋拉直机等。

2）行车电机：行车电机为一台 380V、6.8A 的三相异步电机，主要提供行车设备的行走动力，电动机经过电磁调速器来调整转速从而控制行车的速度，以通过控制行车运行速度来调节箍筋的间距。

3）行车轨道：为在行车底座下设置的滚轮和走轨。

箍筋进料口、出料口：箍筋经调直后进入行车设备的箍筋进料口、出料口，再与钢筋笼主筋连接。

4）电缆线架：当自动弯箍行车工作时，行车沿行车轨道行走，整套设备的电缆沿架设在钢滚筒两端的线架随行车同步延伸。

3. 主筋自动旋转设备

主筋自动旋转设备由钢滚筒、底座、旋转电机等组成，具体见图 8.4-4、图 8.4-5。

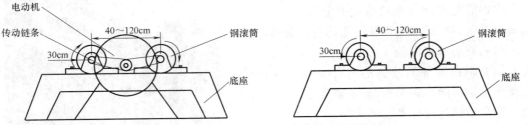

图 8.4-4 钢滚筒及钢滚筒两侧底座平面示意图

图 8.4-5 钢滚筒及钢滚筒两侧底座

（1）钢滚筒：钢滚筒由外径为 30cm、单节长度 6～12m 的钢筒经机械连接制成，施工现场可根据现场钢筋笼长度需求来调节钢滚筒的长度和节数。钢滚筒间的距离根据钢筋笼的直径大小调节。

（2）底座：钢滚筒安装于底座上，底座上设有钢滚筒定位调节装置，可保持 2 根钢滚筒中心之间的距离最小 40cm、最大间距 120cm，可制作直径 800～2000mm 的不同大小的钢筋笼。

（3）旋转电机：钢滚筒一侧配备一台 380V、42A 三相异步电机，以提供动力保持钢滚筒在底座上在行车行走方向上做顺时针旋转，这样带动放置在钢滚筒上的钢筋笼架构随滚筒在行车行走方向上做逆时针旋转，以完成箍筋自动弯箍。

8.4.3 工艺特点

1. 钢筋笼制作加工效率高

本技术将钢筋笼制作流程分解，针对钢筋笼箍筋通过成套机械设备完成箍筋弯箍自动加工制作，实现电控操作、自动化作业；人工制作钢筋笼箍筋一般情况下安装箍筋一般 20m 的钢筋笼需要 4～6 人半个小时才能完成，工作效率低；钢筋笼自动弯箍系统设备运行只需 1 名操作手和一名辅助工就可以完成，正常情况下一节 30m 钢筋笼在 10～15 分钟弯箍完成，是人工加工钢筋笼的 4 倍以上，大大提高了工作效率。

2. 加工质量稳定

人工作业时存在较大的人为因素，箍筋的间距不均匀。本钢筋笼自动弯箍系统由于采用的是机械化自动作业，箍筋的间距均匀、接触紧密，钢筋笼加工制作质量完全达到设计及规范要求。

3. 节省材料

人工作业使需要把箍筋截成若干段来加工，这样箍筋就按照规范要求进行搭接；钢筋笼自动弯箍系统箍筋加工不需搭接，节省箍筋搭接材料，降低了施工成本。

4. 综合成本低

（1）本工法所用机械所用材料和设备目前市场上生产和销售的都比较多，而且价格比较低廉。

（2）所使用设备机械对场地平整即可，安装组装调试简单，加工钢筋笼最长可达 36m，利于转场运输，适合短期、小型和桩长超长的桩基础工程。

（3）整套设备仅 1 名操作工和 1 名辅助工就可操作使用，施工效率高，综合成本低。

8.4.4 适用范围

1. 适用于各种灌注钢筋笼箍筋制作，尤其适用于灌注桩单节钢筋笼超过 30m 及以上钢筋笼制作；

2. 当灌注桩成桩速度快，钢筋笼需求量大时采用。

8.4.5 施工工艺流程

灌注桩钢筋笼箍筋自动弯箍施工工艺流程见图 8.4-6。

8.4.6 操作要点

1. 施工准备

（1）对作业工人、电工、电焊工等人员进行现场安全技术交底，交代操作流程和注意事项。

（2）将设备、材料等放置在安全稳妥的地方。

2. 自动弯箍设备安装、试运转

（1）安装时应检查调直钢筋用的调直机安装支座、部件连接螺栓、锚固是否牢靠，转动部位是否加好润滑脂；调直机运行前应人工整理箍筋，将箍筋缠绕或铰结处进行预处理，防止损坏调直机。

（2）滚筒安装在同一水平面上；运行前检查底座和滚筒之间旋转是否正常，转动部位是否加好润滑脂。

（3）安装行车时行车轨道和滚筒之间保证 1m 的安全距离；运行前检查电缆线架上的

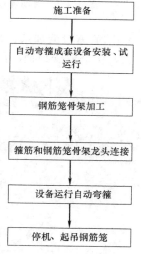

施工准备

↓

自动弯箍成套设备安装、试运行

↓

钢筋笼骨架加工

↓

箍筋和钢筋笼骨架龙头连接

↓

设备运行自动弯箍

↓

停机、起吊钢筋笼

图 8.4-6 灌注桩钢筋笼箍筋自动弯箍施工工艺流程图

钢丝绳有无断丝、断股。

（4）检查电箱电线是否完好，无破损、接零保护是否可靠，触电保护器动作是否灵敏，两端夹具应无损坏。

自动弯箍设备安装见图 8.4-7、图 8.4-8。

图 8.4-7　自动弯箍系统设备　　　　　　图 8.4-8　自动弯箍行车设备

3. 钢筋笼骨架加工、吊放

（1）主筋放于地面上的马凳支座保持在同一水平面上，摆放 2 根主钢筋后，点焊加强箍，主钢筋和加强箍相互垂直。

（2）在加强箍筋上安装设计要求分间距划线，拉水平线保证主筋顺直，后将主筋按规定间距焊死在加劲筋上，再依设计规定的间距焊接箍筋。

（3）每根桩的钢筋笼骨架自检合格，专检验收合格。

（4）钢筋笼隐蔽验收合格后，吊装安放于弯箍系统上。

钢筋笼加工制作及吊运见图 8.4-9～图 8.4-11。

图 8.4-9　钢筋笼加工制作

4. 箍筋和钢筋笼龙头固定

（1）箍筋通过设备行车后与就位的钢筋笼保持可靠的连接。

（2）箍筋需预先调直，与钢筋笼主筋采用焊接连接。

箍筋调直见图 8.4-12，箍筋和钢筋笼骨架笼头处固定连接见图 8.4-13。

5. 设备运行自动弯箍

（1）开动电箱调速按钮，经调速旋钮设定行车电动机转速；

（2）按警铃警示设备运行，先开调直机，再开钢滚筒电机，再开行车电动机，行车运行至钢筋笼龙尾时停止所有设备；

图 8.4-10 钢筋骨架吊运

图 8.4-11 钢筋骨架自动弯箍设备上就位

图 8.4-12 箍筋和钢筋笼骨架笼头处固定连接

图 8.4-13 圆盘钢筋拉直

（3）自动弯箍开始时行车在钢筋笼 10cm 加密区段前进速度为 1.5m/min，20cm 正常区段前进速度为 3m/min，弯箍到龙尾时行车停止前进，保证有足够的钢筋笼接头箍筋后滚动设备停止。

自动弯箍设备运行见图 8.4-14、图 8.4-15。

图 8.4-14 自动弯箍设备运行

图 8.4-15 钢筋笼箍筋自动弯箍成至笼尾成型

6. 停机、起吊钢筋笼

（1）自动弯箍停机后，制作钢筋钳手，紧固箍筋紧贴主筋，焊接箍筋，点焊牢固。

（2）钢筋笼制作完成后，采用吊车起吊，按指定钢筋笼堆放位置集中存放，以备桩基成孔后吊装。

钢筋笼完成自动弯箍后起吊见图 8.4-16。

图 8.4-16　钢筋笼箍筋自动弯箍完成后吊离滚筒设备

8.4.7　主要机械设备

本技术现场钢筋笼箍筋自动弯箍施工所用具体施工机械、设备配置见表 8.4-1。

施工主要机械、设备配置　　　　　　　　　　　　　　表 8.4-1

设备名称		规格型号	数量	备注
箍筋调直设备	全自动调直机	4-10 型	1 台	箍筋弯箍前的调直
自动弯箍行车设备	控制电箱	600×800	1 个	操控开关
	行车电机	380V、6.8A	1 个	
	行车轨道	—	1 套（Xm）	行走装置
	电缆线架	—	1 套	行车行走时电缆移动
	钢滚筒	外径 30cm	若干	
主筋自动旋转设备	底座	—	若干	
	旋转电机	380V、42A	1 个	
电焊机		BX1-400-2	若干台	钢筋笼焊接
起重机		QUY25	1 台	起吊钢筋笼

8.4.8　质量控制措施

1. 钢筋笼制作应对钢筋规格、焊条规格、品种、焊口规格、焊缝长度、焊缝外观和质量、主筋和箍筋的制作偏差进行检查。

2. 钢筋笼的加工，严格按照施工设计图和规范要求。

3. 钢筋笼每隔 2m 采用加强筋成型法。加强筋设在主筋内侧，在加强筋外侧点焊主筋，主筋与加强筋相互垂直。

4. 自动弯箍系统设备安装时 2 个滚筒在同一平面上，使钢筋笼骨架随着滚筒滚动时稳定平缓，保证自动弯箍质量。

5. 自动弯箍设备操作工经培训后上岗，操作过程中按照操作规范和要求控制行车前进速度为 1.5m/min（加密区 10mm）或 3m/min（一般区域 20mm），不得随意更换行车速度，保证箍筋间距均匀，满足设计和规范要求。

6. 钢筋笼要采取分节制作，每根桩的钢筋笼，由几节钢筋骨架组成。

7. 钢筋笼和骨架采用吊车吊放和吊离自动弯箍设备，吊装时四点平吊，吊直扶稳，缓慢下放。

8.4.9　安全措施

1. 钢筋笼自动弯箍设备系统操作人员经过岗前培训，熟练机械操作性能和安全注意事项，经考核合格后方可上岗操作。

2. 钢筋笼自动弯箍设备系统使用前进行试运行，确保机械设备运行正常后方可使用。

3. 电焊作业严格执行动火审批规定。每台电焊机设置漏电断路器和二次空载降压保护器（或触电保护器），放在防雨的电箱内，拉合闸时应戴手套侧向操作，电焊机进出线两侧防护罩完好。

4. 起重机的指挥人员持证上岗，作业时应与操作人员密切配合，执行规定的指挥信号。起吊钢筋骨架，下方禁止站人，待骨架将到距滚筒 1m 以下才准靠近，就位支撑好方可摘钩。

5. 钢筋笼自动弯箍系统设备运行前，确保机械设备上和两侧无人，警示铃长鸣 30 秒后，方可按操作规程运行设备。

6. 钢筋笼自动弯箍系统设备运行时，除操作人员和辅助人员外，其他人员禁止在设备系统 2m 范围内作业或施工。

7. 作业人员安装吊钩前应将自动弯箍设备系统完全关闭，在系统设备未完全停止前严禁吊放钢筋笼骨架。

8. 钢筋笼系统设备维修保养时，将配电箱内隔离开关关闭并挂设停电维修警示牌。

9. 起吊钢筋时，规格统一，不得长短参差不齐，严禁一点吊。

10. 现场用电由专业电工操作，电工持证上岗；严禁使用老化、破损或有接头漏电的电线，开关箱内接地和漏电保护装置安全有效。

11. 作业人员正确佩戴和使用安全帽、安全带及其他劳保防护用品。

12. 严禁雨天作业。

8.5　旋挖灌注桩内外双护筒定位施工技术

8.5.1　引言

在沿海地段填海区的工程基础采用旋挖灌注桩施工时，通常会遇到深厚的松散填土、淤泥等易塌孔易缩径地层，为保证顺利成孔和桩身混凝土灌注质量，旋挖灌注桩施工通常采用深长钢护筒护壁。而在深长护筒下沉过程中，因受不同地层软硬不均的影响，深长护筒在沉入时容易产生护筒偏斜，出现因定位不准确或垂直度不符合要求的通病，需要反复多次起拔、沉入护筒，严重影响施工效率。

针对复杂松散软弱地层深长护筒埋设垂直度控制难度大、定位不准确等难题，结合项目现场条件、设计要求，通过实际工程项目摸索实践，开展了"旋挖灌注桩深长内外双护筒定位施工技术"研究，采用预先埋设外护筒并设置对称定位螺栓固定内护筒中心点，结合液压振动锤吊点，实现了两点一线精确沉入深长护筒，达到了垂直度控制效果好、定位准确、施工效率高的效果，经过一系列现场试验、工艺完善、现场总结、工艺优化，形成了深长内外双护筒定位施工技术。

8.5.2　工艺特点

1. 内护筒定位快速、精准

本技术通过采用在外护筒顶部埋设对称螺栓定位内护筒中心，在下放内护筒时，只需将内护筒放入预先已安装完成的外护筒上四个定位螺栓形成的包围圈内，即可完成内护筒沉入前的定位，避免了传统施工工艺中护筒定位慢、误差大的现象。

2. 内护筒沉入垂直度控制好

（1）深长内护筒采用振动锤下沉，振动锤的提升吊点与外护筒预先定位的内护筒中心点，形成两点一线的精确定位，通过下沉过程中的垂直度观测和调整，有效保证了内护筒的垂直安装。

（2）通过埋设一定长度的外护筒，可以有效地减小内护筒下沉时的摩阻力，从而降低了内护筒下放时垂直度的控制难度。

3. 护筒安装效率高

本项技术避免了护筒因定位不准确或垂直度不符要求导致护筒重复起拔的现象，实现了护筒安装一步到位，提高了施工工效。

4. 施工操作难度小

本项技术与传统施工工艺相比，只需根据内护筒中心点位置，准确测算外护筒顶部对称的四个定位螺栓的固定位置，同时观测内护筒下放时的垂直度，即可保证护筒安装定位准确且护筒垂直，具有较强的操作性。

8.5.3　适用范围

1. 适用于填海地区护筒长度大于 8m 的灌注桩施工，内护筒的长度宜进入稳定地层不小于 1m；

2. 适用于上部填土、淤泥等松散易塌地层厚度大于 6m 的旋挖桩施工。

8.5.4　工艺原理

本工艺关键技术主要由内护筒定位施工技术和垂直度控制施工技术两部分组成，形成一套全新的深长内外双护筒定位施工技术。

1. 内护筒定位施工技术

通过预先埋设外护筒，采用在外护筒顶部设置四个对称定位螺栓，对内护筒中心进行精准定位，下放内护筒时，只需将内护筒放入四个定位螺栓形成的包围圈内，实现内护筒中心与桩位中心位置的重合，即可完成定位工作。见图 8.5-1。

2. 护筒垂直度控制施工技术

本项技术通过在外护筒上增设的四个定位螺栓定位内护筒竖直中心线上的一点，再利用振动锤护筒起吊点，实现两点一线的精准定位，下沉过程中再辅以全站仪观测护筒垂直度，和及时纠偏等技术措施，可保证内护筒安装的垂直度满足规范和设计要求，使内护筒竖直方向中心线在水平面的投影点与定位螺栓所定位的桩位中心重合，实现内护筒安装全过程定位。护筒垂直度控制见图 8.5-2。

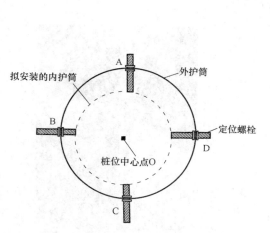

图 8.5-1　采用四个定位螺栓对内护筒
中心点 O 进行定位示意图

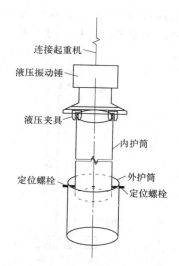

图 8.5-2　深长内护筒定位、安装
过程定位原理示意图

8.5.5　施工工艺流程

旋挖灌注桩深长内外双护筒定位施工工艺流程见图 8.5-3。

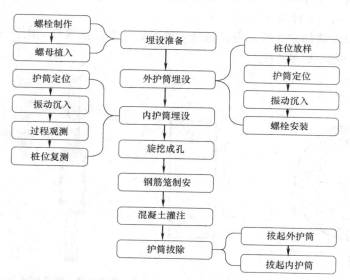

图 8.5-3　旋挖灌注桩深长内外双护筒定位施工工艺流程

8.5.6　操作要点

以桩径为 D、需埋设外护筒长度为 $L_{外}$（$2m \leqslant L_{外} \leqslant 6m$）、内护筒长度为 $L_{内}$（$L_{内} \geqslant$ 8m）的旋挖灌注桩深长护筒埋设施工为例。

1. 施工准备

（1）制作定位螺栓

采用直径为 48mm、螺距为 5mm、长度为 400mm 的螺杆，螺杆头部焊接长度 160mm 加力杆，用于紧固螺栓，见图 8.5-4、图 8.5-5。

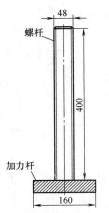

图 8.5-4　定位螺栓结构示意图

图 8.5-5　定位螺栓

（2）定位螺母植入外护筒

1）桩径为 D 的旋挖桩施工宜选择直径 $D+200mm$（$D_{内}$）的护筒作为内护筒，外护筒直径（$D_{外}$）宜选择较内护筒大 200mm 以上的护筒；

2）在外护筒上设置四个螺母孔，孔位宜采用均布布置，螺母孔上缘与外护筒顶部边缘的距离为 100mm，孔径为 90mm；

3）采用电焊焊接的方式植入定位螺母，植入螺母需保证螺母立面处于竖直。

具体见图 8.5-6～图 8.5-9。

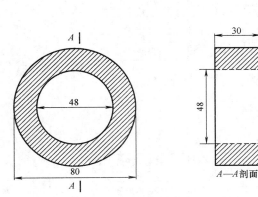

图 8.5-6　定位螺母结构示意图

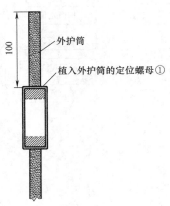

图 8.5-7　定位螺母植入外护筒示意图

图 8.5-8 定位螺母

图 8.5-9 定位螺母植入外护筒

2. 外护筒埋设

（1）测量人员对桩位进行放样。

（2）施工人员采用张拉"十字线"设置四个外护筒的定位参考点，十字线交叉位置即为桩位中心。

（3）采用液压振动锤夹持外护筒参照设置的四个参考点完成定位，再缓慢振动沉入，安装外护筒时，工作人员应测量外护筒与定位参考点在"十字线"方向的距离，判断外护筒安装是否偏移，以便及时调整；外护筒埋设的作用主要作为内护筒埋设定位，其长度根据场地上部地层和内护筒的长度确定，一般为 4～6m，外护筒中心埋设误差不宜大于 10cm。

（4）外护筒埋设完成后，需对桩位中心点 O 再次放样，施工人员分别测量 O 点到外护筒四个定位螺母的直线距离，即可确定四个定位螺栓安装时应伸入外护筒内壁的长度。如在外护筒 A 点螺母处定位螺栓应伸入的长度 $L_A = d_{OA} - \dfrac{D_内}{2}$。具体见图 8.5-10～图 8.5-14。

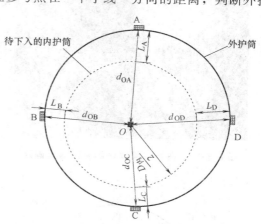

图 8.5-10 测算定位螺栓伸入
外护筒内壁的长度 L_i

3. 内护筒埋设

（1）内护筒定位安装：采用液压振动锤夹持内护筒，将其放入四个定位螺栓包围圈内，再将筒身调整至竖直，形成桩中心点与振动锤起吊中心点两点一线后，振动沉入完成内护筒的安装定位，见图 8.5-15～图 8.5-17。

（2）下沉内护筒：液压振动锤夹持内护筒缓慢振动沉入，在沉入过程中可采用全站仪或吊线法对筒身垂直度进行观测，若出现偏差及时进行调整。内护筒下沉完成后，对桩位进行复核和垂直度测算，内护筒标高高出外护筒 20～50cm，具体见图 8.5-18～图 8.5-20。

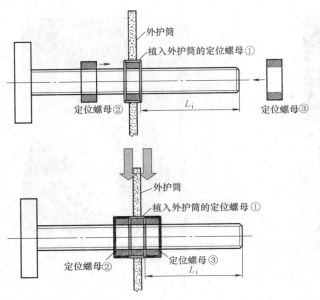

图 8.5-11 根据测算的螺栓长度 L_i 安装定位螺栓示意图

图 8.5-12 振动锤下入外护筒

图 8.5-13 在外护筒壁两侧采用螺母固定

图 8.5-14 定位螺栓安装完成

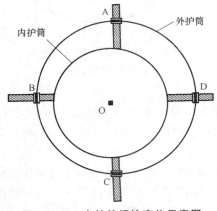

图 8.5-15 内护筒螺栓定位示意图

图 8.5-16 内护筒放入螺栓包围圈内定位

图 8.5-17　采用吊线观察法调整护筒垂直

图 8.5-18　将内护筒放入四个定位螺栓的包围圈中

图 8.5-19　液压振动锤夹持内护筒沉入

图 8.5-20　双护筒内完成沉入

4. 旋挖成孔、钢筋笼制安、混凝土灌注

（1）在内护筒安装完成后，即可进行旋挖成孔，在钻进过程中尽量避免钻具碰撞内护筒，定期观测护筒标高位置的变化，防止孔内塌孔造成护筒下沉。

（2）根据旋挖成孔深度制作钢筋笼，加工成型后，采用吊车吊入桩孔内就位。钢筋笼吊运时应防止扭转、弯曲，缓慢下放，避免碰撞护筒；同时，应采取有效措施保证钢筋笼标高符合要求。

（3）钢筋笼下放完成后，需对桩孔再次进行清孔后才能开始混凝土灌注；灌注混凝土时应连续灌注不得中断，边灌注边拔导管，并逐步拆除，埋管深度宜控制在 2～6m，直至灌注完成。

5. 护筒起拔

（1）待混凝土初凝后，对护筒段的空桩部分进行回填。

（2）护筒起拔采用液压振动锤，先拔起外护筒，再拔起内护筒。起拔护筒见图 8.5-21。

图 8.5-21　拔出内护筒

8.5.7 主要机械设备

本技术所涉及的设备主要有起重机、液压振动锤等，详见表8.5-1。

旋挖灌注桩深长内外双护筒施工工艺主要机械、设备表 表 8.5-1

设备名称	型　号	数　量	备注
履带式起重机	QUY120	1台	配合液压振动锤作业，可根据护筒重量选择
液压振动锤	1412C	1台	沉入护筒
全站仪	ES-600G	1台	桩位放样、垂直度观测
电焊机	NBC-250	1台	焊接
气割机	CG1-30	1台	外护筒、螺母加工

8.5.8 质量控制措施

1. 需对外护筒上口进行加固，采用加焊 10mm 钢板进行加固，加固范围长度不小于 300mm。

2. 严格控制外护筒螺母植入质量，重点检查螺母是否处于竖直平面，焊接是否牢固。

3. 在测算固定螺栓安装时应伸入护筒内壁的长度时，应确保桩位中心点到定位螺栓中心的测量距离准确。

4. 可在定位螺栓的端部设置相应的柔性垫片，减少螺栓对内护筒的损害。

5. 在固定定位螺栓时，确保外护筒内外两侧的螺栓处于拧紧状态。

6. 在内护筒沉入过程中，应检查定位螺栓是否有松动现象，若出现松动，应暂停下沉护筒，重新紧固螺栓后再开始沉入。

7. 在沉入内护筒时，需全程观测护筒筒身垂直度，若发生偏差，应及时停止下沉，调整筒身垂直后再振动沉入。

8. 采用铅锤吊线法观察时，宜在平面内 x、y 两个方向同时进行观测。

9. 内护筒下放完成后，需再次进行桩位复测和垂直度测算。

10. 在成孔过程中，派专人观察外护筒和内护筒之间的土体变化，防止成孔过程中出现塌孔而影响外护筒位移；同时，在外护筒上设置二个对称的观测点，在成孔过程中和终孔后各进行沉降监测，并对监测数据进行分析，确保内外护筒的位置满足设计要求。

11. 起拔后待安装的护筒应放置在平整的场地上，设置防滚动措施，不可堆叠放置。

8.5.9 安全保证措施

1. 施工现场所有机械设备（起重机、液压振动锤、气割机、电焊机等）操作人员必须经过专业培训，熟练机械操作性能，经专业管理部门考核取得操作证后可进行操作。

2. 机械设备操作人员和指挥人员严格遵守安全操作技术规程，工作时集中精力，谨慎工作，不擅离职守，严禁酒后操作。

3. 现场吊车起吊护筒作业时，应派专门的司索工指挥吊装作业，无关人员撤离作业半径范围，吊装区域应设置安全隔离带。

4. 在进行护筒吊装时，应有专职安全管理人员对振动锤夹持深长钢护筒的稳固性进行检查。

5. 起重机司机和液压振动锤操作手应听从司索工指挥，在确认区域内无关人员全部退场后，由司索工发出信号，开始护筒吊装和沉入作业。

6. 机械设备发生故障后及时检修，严禁带故障运行和违规操作，杜绝机械事故。

7. 施工现场操作人员登高作业，要求现场操作人员做好个人安全防护，系好安全带；电焊、氧焊特种人员佩戴专门的防护用具（如防护罩）。

8. 在外护筒上植入定位螺母时应由专业电焊工操作，正确佩戴安全防护罩。

9. 氧气、乙炔瓶的摆放要分开放置，切割作业由持证的专业人员进行。

10. 现场用电由专业电工操作，持证上岗；电器必须严格接地、接零和使用漏电保护器。现场用电电缆架空 2.0m 以上，严禁拖地和埋压土中，电缆、电线必须有防磨损、防潮、防断等保护措施；电工有权制止违反用电安全的行为，严禁违章指挥和违章作业。

11. 施工现场所有设备、设施、安全装置、工具配件以及个人劳动保护用品必须经常检查，保持良好使用状态，确保完好和使用安全。

12. 暴雨时，停止现场施工；台风来临时，做好现场安全防护措施，将桩架固定或放下，确保现场安全。

13. 施工现场有 6 级以上大风时，应立即停止深长护筒吊装作业，将深长护筒顺直放在施工场地内并做好固定。

8.6 海上平台斜桩潜孔锤锚固施工技术

8.6.1 引言

近年来，随着我国海域经济的高速发展，大量沿海城市正兴建众多高桩多功能泊位码头，码头及其构筑物多采用海上桩基础。为满足桩基础承压、抗拔、抗剪等 不同受力的要求，提高桩基稳定性和泊位码头安全性，同时又做到经济合理的要求，多数桩基础部分设计采用钢管斜桩内设置嵌岩锚杆的新工艺。传统的地质钻机或锚杆钻机，虽然设备简单，但当遇到岩石较硬的情况往往钻进比较困难，施工效率比较低，而且在斜桩内施工成孔位置和斜度的控制很难满足规范和设计要求。

2014 年以来，在广东惠州港燃料油调和配送中心码头桩基础工程、珠海港高栏港区集装箱码头二期工程 2～7 号泊位灌注桩基础工程等工程中，针对项目现场条件、设计要求，结合实际工程项目实践，开展了"海上平台斜桩潜孔锤锚固施工技术研究"，采用步履式泵吸反循环多功能钻机、泵吸反循环工艺清除钢管斜桩内土层，结合潜孔锤加套管工艺进行嵌岩锚固施工，并用导正圈进行辅助导向定位的新工艺。经过一系列现场试验、工艺完善、机具调整。以及总结、工艺优化，最终形成了完整的施工工艺流程、技术标准、操作规程，顺利解决了海上平台斜桩嵌岩锚固施工的难题，取得了显著成效，实现了质量可靠、施工安全、文明环保、高效经济的目标，形成了施工新技术，达到了预期效果。

8.6.2 工程实例

1. 项目概况

广东惠州港燃料油调和配送中心码头工程位于马鞭洲附近的东侧海域，配套码头设计总吞吐能力为 2150 万吨/年，建设一个 30 万吨级燃料油装卸船码头和三个 2 万吨级燃料油出运码头以及相应配套设施。

先期施工的 30 万吨码头工程建设规模为 30 万吨级码头泊位及接岸引桥 1 座，码头包括 1 个工作平台、4 个靠船墩和 6 个系缆墩。墩台间通过钢联桥链接（钢联桥有 2 座 60m、2 座 45m、2 座 66m、4 座 14m）。引桥总长度 728m，包括 8 个引桥墩，1 个接岸墩，墩台间通过钢引桥连接，其中钢引桥由 8 座 78m 以及 1 座 50.4m 钢引桥组成。

燃料油调和配送中心码头工程项目平面分布及位置见图 8.6-1。

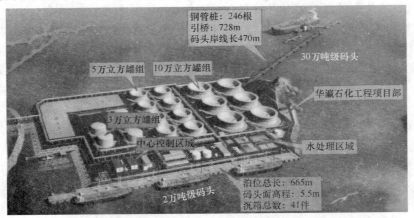

图 8.6-1　燃料油调和配送中心码头工程项目平面分布及位置

2. 嵌岩灌注桩简述

本工程码头结构桩基础设计为普通直立钢管桩和钢管斜桩，钢管桩设计直径 1.2m，钢管壁厚 22mm，引桥钢管桩 68 根，码头钢管桩 178 根，共计 246 根，其中钢管斜桩共 232 根，59 根钢管斜桩内要求采用锚杆嵌岩工艺，锚杆直径 340mm，嵌入中风化花岗岩 5m。

锚杆嵌岩斜桩结构见图 8.6-2、图 8.6-3。

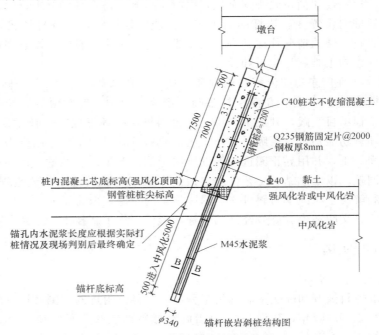

图 8.6-2　锚杆嵌岩斜桩结构图

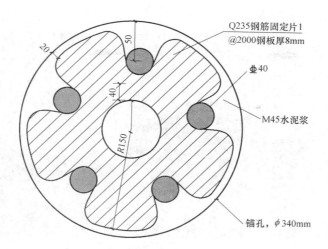

图 8.6-3 锚杆锚筋断面图 (B—B 剖面)

钢管桩先期利用打桩船将直径 1.2m、壁厚 22mm 的钢管打入，进入强风化花岗岩层，随后采用钻机进行嵌岩锚杆施工，锚杆施工完毕经检测合格最后再在钢管斜桩内浇筑封底锚固混凝土。海上钢管桩施工后情况见图 8.6-4。

图 8.6-4 海上钢管桩施工后现场

3. 施工情况

施工于 2016 年 9 月进场，2017 年 2 月结束全部桩基施工。通过对设计文件进行研究分析结合现场实际情况，优化选择了"海上平台斜桩潜孔锤锚固施工工艺技术"，即采用步履式泵吸反循环多功能钻机先清除钢管斜桩内的土层，然后结合潜孔锤加套管工艺进行嵌岩锚固施工，并用导正圈进行辅助导向定位的新工艺的施工方法，有效解决了施工的关键技术难题，不但施工效率高，而且施工质量也得到了很好保证，形成了完备、可靠、成熟的施工工艺方法，创造了独有的新技术，达到了良好的效果。

海上锚杆嵌岩斜桩施工情况见图 8.6-5。

图 8.6-5　海上锚杆嵌岩斜桩施工现场

8.6.3　工艺特点

1. 施工效率高

（1）与常规的钻机钻进泥浆循环成孔工艺相比，泵吸反循环工艺对钢管斜桩内的泥土清理速度快、效果好，平均每小时可钻进 10 米以上。

（2）嵌岩锚杆要求入岩深度较深，而且岩石较硬，采用常规的钻机成孔效率低，成孔后还需要进行专门的清孔。本技术采用潜孔锤硬岩成孔，速度快、效率高。高风压能将冲击破碎的岩屑在成孔过程中就吹出来，不需要进行二次清孔。

（3）钢管斜桩内土层清理以及嵌岩锚杆钻进使用同一机械，只需更改个别辅助配件，无须另外调用其他机械设备，有利于钻孔成孔、清渣的快速进行，提高了施工工效。

2. 成桩质量有保证

（1）泵吸反循环工艺最大的突出特点为清孔速度快、效率高、清孔效果好，采用此工艺清理钢管斜桩内的泥土明显会比其他工艺的施工质量更有保障。

（2）潜孔锤钻进时配备大功率的空压机，高风压将钻进的岩屑、渣土吹出孔口，可保证孔底无沉渣，保证了嵌岩锚杆的质量。

3. 综合施工成本低

（1）施工前需搭建海上施工平台，步履式泵吸反循环多功能钻机设备重量轻，整机重约 8t，对施工平台承载力要求相对低，可优化平台搭设，大大降低了平台搭建成本。

（2）斜桩清土以及锚杆嵌岩施工均采用同一台钻机，无须另外进场潜孔锤钻机即可实现嵌岩锚杆施工，减少了机械设备进场和操作人员的费用。

（3）潜孔锤结合套管钻进可将岩屑、渣土清理干净，锚杆成孔后无须二次清孔即可进行锚杆安放、注浆等后续工序施工，大大提高了施工效率，降低施工综合成本。

4. 钻机轻便、工艺操作简单、节能环保

步履式泵吸反循环多功能钻机设备简单，施工工艺成熟。泵吸反循环泥浆系统利用临近设计无嵌岩锚杆的钢管斜桩作为泥浆沉淀池，可实现节能环保。

8.6.4　适用范围

适用于海上斜桩、直立桩土层和锚杆嵌岩成孔、成桩。

8.6.5　工艺原理

海上平台斜桩潜孔锤锚固成桩施工关键技术主要分为三部分，即：泵吸反循环回转清土钻进技术、潜孔锤嵌岩锚固技术、斜桩灌注成桩技术。

其工艺原理主要包括：

1. 泵吸反循环回转清土钻进

采用步履式泵吸反循环多功能钻机进行钢管斜桩内上部土层的清理。首先，将钻机移至作业平台，根据斜桩的斜率调好角度并固定，然后启动自带的真空泵，抽净管路中的真空后形成泵吸反循环，再用三翼钻头回转钻进，结合泵吸反循环工艺对斜桩内的海底淤积土层进行清理，直至强风化基岩面。

步履式泵吸反循环钻机设备轻便，整机重约 8t，可前倾 18°后背 18°，泵吸电机功率 75kW，动力头为 2 个 35kW 的电机。钻机钻杆直径 220mm、内径 180mm，钻头采用三翼钻头。钻机吸浆泵连直径 8 寸硬塑料泥浆管，在临近设计无嵌岩锚杆的钢管斜桩内配套设置 3 台 3PN 泥浆泵抽吸，每台泥浆泵连接一根 3 寸的黑色橡胶泥浆管。三翼钻头回转切削产生的浆渣液因钻机上泵吸电机产生的抽排力而顺着钻杆内腔向上流，最后经排渣管排向泥浆池，同时泥浆池内设置的三台 3PN 的泥浆泵将泥浆抽入钢管斜桩内，以满足补充循环携渣的泥浆液。泵吸反循环系统以邻近的钢管斜桩桩孔作为泥浆池组成泥浆循环系统，具体情况见图 8.6-6。

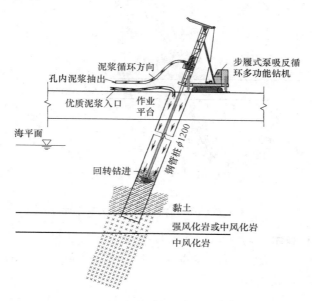

图 8.6-6　泵吸反循环钻清土钻进示意图

2. 潜孔锤嵌岩锚固技术原理

常规的潜孔锤钻机比较重，一般整机重量约 70t，对操作场地或平台要求比较高，而且需要的作业空间也比较大。本工艺的潜孔锤嵌岩锚固工艺，是通过对步履式泵吸反循环多功能钻机进行改造实现的，现场将钻机吸浆泵的叶轮腔改为进风口连接空压机风管，配套空压机采用 XHP1170 型空压机，其额定功率 403kW，排气量 $33.1m^3/min$，大功率空压机可满足深桩钻进和清孔的需求。

对深桩斜孔中钻进斜度和位置控制难的问题，通过采用在套管外设置导正圈进行辅助导向定位的方法即可顺利解决。嵌岩锚杆直径 340mm，潜孔锤采用 10 寸的锤头，在钻杆外设置直径 350mm 的套管，套管每节 2～6m，通过在斜桩底部约 6m 位置和最上面一节套管外分别设置一个导正圈进行辅助定位，加上钻杆本身亦具有一定的刚度，就可以顺利实现锚固钻孔中设计所要求的斜度和位置，该方法简单易行、操作方便。

此外，套管还有另一个作用，就是确保将潜孔锤冲击破碎的岩屑、渣土通过钻杆和套管之间的空隙中顺利吹出孔外，保证孔底基岩面沉渣满足设计要求，缩短清底时间，提高施工效率。潜孔锤嵌岩钻进工艺原理见图 8.6-7。

嵌岩锚杆成孔后，进行锚杆安放、注浆及养护，达到龄期后再进行锚杆抗拔试验检测。

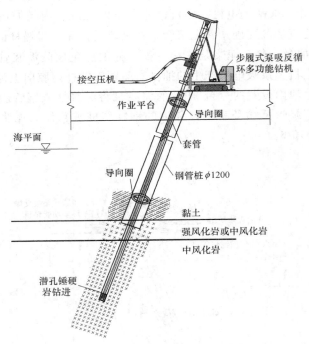

图 8.6-7　潜孔锤嵌岩钻进工艺原理

3. 斜桩灌注成桩技术

锚杆抗拔试验检测合格后，利用混凝土泵送船灌注钢管斜桩内的混凝土至设计标高。完成后的锚杆嵌岩斜桩见图 8.6-8。

8.6.6　施工工艺流程

经现场试桩、反复总结、优化，确定了海上平台斜桩潜孔锤锚固施工工艺流程，具体见图 8.6-9。

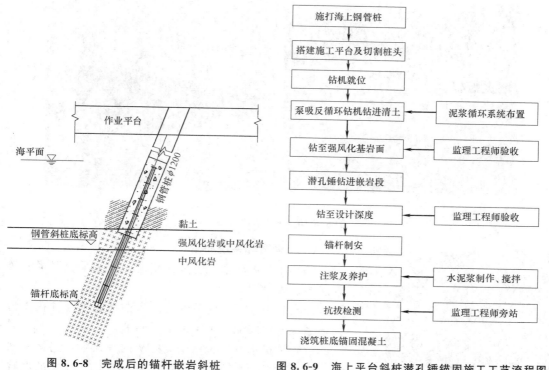

图 8.6-8 完成后的锚杆嵌岩斜桩

图 8.6-9 海上平台斜桩潜孔锤锚固施工工艺流程图

8.6.7 工序操作要点

1. 施打海上钢管桩

海上钢管桩由总包单位利用打桩船进行施工，前期已全部施工完毕。

2. 搭建施工平台及切割桩头

（1）本工程施工位于海面以上，需搭建海上施工平台，码头面高程 5.5m，为保证良好的施工条件，施工平台高程搭建在 5.0m。

（2）钻孔平台利用已施工好的钢管桩作为支撑，上加焊钢牛腿作支撑，平台主要由槽钢和钢板组成，施工作业平台主要放置施工用的钻机、空压机，提供堆场和加工场地等。

（3）施工平台搭建前根据施工计划计算平台荷载，根据荷载进行设计平台厚度，本工程平台承载力为 300kg/m²，平台易装、易拆。

海上作业平台见图 8.6-10。

3. 钻机就位

（1）本工程钢管斜桩直径为 1.2m，后续施工采用步履式泵吸反循环多功能钻机，钻机见图 8.6-11。

（2）机械设备通过船运输到操作平台，然后在平台上安装。

（3）所有桩机设备安装完成后，报监理工程师验收。所有机械设备使用前均认真检修，并进行试运转，确保桩机各项指标正常。

（4）钻机到达指定位置后，根据斜桩的斜率调好钻进角度。

(a) 　　　　　　　　　　　　　(b)

图 8.6-10　海上作业平台

图 8.6-11　泵吸反循环多功能钻机

4. 泥浆循环系统布置

（1）泥浆循环系统包括泥浆池、泥浆泵、泥浆输送管、泥浆入口管等。

（2）利用临近未施工的无嵌岩锚杆的钢管桩孔作为循环系统的泥浆池，可满足施工要求。

（3）钻机本身设置一个 35kW 的吸浆泵，连接一根8 寸的硬塑管；循环桩孔泥浆池内设置 3 台 3PN 的泥浆泵，每台泥浆泵连接一根 3 寸的泥浆管，用于往钻进的斜桩内输送泥浆。

海上平台泥浆循环系统见图 8.6-12、图 8.6-13。

5. 泵吸反循环钻机钻进清土

（1）机械调试正常，泥浆循环系统安装完毕，开始采用泵吸反循环工艺对钢管斜桩内的土层进行钻进清理。

（2）采用三翼单腰带钻头钻进，钻杆直径 220mm，内径 180mm。具体见图 8.6-14。

（3）钻进过程更换钻杆时，注意检查钻杆内有无石块或其他杂物卡住，否则应及时进行清理。

图 8.6-12　海上平台泥浆循环系统

图 8.6-13 海上平台钢管泥浆循环池

（4）当钻至强风化基岩面时，应捞取岩样判断，并通知监理工程师进行检查验收。

6. 潜孔锤钻进嵌岩段

（1）将吸浆泵的叶轮腔改为进风口连接空压机风管，同时将三翼钻头更换为 34cm 的潜孔锤锤头连接钻机钻杆，即可实现潜孔锤钻进施工。潜孔锤钻进见图 8.6-15。

图 8.6-14 三翼钻头土层回转钻进

图 8.6-15 潜孔锤钻进

（2）在潜孔锤钻杆外侧设置直径 370mm 的套管，在底节套管距离钢管斜桩孔底约 6m 位置设置一个导向圈，同时在斜桩孔口位置的第一节套管处同时设置一个导向圈，进行锚杆辅助导向定位，以控制嵌岩锚杆斜度和准确位置。

（3）潜孔锤钻进产生的岩屑、渣土通过钻杆和套管之间的空隙经高压风吹出孔外，钻至设计深度后可保持孔内沉渣厚度满足要求，无需进行二次清孔。

（4）钻至设计深度后，报监理工程师验收。

7. 锚杆制安

（1）锚杆采用直径 40mmHRB400 的热轧钢筋制作。

（2）锚杆束内各根锚杆的净距不小于 5mm，各根锚杆的水泥浆净保护层不小于 50mm。

（3）锚孔直径 340mm，锚杆束设置有 5 根钢筋，锚杆束钢筋通过 Q235 钢筋固定片固定，固定片每 2m 设置一个。

（4）注浆管通过钢筋固定片的预留孔穿入并扎牢固定。

（5）锚杆用配套的锚杆连接器连接，各锚杆连接处应相互错开 50%。

（6）嵌岩锚杆设计要求进入中风化岩 5m，上部锚入钢管斜桩底部强风化底面以上 7.5m。考虑到锚杆施工完毕后需在作业平台上进行抗拔检测试验，故为满足抗拔试验的要求，锚杆需要高出钢管斜桩顶部 1.5m 左右，以利于抗拔设备的安装。

（7）锚杆制作完毕后，会同业主、监理单位进行隐蔽工程验收，合格后方可进行安放。

锚杆制安见图 8.6-16。

(a)　　　　　　　　　　　　　　　(b)

图 8.6-16　海上平台锚杆制安

8. 注浆及养护

（1）锚杆安放完成后，随即进行注浆。

（2）注浆设计采用纯水泥浆，水泥浆 28 天最小特征值强度为 45N/mm²，并应加入认可的膨胀剂，试验配合比应产生 5% 的膨胀量。

（3）采用 BW-100/5 型砂浆注浆泵进行压力注浆。

（4）为保证注浆效果，水泥浆注浆量通过计算理论体然后乘以1.2的扩散系数进行控制，注浆压力控制在1.8MPa左右，注满浆后应稳压2～3分钟。

（5）注浆完成后自然养护至浆体强度达到设计要求，养护期间严禁碰撞锚杆。

海上平台注浆后台及注浆情况见图8.6-17、图8.6-18。

图8.6-17　注浆后台　　　　　　　　　　图8.6-18　注浆压力表

9. 抗拔检测

（1）锚杆养护到龄期后，进行抗拔检测试验。

（2）抗拔检测分两种，一种抗拔验证性试验，每个系缆墩不少于2根，每个靠船墩不少于3根，荷载取锚杆抗拔力设计值的1.2倍；另一种是超载试验，每个墩台选取1根，试验荷载取锚杆抗拔力设计值的1.5倍。

（3）抗拔检测应严格设计和规范要求逐级进行加载试验。试验现场见图8.6-19。

图8.6-19　现场抗拔检测试验

10. 浇筑桩底锚固混凝土

（1）嵌岩锚杆抗拔检测合格后方可进行封底混凝土浇筑。

（2）钢管桩孔底锚固混凝土采用 C40 不收缩混凝土。

（3）混凝土要求进行配合比及体积收缩性试验，合格后方可使用。

（4）拌制混凝土需抽干桩内水后方能浇筑不收缩混凝土。

（5）灌注混凝土前，采用灌注导管对孔底进行泵吸反循环清孔，孔底沉渣满足设计要求后进行隐蔽工程验收。

（6）混凝土浇筑采用混凝土搅拌船运输到施工平台附近然后通过泵送完成浇筑，混凝土浇筑至强风化顶面以上 7.5m，确保锚杆与钢管斜桩的锚固效果。现场浇灌桩底混凝土见图 8.6-20。

（7）每根桩留 1 组混凝土试块（每组 3 块），并养护至 28 天龄期后及时送指定试验室测试。

图 8.6-20　海上混凝土搅拌船浇筑桩底混凝土

8.6.8　主要机械设备

施工主要机械设备配置　　　　　　　　　表 8-6-1

名称	型号、尺寸	产地	数量	备注
步履式泵吸反循环多功能钻机	8t	自制	2 台	成孔
潜孔锤直锤钻头	10 寸	自制	4 个	嵌岩钻孔
空压机	XHP1170	斗山	2 台	
泥浆泵	3PN	广州	6 台	
船吊	100t	中山	1 艘	钢筋、钻机等吊运
运输船	500t	中山	1 艘	运输
混凝土搅拌船	500t	中山	1 艘	混凝土搅拌站
砂浆灌注泵	BW-100/5	山东中探	2 台	锚杆注浆
灰浆搅拌机	5kW	广东江菱	2 台	水泥搅拌
砂轮切割机	J3G2-400	浙江	2 台	
直流电焊机	ZX7-250GS	上海	1 台	

8.6.9　质量控制措施

1. 材料管理

（1）施工现场所用材料（水泥、钢筋、混凝土）提供出厂合格证、质量保证书，材料进场前需按规定向监理工程师申报。

（2）水泥、钢筋进场后，进行有见证送检，合格后投入现场使用；混凝土进场前，提供混凝土配合比和材料检测资料，现场使用前检验坍落度指标；灌注混凝土时，按规定留置混凝土试块。

2. 钻孔方向和位置的控制

（1）根据钻孔的桩位和倾斜角度，调整好钻机及倾角，确保钻机水平稳固，且保证钻杆方向与钢管斜桩中心线方向一致。

（2）钻进过程中采用套管外设置导向圈进行辅助定位导向，导向圈在钢管斜桩底部套管约 6m 和最上部一节套管外分别设置一个，如果桩长太长可在中间位置适当增加一个导向圈。

3. 孔深控制

（1）根据基准点引测高程，由测量员提供孔口标高，并由当班施工员记录在成孔报表上。

（2）钻至中风化岩时，捞取岩样报监理工程师见证确认，并准确记录其标高和深度。

（3）终孔时准确量测钻具长度，确保成孔深度满足设计要求。

4. 锚杆制安

（1）锚杆严格按照设计图纸制作。

（2）为满足抗拔试验的要求，锚杆需要高出钢管斜桩顶部 1.5m 左右，以利于抗拔设备的安装。

（3）锚杆用配套的锚杆连接器连接，各锚杆连接处应相互错开。

（4）锚杆钢筋和钢筋固定片通过焊接连接，钢筋固定片每隔 2m 设置一个。

（5）锚杆下放前应检查钢筋固定片是否有松动或脱落。

（6）吊放钢筋锚杆时，现场安排专人指挥，控制下放速度，同时注意避免注浆管被挤压破坏。

5. 锚杆注浆及养护

（1）水泥浆液加入膨胀剂，试验配合比应产生不小于 5% 的膨胀量。

（2）注浆量通过流量计控制，实际注浆量按不少于理论注浆量的 1.2 倍控制。

（3）采用压力注浆，锚孔注满浆后应保持稳压 2～3 分钟，确保注浆充实饱满。

（4）注浆完成后自然养护到浆体强度达到设计要求，养护期间严禁碰撞锚杆。

6. 抗拔检测

（1）锚杆养护到龄期后，按设计要求进行抗拔检测试验。

（2）抗拔检测必须委托具有资质的第三方进行，检测过程应严格按照规范和设计要求分级张拉。

7. 灌注斜桩封底混凝土

（1）钢管斜桩底部锚固混凝土采用 C40 不收缩混凝土，按要求进行配合比及体积收缩性试验。

（2）导管进场后必须试压试拼，确保拼接好的导管密封性良好。

（3）混凝土浇筑过程中加强对混凝土标高的测量控制。

（4）每根桩留 1 组混凝土试块（每组 3 块），并养护至 28d 龄期后及时送指定试验室测试。

8.6.10　安全操作要点

1. 施工平台面铺设的钢板要求平顺，防止人员绊倒受伤；平台四周设安全扶栏，并设警示标志。

2. 桩机安装完成后，必须经安全部门验收合格后方可投入使用，调整好桩机位置，避免发生机械倾覆事故。

3. 在施工全过程中，严格执行有关机械的安全操作规程，由专人操作，并加强机械维修保养。

4. 机械作业前要检查各传动箱润滑油是否足量，各连接处是否牢固，泥浆循环系统（泥浆泵等）是否正常，确认各部件性能良好后开始作业。

5. 施工过程中，非施工人员不得进入施工现场，施工人员距离钻机不得太近，防止机械伤人。

6. 操作期间，操作人员不得擅自离开工作岗位；作业过程中，如遇机架摇晃、移动、偏斜，立即停机，查明原因并处理后方可继续作业。

7. 机械移动期间要有专人指挥和专人看管电缆线。

8. 钢筋加工过程中，不得出现随意抛掷钢筋现象，制作完成的节段钢筋移动前检查移动方向是否有人，防止人员被砸伤；氧气瓶与乙炔瓶在室外的安全距离≥5m，并有防晒措施。

9. 起吊钢筋锚杆时，做到稳起稳落，安装牢靠后方可脱钩，严格按吊装作业安全技术规程施工。

10. 吊车作业时，在吊臂转动范围内，不得有人走动或进行其他作业。

11. 灌注混凝土时，施工人员分工明确，统一指挥，做到快捷、连续施工，以防事故的发生。

12. 灌注混凝土时，吊具稳固可靠，混凝土罐装箱缓慢下放，专人控制下放位置。

13. 护筒口周围不宜站人，防止不慎跌入孔中。

14. 导管对接时，防止手被导管夹伤。

15. 吊车提升拆除导管过程中，各现场人员必须注意吊钩位置，以免砸伤。

16. 施工现场人员必须佩戴安全帽、救生衣，穿戴好必要的防护用品。

17. 六级及以上台风或暴雨，停止现场作业。

8.7　静压植钢板桩施工技术

8.7.1　引言

钢板桩是一种边缘带有联动装置，且这种联动装置可以自由组合以便形成一种连续紧密的挡土止水的钢结构体。钢板桩常应用于围堰、河道分洪及控制、水处理系统围栏、防洪、围墙、防护堤、海岸护堤、隧道切口及隧道掩体、防波堤、堰墙、坡边固定、挡板墙等。

在城市中的工程通常周围环境复杂，邻近建（构）筑物，施工空间小，同时不能影响周边居民及环境等，这些都制约着钢板桩在城市中应用。

目前，常用的钢板桩打（沉）桩方法有冲击沉桩、振动沉桩、振动冲击沉桩和静力压桩。

冲击沉桩是利用桩锤下落产生的冲击能量将桩沉入土中，常用的桩锤有自由落锤、蒸汽锤、空气锤、液压锤、柴油锤等，优点为施工速度快、机械化程度高、适应范围广、现场文明程度高。缺点为施工时有噪声污染和振动，对于城市中心和夜间施工有所限制。

振动沉桩是利用振动锤沉桩，将桩与振动锤连接在一起，振动锤产生的振动力通过桩身带动土体振动，使土体的内摩擦角减小、强度降低而将桩沉入土中。特点为通过振动器的振动，减小桩和周围土体的摩擦力，在桩自重和附加压力作用下沉桩，噪声小，不产生废气，沉桩速度快，施工简便，操作安全，结构简单、辅助设备少、重量轻、体积小，对桩头的作用力均匀，还可以用来拔桩。适用于砂质黏土、砂土、软土地区施工，同时借助起重设备可以拔桩，不宜用于砾石和密实的黏土层，常用于围堰施工。

静力压桩是在预制桩压入过程中，以桩机重力（自重和配重）作为作用力，克服压桩过程中桩身周围的摩擦力和桩尖阻力，将桩压入土中。特点为无噪声、无振动、无污染，对周围环境干扰小，桩身不受冲击应力，损坏可能性小，施工质量好、效率高，不用试桩即可得出单桩承载力。适用于软弱土层、邻近有怕振动的建（构）筑物的情况、城市中心或建筑物密集处的桩基础工程，以及精密工厂的扩建工程等。

为了有效解决城市中施工空间小、钢板桩施工振动和噪声大等问题，提出了一种新的静压植桩工艺。静压植钢板桩在于给钢板桩植桩施工提供一套无噪声、高质量、高效率的植桩方法，其应用了与各类传统型打桩机完全不同的桩机贯入工艺机理，采用的是通过夹持数根已经压入地面的桩（完成桩），将其拔出阻力作为反力，对下一根桩施加静荷载，在不发生振动、噪声的前提下，把桩压入地面的"压入机理"，可以有效解决施工对复杂周边环境条件的影响。

8.7.2　工艺原理

静压植桩机工作原理是夹住已经压入地面的完成桩，利用其拔出阻力作为反力，用油压进行桩的压入作业。静压植桩机本身通过无线操纵，可以实现在完成桩的顶部进行自走的连续压入作业，利用与地球成为一体化的反力，实现了小型化机器同样可以发挥强大能力的目的，其工作原理见图8.7-1。

8.7.3　工艺特点

1. 施工安全、快捷

静压植桩机在施工过程中，不仅不会产生振动和噪声，而且在临近铁路、房屋建筑等的近距离施工，地震或洪水等原因导致地基松动的情况下，只要夹住与地球成为一体的反

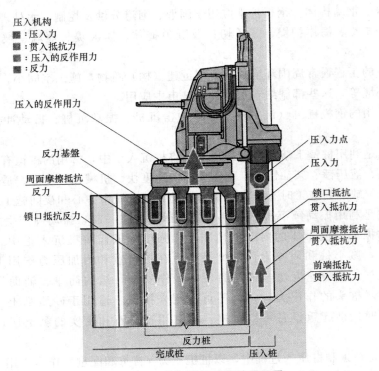

压入机构
■：压入力
■：贯入抵抗力
■：压入的反作用力
■：反力

压入的反作用力

反力基盘

周面摩擦抵抗
反力

锁口抵抗反力

压入力点

压入力

锁口抵抗
贯入抵抗力

周面摩擦抵抗
贯入抵抗力

前端抵抗
贯入抵抗力

反力桩

完成桩　　压入桩

图 8.7-1　静压植桩机压桩原理图

力桩，机体就会稳定，不会碰到周围的建筑物，没有机械倾倒的危险性，可以在各种现场条件下实现安全、快速的施工。

2. 无噪声、无振动、无污染，对周边环境影响小

在工作面受限制的基础开挖支护时，静压植桩机可以无振动、噪声小进行拉森钢板桩的插打，无任何污染，最大限度地减少对周边建筑物的影响。

3. 占地面积小

静压植桩机由动力头和供力设备两部分组成，设备小巧，作业占用场地小。

4. 施工条件限制少、效率高

即使在水中、倾斜地段、不平坦地段、狭隘地段以及超低空间地段等严峻的现场条件下，静压植桩施工不需要修建临时栈桥、道路等大型临设工程，将桩的"搬运"、"吊装"、"压入"等一系列作业系统化，使以上作业全部在已完成的桩上进行，即"无临设工程施工"，最大限度地提高了工程施工效率，开创了一个具有划时代意义的新型工程施工模式。

具体施工条件见图 8.7-2～图 8.7-5。

8.7.4　应用范围

1. 适用于码头、防波堤、道路挡土墙、止水帷幕、止水围堰、基坑支护等。
2. 适用于狭窄地段或超低空间地段等不利环境工况条件施工。
3. 适用于邻近有怕振动的建（构）筑物的情况、城市中心或建筑物密集处，以及精密工厂设施的施工。
4. 适用于软弱土层，辅助于水刀或螺旋钻，可适用于各种地层条件施工。

图 8.7-2 河岸边施工现场

图 8.7-3 基坑、沟槽施工

图 8.7-4 邻建筑、斜坡处施工

图 8.7-5 狭窄地段施工

8.7.5 静压植桩机标准配置

1. 静压植桩机主要机械设备配置

静压植桩施工标准配置包括：静压植桩机、动力单元、反作用力基座、吊桩用吊车，标准配置如图 8.7-6 所示。

2. 静压植桩机主要配置技术参数

目前市场常用的为日本产 GIKEN 系列静压植桩机械，其主要型号、规格及技术参数见表 8.7-1。

3. 静压植桩主要机械设备介绍

（1）静压植桩机

具体见图 8.7-7、图 8.7-8。

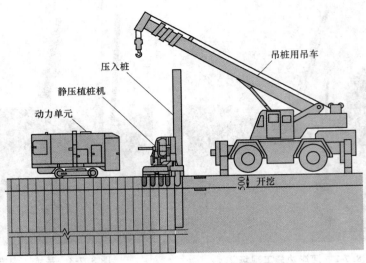

图 8.7-6 静压植桩施工标准配置立面图

GIKEN 静压值桩机的规格功率 表 8.7-1

		SW100	SW150
静压值桩机	压入力	1000kN(102t)	1500kN(153t)
	拔出力	1100kN(112t)	1600kN(163t)
	行程	750mm	800mm
	压入速度	(转速 2000min^{-1})1.5~35.2m/min	(转速 2000min^{-1})1.0~23.2m/min
	拔出速度	(转速 2000min^{-1})3.2~27.5m/min	(转速 2000min^{-1})2.4~18.2m/min
	适用桩材	宽型钢板桩 600mm Ⅱw~Ⅳw 型(截面类型 SX10. SX18. SX27) 钢板桩 500mm VL、VIL 型	
	操作方法	有线操作盘	
	移动方式	自走式	
	长×宽×高	2720mm×1145mm×2520mm	2730mm×1145mm×2675mm
	质量	8200kg	9800kg
动力单元	动力源	柴油引擎(涡轮增压)	
	额定输出	169kW(230PS)/1800min^{-1}(超低噪声)	
	全长×宽×高	4300mm×1705mm×2350mm	
	质量	6100kg	
履带式行走装置	操作方法	有线操作盘	
	动力源	2 油压泵×2 马达(使用动力单元的液压油)	
	行驶速度	1.4km/h	
	质量	1000kg	
反作用力基座	类型	折叠式	
	长×宽×高	3380mm(折叠架张开时 6210)×2120mm(折叠架张开时 5060)×520mm	
	质量	2000kg	

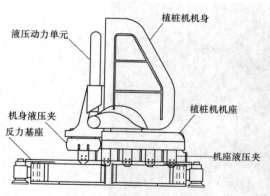

图 8.7-7 静压植桩机示意图

图 8.7-8 静压植桩机实物图

（2）静压植桩机反力座

具体见图 8.7-9～图 8.7-11。

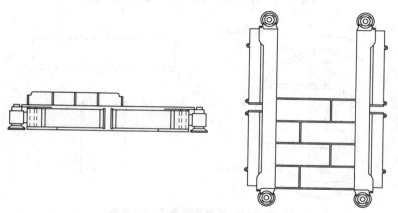

图 8.7-9 静压植桩机反力座侧面、平面示意图

图 8.7-10 静压植桩机反力座三维示意图

（3）机身液压夹

将钢板桩吊放至机身液压夹中，利用液压动力将钢板桩夹紧，从而起到对钢板桩的固定作用，随着植桩的推进，可通过旋转液压夹调整钢板桩的顺逆摆放。

具体见图 8.7-12、图 8.7-13。

图 8.7-11 静压植桩机反力座折叠张开示意图

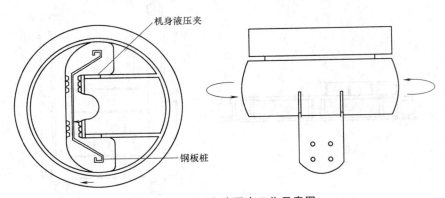

图 8.7-12 机身液压夹工作示意图

(a)

(b)

图 8.7-13 机身液压夹实物图

8.7.6 施工工序步骤和流程

1. 施工工序步骤

静压植桩施工步骤分两步进行，即：初期压入及自走压入。

2. 静压植桩机初期压入施工工序流程

工程初期由于没有完成桩可供利用，所以通常都是利用反作用力基座来完成初期反力桩的压入，将静压植桩机水平设置于反作用力基座之上，根据土质条件、桩的长度，将反力重块放置于反作用力基座的两侧，利用其总的重量作为反力压入第一根桩，之后每次完成压入作业之后，使静压植桩机自走前移，依次抓住植入的完成桩；当机身完全移至初期反力桩上后，撤除反力重块与反作用力基座，完成初期压入。

初期压入施工工序流程及施工工序三维示意见图 8.7-14。

① 静压植桩机置于反作用力支座

② 设置反力配重

③ 架设最初的桩并开始压入

④ 实施规定数量的压入作业

⑤ 撤除反力配重

⑥ 撤除反作用力基座完成初期压入

图 8.7-14 初期压入施工工序流程及施工三维示意图

3. 静压植桩机自行压入施工工序流程

将压入桩压至规定的深度之后，使上机身向前运行，架设下一根桩，开始压入作业；当正在压入的桩的支撑力可以充分支撑静压植桩机的重量之时，将抓住反力桩的固定夹打开，在夹住压入桩的状态下，使上机身上升后，将基座向前移动到下一反作用力桩的位置，然后下降至反力桩上，在确认调整水平度后，关闭固定夹，完成构筑新的反力基础，然后将压入桩压入规定的深度。这些施工过程的重复被称为压入工序，使静压植桩机向前运行的工序被称为自走。

静压植桩机自行压入施工工序流程及施工三维示意见图 8.7-15。

8.7.7 工序操作要点

1. 施工准备

（1）测量放线。根据施工图纸进行放线，并做好标识。

将压入桩压至规定深度

架设下一根桩

压桩至可获得充分支撑力位置

打开固定夹升起机身

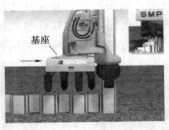
移动基座至下一反力桩

置放静压植桩机

图 8.7-15　自行压入施工工序流程及施工三维示意图

（2）场地平整。对施工场地进行清理、平整，确定钢板桩施工位置与桩机摆放位置。

（3）机械设备就位。根据放样出的钢板桩轴线，选择合适的位置，安排吊车就位，确保钢板桩、静压植桩机、反作用力基座在安全吊装范围内。

2. 吊放静压植桩机及反力基座

（1）使用起重机将桩机连同反力基座一并吊运至定位位置。

（2）反力基座的摆放与施工时桩机自行的方向一致。

具体见图 8.7-16、图 8.7-17。

图 8.7-16　静压植桩机吊运图

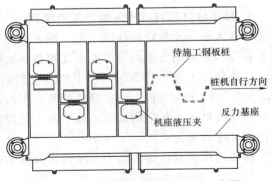
图 8.7-17　静压植桩机摆放方向示意图

3. 设置反力配重

（1）为了防止压桩时对设备的反力将设备顶起，在施工前需对反力基座设置配重。

（2）配重可以是刚板桩，或刚性重物，或其他重物。

具体见图 8.7-18。

4. 导槽开挖

在待进行钢板桩施工的区域人工开挖一道沟槽作为导槽，在压桩施工过程中，需持续对导槽内土体浇水湿润，以减小钢板桩的压入阻力。导槽开挖见图 8.7-19。

图 8.7-18　设置钢板桩反力配重施工现场

图 8.7-19　导槽开挖

5. 反力桩施打

反力桩采用静压植桩机自有反作用力基座进行施打。将静压植桩机水平设置于反作用力基座之上，将反力配重（钢板桩）放置于基座的两侧，利用其总的重量作为反力压入反力桩，植入 4 根反力桩之后，机身完全移到反作用力桩上，撤除反力配重和反作用力支座。

6. 吊放钢板桩

使用起重机将钢板桩吊运至桩机前部的固定装置处固定，通过可旋转的机身液压夹，可以调整钢板桩的顺逆摆放状态。钢板桩吊放见图 8.7-20。

图 8.7-20　吊放钢板桩现场

7. 静压植桩

　　植桩过程共分为四个步骤：松开固定钢板桩的机身液压夹，液压夹提升，重新夹紧钢板桩，压桩。具体见图 8.7-21、图 8.7-22。

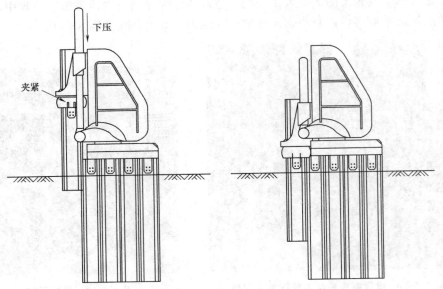

图 8.7-21　静压植桩示意图

图 8.7-22　静压植桩松开、提升和夹紧、下压施工过程

8. 桩机自行

　　在机身液压夹提升后，夹紧承载力满足条件的压入桩，同时位于机座的液压夹松开，通过液压使机身整体提升，机座通过设备自身导轨前移一个桩位，然后通过液压使机身下降，并重新使机座液压夹固定在反力基座完成桩上。

　　具体见图 8.7-23～图 8.7-26。

图 8.7-23 夹住承载力满足条件的压入桩

图 8.7-24 松开机座液压夹，提升桩机

图 8.7-25 机身前移，液压夹移至下一桩位

图 8.7-26 机座回落固定

8.7.8 压入工法及系统的选定

通常根据地质条件来选定最适当的压入工法。对于标准贯入试验 N 值为 25 以下比较软弱的地层，可利用静载荷压入，即"单独压入法"；当 N 值超过 25 时，采用高压射水的"水刀辅助压入法"或者"螺旋钻辅助压入法"。

1. 单独压入法

（1）使用设备：静压植桩机＋动力单元，见图 8.7-27。

（2）该工法适用于 N 值 25 以下的软质地层，通过静压植桩机的压入力，利用静载荷单独将桩压入地中的施工方式。

2. 水刀辅助压入法

（1）使用设备：静压植桩机＋动力单元＋水刀管卷筒＋高压水泵，具体见图 8.7-28。

（2）该工法适用于 N 值为 25 以上的较硬地层，通

图 8.7-27 折叠单独压入法

过向压入桩前端的地层喷射高压水，使土体颗粒之间的间隙水压瞬间升高，土体颗粒变得容易移动，从而降低桩端阻力。同时，可以减轻桩的周边摩擦阻力与锁口间阻力，利用较小的压入力进行压入，还可以防止桩材的损伤。喷射水量可以按照施工状况进行调整，将对地层的影响控制在最小范围，实现高效率的压入施工。

3. 螺旋钻辅助压入法

（1）使用设备：静压植桩机＋动力单元＋螺旋钻装置，具体见图 8.7-29。

（2）该工法在砂砾、卵石或岩层等坚硬地层中，在压入的同时通过螺旋钻钻掘来降低贯入阻力，从而实现压入作业。与静压植桩机主体联动的"螺旋钻装置"最小限度的钻掘桩前端正下方的地层。同时将桩贯入。由于排土量少，不会破坏周边地层，能够迅速地构筑具有强大支持力的完成桩。此工法可适用于泥岩、砂岩、花岗岩等强风化、中风化岩。

图 8.7-28　水刀辅助压入法

图 8.7-29　螺旋钻辅助压入法

4. 旋转切削压入法

（1）使用设备：旋入式静压植桩机＋动力单元＋水系统，具体见图 8.7-30。

（2）该工法不仅可以克服卵石层或岩层等坚硬地层，还可以在有漂石或钢筋混凝土结构物等地下障碍物的条件下实现旋转切削压入施工，该压入技术极大地拓宽了压入工法的使用范围。使用"旋入式静压植桩机"旋转前端装有钻齿的钢管桩，切削贯通地下障碍物进行压入。该工法除具有无振动、无噪声等施工优点之外，通过使用桩端的特殊钻齿，实现了最小限度的切削，有效地控制了排土量，将对环境的影响控制在最小范围。在实现了环保施工的同时，还抑制了桩的偏芯和变形，构筑成高可靠性、高精度的完成桩。

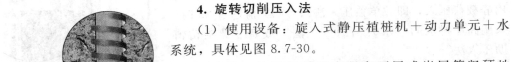

图 8.7-30　旋转切削压入法